成人高等教育财经专业精品教材系列

微积分

韦建新　朱庆峰　主　编
说秋菊　苏　华　谭　香　刘秀红　副主编

Calculus

经济科学出版社
Economic Science Press

图书在版编目（CIP）数据

微积分/韩建新，朱庆峰主编．—北京：经济科学出版社，2015.11（2022.1 重印）

成人高等教育财经专业精品教材系列

ISBN 978－7－5141－6373－5

Ⅰ.①微…　Ⅱ.①韩…②朱…　Ⅲ.①微积分－成人高等教育－教材　Ⅳ.①O172

中国版本图书馆 CIP 数据核字（2015）第 297794 号

责任编辑：柳　敏　李晓杰
责任校对：靳玉环　杨　海
版式设计：齐　杰
责任印制：李　鹏

微　积　分

韩建新　朱庆峰　主　编
脱秋菊　苏　华　谭　香　刘秀红　副主编
经济科学出版社出版、发行　新华书店经销
社址：北京市海淀区阜成路甲 28 号　邮编：100142
总编部电话：010－88191217　发行部电话：010－88191522
网址：www.esp.com.cn
电子邮件：esp@esp.com.cn
天猫网店：经济科学出版社旗舰店
网址：http://jjkxcbs.tmall.com
北京季蜂印刷有限公司印装
710×1000　16 开　13.75 印张　250000 字
2016 年 1 月第 1 版　2022 年 1 月第 6 次印刷
印数：20501—29500 册
ISBN 978－7－5141－6373－5　定价：30.00 元
（图书出现印装问题，本社负责调换。电话：010－88191502）

前　　言

在"十二五"即将结束、"十三五"面临开局之际，为适应国家提升高校教学水平和创新能力、大力发展继续教育、推动普通高校继续教育改革发展的要求，山东财经大学在原有山东省成人高等教育品牌专业特色课程系列教材的基础上，组织编写了这一新的成人高等教育财经专业精品教材系列。

该系列教材立足大众创业、万众创新，建设创新型国家的经济社会发展需要，紧扣财经类专业课程设置和教学大纲，科学、系统地涵盖了专业教学的基本内容，其中主要包括专业基础课和专业主干课程教材。这些教材适用于经济、管理学科，尤其是经济学、会计学、金融学等专业成人教育的教学，对指导和帮助学生获取本专业的基础理论和专业知识具有较强的针对性。

该系列教材的编写依托雄厚的学科专业实力和师资资源，主编、副主编及参编人员均为长期从事高校继续教育教学、科研和管理的专家、教授及一线教学骨干，教材在内容的设计方面较好地体现了实践性、应用性和对策性等特点，同时，该系列教材注重创新，力求把最新的理论发展、专业知识和政策信息纳入其中，内容上融入了编撰者多年来从事专业理论教学研究的优秀成果，其中不乏许多获省部级以上奖励的成果，从而较好地实现了教材系统性和科学性、创新性和实践性的有机结合。该系列教材在使用范围和地域上，具有广泛的适应性。

《微积分》是成人高等教育财经专业精品系列教材之一，作为经济、管理类专业学科共同基础课程的微积分，是学习经济、管理类专业后续课程的基础，是经济与管理分析的有力工具。我们针对目前成人高等教育财经类专业的培养目标和学生学习特点，并在广泛征求长期从事微积分教学的一线教师的意见和吸收、保持第一版教材优点的基础上组织编写了本部教材。在本书的编写过程中特别注意了以下几个方面：

第一，在内容的取舍上，着眼于培养学生运用微积分的思想和方法分析、解决问题的能力。针对成人数学基础比较薄弱，面授时间少的特点，我们删去了一些纯理论或与专业课程关系不大的内容，舍弃了定理的证明和一些公式的推导，而把重点放在定理、公式的应用上，注重培养学生利用微积分的一些思想和方法解决问题的能力。在基本不影响学生掌握基本知识、基本方法前提下，降低了例题和习题的难度。

第二，强化了本教材与后续课程和实际问题的联系。根据经管类专业的需要，我们加强了微积分与西方经济学、概率论与数理统计等后续课程的联系，力求结合经济和管理中的实际问题来介绍微积分的应用，同时尽量举例生动，贴近生活，使学生感受到微积分看得见、摸得着的用处，同时淡化了微积分在几何、物理上的应用。

第三，在内容的编排上，力求通俗易懂，符合学生的思维习惯。在叙述上注重前后内容的衔接和逻辑关系，在阐述概念、定理时，尽量借助实例，图形和类比等方法，增强问题的直观性和读者对问题的感性认识，从而使教材内容更易理解，便于自学。

第四，为便于学生自测和自学，每章后面都配套了一份自测题，同时还在附录中列出了一些常用的数学公式。

本教材既可用于成人高等教育、高职高专的教学，也可作为高等教育自学考试的教学和自学参考用书。

本教材由山东财经大学韩建新、朱庆峰主编，参加编写的人员还有脱秋菊、苏华、谭香、刘秀红、姜计荣、王希泉和时玉敏，由韩建新提出总体编写框架，并总纂定稿。

在本书的编写过程中，我们参阅、借鉴了大量文献资料，并得到有关部门和有关专家、学者的指导与帮助，在此表示诚挚的谢意。特别感谢山东财经大学继续教育学院院长张亦工教授，副院长范瑞雪副教授以及韩庆华教授和经济科学出版社吕萍女士的大力支持。

因受水平和经验所限，书中不当甚至错误之处，恐在所难免，诚请同行专家及读者不吝赐教。

编　者

2015 年 9 月

目　录

第 1 章　函数与极限

本章要点

- ✧ 函数的概念及性质
- ✧ 几个常用经济函数的概念
- ✧ 极限的概念和基本性质
- ✧ 无穷大量与无穷小量的概念及性质
- ✧ 极限的四则运算法则
- ✧ 两个重要极限
- ✧ 连续的概念

函数反映了变量之间的某种依赖关系，是微积分的主要研究对象，极限方法是研究函数的一种基本方法，而连续则是函数变化的一种重要形态，它们是微积分的理论基础．本章将介绍函数、极限和连续等基本概念以及它们的一些基本性质．

1.1　函　数

1.1.1　集合

1. 集合的概念

集合是数学中的一个基本的概念，为了理解这一概念我们先看下面几组事物：

（1）所有的自然数；

（2）某高校 2015 级全体学生；

（3）方程 $x^2-5x+6=0$ 的根；

（4）直线 $y=2x$ 上的点．

以上每组事物都具有某一特定的性质，或满足特定的条件，它们都是集合．一般地，具有某种特定性质的事物的总体称为**集合**，简称**集**．构成集合的各个事物称为集合的**元素**，通常我们用大写字母 A、B、C 等表示集合，用小写字母 a、b、c 等表示集合的元素．若事物 a 是集合 A 的元素，记作 $a \in A$，读作 a 属于 A，若事物 a 不是集合 A 的元素，记作 $a \notin A$，读作 a 不属于 A. 由有限个元素构成的集合称为**有限集**．由无限个元素构成的集合称为**无限集**．不含任何元素的集合称为**空集**，记作 Φ.

以上四个集合中（2）、（3）是有限集，（1）、（4）是无限集，而不等式 $|x|<0$ 的解集是空集．

元素都是数的集合称为数集．通常用 N 表示全体自然数构成的集合，用 Z 表示全体整数构成的集合，用 Q 表示全体有理数构成的集合，用 R 表示全体实数构成的集合．我们以后提到的数，如无特别说明均指实数．

2. 集合的表示方法

集合的表示方法常用的有列举法和描述法．

（1）列举法．

把集合中的元素一一列举出来，写在花括号内，表示集合的方法叫做列举法．

例如，大于 0 且小于 10 的偶数构成的集合可表示为 $A=\{2, 4, 6, 8\}$；

方程 $x^2-5x+6=0$ 的根组成的集合可表示为 $B=\{2, 3\}$.

（2）描述法．

用集合所含元素的共同特征表示集合的方法称为描述法．具体做法是：在花括号内，先写上表示集合元素的一般形式，再画一条竖线，在竖线后面写出这个集合中元素所具有的共同特征．有时竖线和左边的一般形式可省略．

例如，方程 $x^2-5x+6=0$ 的根组成的集合可表示为 $\{x \mid x^2-5x+6=0\}$.

直线 $y=3x$ 上的点可表示为 $\{(x, y) \mid y=3x\}$.

3. 区间

区间是一类用得较多的数集，设 a，b 为两个实数，且 $a<b$，数集

$$\{x \mid a<x<b\}$$

称为**开区间**，记作 (a, b)，即

$$(a, b)=\{x \mid a<x<b\}.$$

类似地，可定义**闭区间**

$$[a, b]=\{x \mid a \leqslant x \leqslant b\};$$

半开区间

$$[a, b)=\{x \mid a \leqslant x<b\};$$

$$(a,\ b]=\{x\mid a<x\leqslant b\}.$$

对于以上这些区间，a，b 称为区间的端点，$b-a$ 称为区间的长度，这些区间都是有限区间．此外，还可定义以下无限区间：

$$(-\infty,\ b]=\{x\mid x\leqslant b\};$$

$$(-\infty,\ b)=\{x\mid x<b\};$$

$$[a,\ +\infty)=\{x\mid x\geqslant a\};$$

$$(a,\ +\infty)=\{x\mid x>a\};$$

$$(-\infty,\ +\infty)=\{x\mid x\in R\}.$$

在这里，符号“$-\infty$”读作负无穷大，“$+\infty$”读作正无穷大．

4. 邻域

邻域是我们以后经常用到的概念．设 a，δ 是两个实数，且 $\delta>0$，开区间 $(a-\delta,\ a+\delta)$ 就称为**点 a 的 δ 邻域**，记作 $U(a,\ \delta)$，即

$$U(a,\ \delta)=(a-\delta,\ a+\delta)$$

点 a 称为这个邻域的中心，δ 称为这个邻域的半径．

由于 $U(a,\ \delta)$ 还能写成 $U(a,\ \delta)=\{x\mid |x-a|<\delta\}$，所以 $U(a,\ \delta)$ 表示与点 a 距离小于 δ 的一切点 x 的全体．

在不需指明半径时，以点 a 为中心的邻域可记作 $U(a)$.

点 a 的 δ 邻域去掉中心 a 后，称为点 a 的**空心（或去心）δ 邻域**，记作 $\mathring{U}(a,\ \delta)$，即

$$\mathring{U}(a,\ \delta)=\{x\mid 0<|x-a|<\delta\}=(a-\delta,\ a)\cup(a,\ a+\delta)$$

其中，开区间 $(a-\delta,\ a)$ 称为点 a 的**左 δ 邻域**，开区间 $(a,\ a+\delta)$ 称为点 a 的**右 δ 邻域**．

例如，集合 $\{x\mid 0<|x-1|<2\}$ 表示以 $x=1$ 为中心，2 为半径的空心邻域．

5. 集合之间的关系

若集合 A 的元素都是集合 B 的元素，即若 $x\in A$ 必有 $x\in B$，则称 A 是 B 的**子集**，记作 $A\subset B$ 或 $B\supset A$，读作 A 包含于 B 或 B 包含 A.

例如，设 $A=\{2,\ 3,\ 6\}$，$B=\{1,\ 2,\ 3,\ 4,\ 5,\ 6\}$，则 $A\subset B$

若 $A\subset B$ 且 $B\subset A$，则称集合 A 和 B **相等**，记作 $A=B$.

例如，设 $M=\{x\mid x^2-5x+6=0\}$，$N=\{2,\ 3\}$，则 $M=N$.

另外，我们还规定：空集是任何一个集合的子集．

6. 集合之间的运算

由集合 A 和集合 B 的公共元素构成的集合叫做集合 A 和 B 的**交集**，简称 A 和 B 的**交**，记作 $A\cap B$.

由集合 A 和集合 B 的所有元素并合在一起构成的集合叫做集合 A 和集合 B 的**并集**，简称为 A 和 B 的并，记作 $A\cup B$.

例如，设 $A=\{x\mid -1\leqslant x\leqslant 2\}$，$B=\{x\mid 1\leqslant x\leqslant 3\}$，则

$$A\cup B=\{x\mid -1\leqslant x\leqslant 3\},$$
$$A\cap B=\{x\mid 1\leqslant x\leqslant 2\}.$$

我们在研究集合之间的关系和运算时，总是限定在一个较大集合中进行，其他集合都是该集合的子集，我们称这个较大的集合为**全集**，一般用 Ω 表示．全集是相对的，一个集合在某一条件下是全集，在另一条件下可能不是全集．

若集合 A 是全集 Ω 的子集，则由集合 Ω 中不属于 A 的元素构成的集合，称为集合 A 的**补集**，记作 $\overline{A}$.

由集合 A 中不属于集合 B 元素构成的集合，称为集合 A 与 B 的**差**，记作 $A-B$.

例如，设全集 $\Omega=\{1, 2, 3, 4, 5, 6, 7\}$，$A=\{2, 3, 5, 7\}$，$B=\{1, 5, 7\}$，

则 $\overline{A}=\{1, 4, 6\}$，$A-B=\{2, 3\}$.

1.1.2 常量与变量

在人们观察研究自然现象和社会现象的过程中，经常会涉及一些量，其中一些量在观察过程中不发生变化，始终保持某一固定数值，这种量称为**常量**．而另一些量在发生变化，可以取不同的数值，这种量称为**变量**．

例如对一密闭容器内的气体加热的过程中，若不考虑容器的热胀冷缩，则气体的体积和分子数保持不变，都是常量；而气体的温度和压力则在变化，它们都是变量．

初等数学主要研究常量，而作为高等数学重要组成部分的微积分则以变量为主要研究对象．

1.1.3 函数的概念

在事物发展变化的过程中，往往有几个量同时发生变化，并且它们不是孤立地在变，而是相互联系并遵循一定的变化规律，例如在对密闭容器内的气体加热时，随着温度的提高，压强随之增大；在产品市场上，某一商品的价格提高，需求量一般要随之减少．这些变量之间的相互依赖关系所遵循的变化规律，就是数学中的函数．

1. 函数的定义

定义 1.1.1 设 D 为某一给定实数集，x，y 为两个变量，f 为某一对应法则，如果对于集合 D 中变量 x 的每一取值，按照对应法则 f 都有唯一确定的变量 y 的值与之对应，则称 f 为定义在集合 D 上的一个**函数**，有时为了叙述方便，也称 y 是 x 的函数，记作

$$y = f(x), \quad x \in D$$

其中，x 叫做**自变量**，y 叫做**因变量**. x 的取值范围 D 叫做函数的**定义域**；当 x 取某一具体数值 x_0 时，与之相对应的 y 的数值称为函数在 x_0 处的**函数值**，记作 $f(x_0)$. 当 x 取遍 D 中的所有数值时，对应的函数值的全体组成的数集

$$W = \{y \mid y = f(x), \ x \in D\}$$

叫做函数的**值域**.

设函数 $y = f(x)$，$x \in D$，则以 D 内的每一点 x 为横坐标及相应的函数值 y 为纵坐标，即可画出函数 $y = f(x)$ 的图像，如图 1－1 所示.

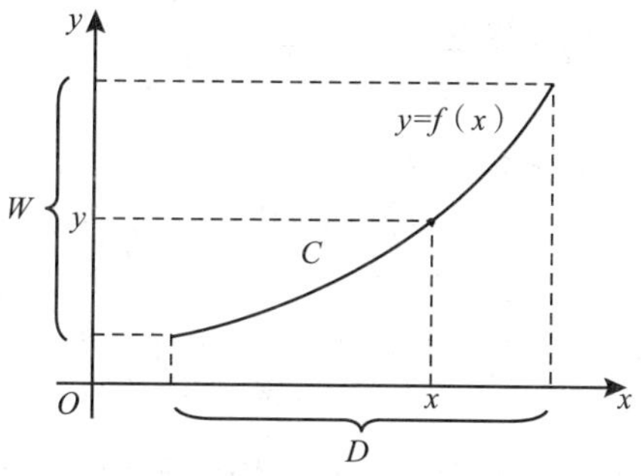

图 1－1

由函数定义可以看出，一个函数由它的定义域、对应法则完全确定，与其他因素没有关系，所以通常称定义域、对应法则为函数的**两要素**. 如果两个函数的定义域和对应法则相同，这两个函数就是相同函数，否则就是不同函数.

在实际问题中，函数 $y = f(x)$ 的定义域由问题的实际意义来确定，而对于给定的抽象函数 $y = f(x)$，我们规定其定义域就是使表达式有意义的自变量 x 所有取值的集合.

例 1 求函数 $y = \sqrt{x}$ 的定义域和值域，并用描点法画出其图像.

解 函数的定义域为和值域均为 $[0, +\infty)$，其图像如图 1－2 所示.

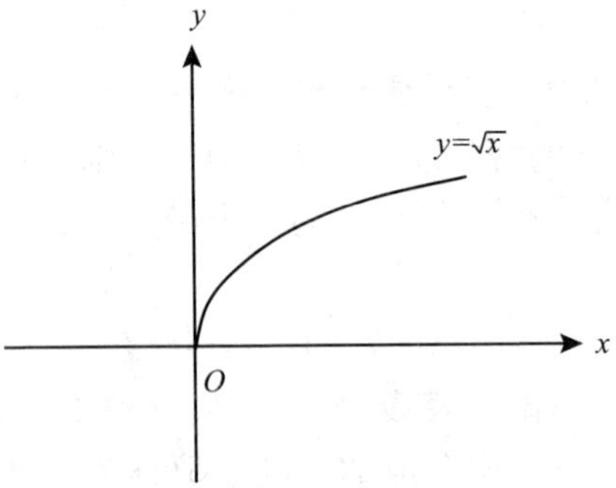

图 1－2

例 2 设一矩形的面积为 8，试将周长 y 表示为宽 x 的函数，指出函数定义域.

解 $y=2x+2\cdot\dfrac{8}{x}=2x+\dfrac{16}{x}$，$x\in(0,\ +\infty)$.

例 3 求函数 $f(x)=2x+\dfrac{\lg(x^2-1)}{\sqrt{3-x}}$ 的定义域.

解 要使函数 $f(x)$ 有意义，则

$$\begin{cases}3-x>0\\x^2-1>0\end{cases},$$

解之得，$x<-1$ 或 $1<x<3$，所以函数 $f(x)$ 的定义域为 $(-\infty,\ -1)\cup(1,\ 3)$.

例 4 判断函数 $y=5+2x^4$ 和 $u=5+2u^4$ 是否为同一函数?

解 它们的定义域相同，均为 R，且对应法则相同，均为 5 加上 2 乘以自变量的四次方，因此它们是相同函数.

由此可见，函数与表示其变量的符号无关.

例 5 设函数 $f(x)=x^2$，求 $f(3)$，$f(a)$，$f(x-1)$，$f[f(x)]$.

解 $f(3)=3^2=9$,

$f(a)=a^2$,

$f(x-1)=(x-1)^2$,

$f[f(x)]=[f(x)]^2=[x^2]^2=x^4$.

例 6 设函数 $f(x-1)=x^2-x$，求 $f(x)$，$f(3)$.

解 方法一：因为

$$f(x-1)=x^2-2x+1+x-1=(x-1)^2+(x-1),$$

所以

$$f(x)=x^2+x,\ f(3)=3^2+3=12.$$

方法二：令 $u=x-1$，即 $x=u+1$，则有

$$f(u)=(u+1)^2-(u+1)=u^2+u$$

所以

$$f(x)=x^2+x,\ f(3)=3^2+3=12.$$

2. 函数的表示法

函数一般有以下三种表示法：

（1）**解析法**：用数学表达式表示因变量和自变量之间的对应关系.

例如 $y=2x^3+5x$，$y=3\sin x$.

（2）**图像法**：用平面直角坐标系中的曲线表示两个变量之间的对应关系.

例如，某地某一天温度 T 与时间 t 的关系可用图 1－3 中的曲线表示：

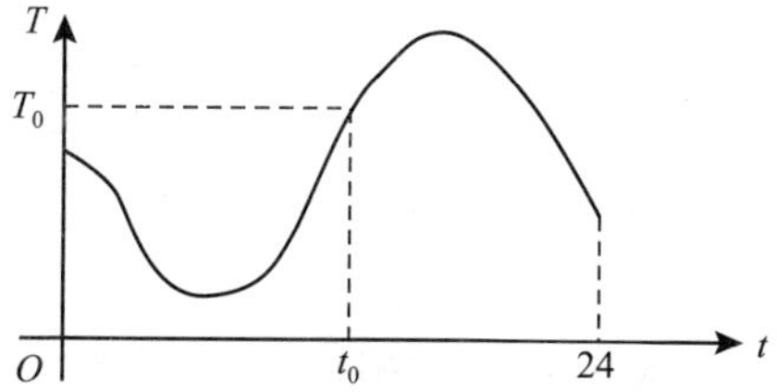

图 1－3

（3）**列表法**：将自变量的一些值与相应的函数值列成表表示变量之间的对应关系.

例如，某银行利率与存款期限之间的关系就可以用表 1－1 表示.

表 1－1

存期	3 个月	6 个月	1 年	2 年	3 年	5 年
年利率（%）	2.88	3.42	3.87	4.50	5.22	5.75

函数的三种表示方法各有利弊，互为补充，在具体应用时，可配合使用.

1.1.4　函数的性质

下面我们讨论函数的奇偶性、周期性、单调性、有界性这四种性质.

1. 函数的奇偶性

定义 1.1.2 设函数$f(x)$的定义域为D，如果对任意的$x \in D$，恒有

(1) $f(-x)=f(x)$，则称$f(x)$为偶函数；

(2) $f(-x)=-f(x)$，则称$f(x)$为奇函数.

奇函数的图像关于原点对称（见图 1－4），偶函数的图像关于y轴对称（见图 1－5）.

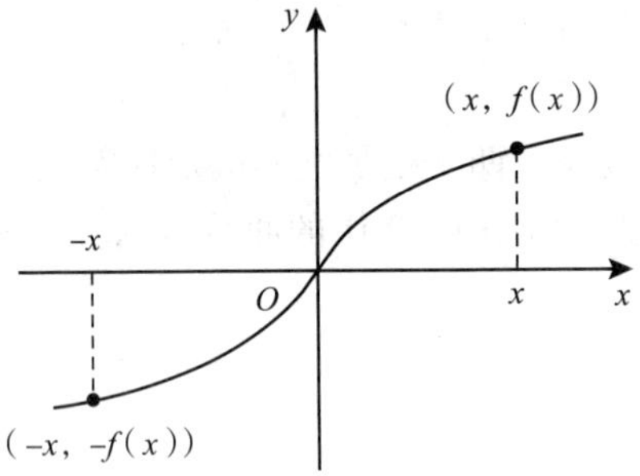

图 1－4

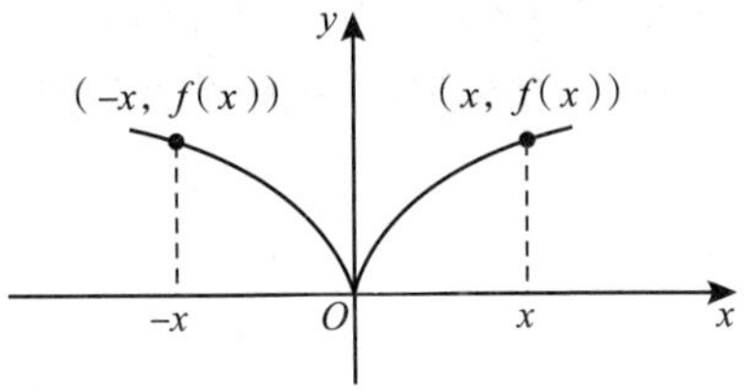

图 1－5

例 7 判断函数$y=x^4-x^2-1$的奇偶性.

解 因为对于任何$x \in R$，都有

$$f(-x)=(-x)^4-(-x)^2-1=x^4-x^2-1=f(x)$$

所以$y=x^4-x^2-1$是偶函数.

2. 函数的周期性

定义 1.1.3 设函数$f(x)$的定义域为D，如果存在常数$T(\neq 0)$，使得对任意的$x \in D$，恒有

$$f(x+T)=f(x)$$

成立，则称$f(x)$为周期函数. 满足上式的最小正数T_0，称为$f(x)$的最小正周期，我们以后提到的周期一般指最小正周期.

例如，函数$y=\sin x$与$y=\cos x$均是以2π为最小正周期的周期函数；$y=\tan x$与$y=\cot x$均是以π为最小正周期的周期函数.

对于周期为T的周期函数，在每个长度为T的区间上，函数图像有相同的形状. 例如$y=\sin x$的图像在每个长度为2π的区间上都是相同的，如图 1－6 所示.

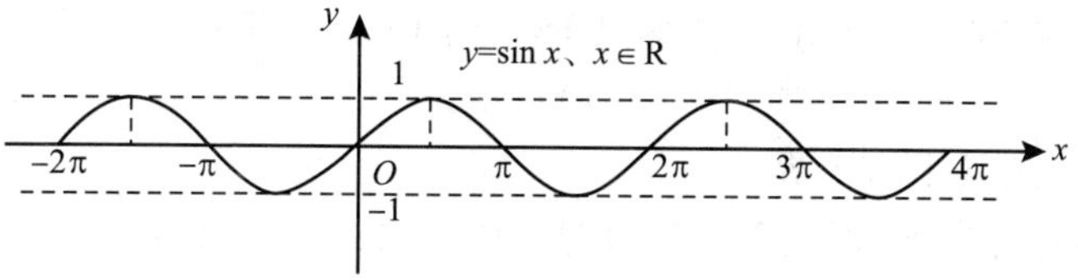

图 1－6

3. 函数的单调性

定义 1.1.4　设$f(x)$的定义域为D，区间$I \subset D$，对于任意的x_1，$x_2 \in I$，且$x_1 < x_2$，

（1）若$f(x_1) < f(x_2)$，则称$f(x)$在I上单调递增，用符号"↗"表示，并称区间I为单调递增区间；

（2）若$f(x_1) > f(x_2)$，则称$f(x)$在I上单调递减，用符号"↘"表示，并称区间I为单调递减区间．

单调增加与单调减少的函数统称为单调函数，单调递增区间与单调递减区间统称为单调区间．单调增加的函数的图像向右上方倾斜（见图 1－7），单调减少的函数的图像向左下方倾斜（见图 1－8）．

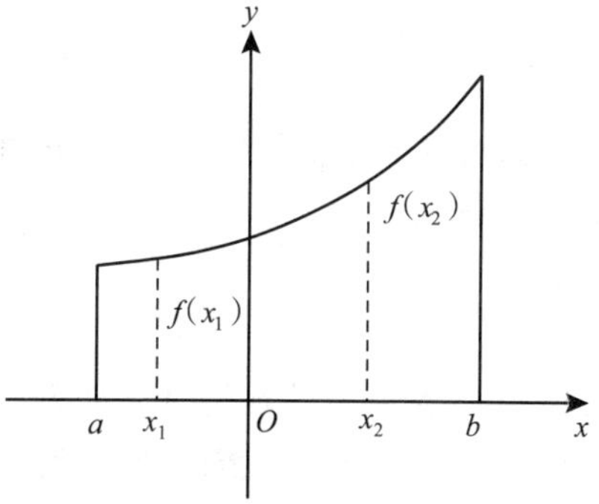

图 1－7

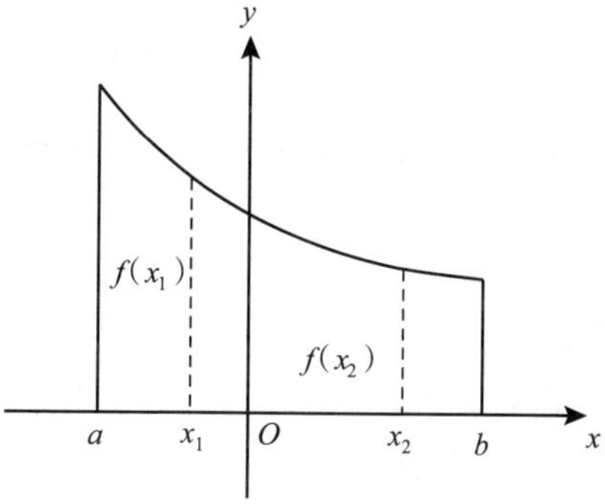

图 1－8

4. 函数的有界性

定义 1.1.5　设$f(x)$的定义域为D，数集$I \subset D$，

（1）如果存在一个数K_1，使得对于任意的$x \in I$，恒有

$$f(x) \leqslant K_1,$$

则称$f(x)$在I上有上界．

(2) 如果存在一个数 K_2，使得对于任意的 $x \in I$，恒有

$$f(x) \geqslant K_2,$$

则称 $f(x)$ 在 I 上有下界.

(3) 如果存在一个正数 M，使得对于任意的 $x \in I$，恒有

$$|f(x)| \leqslant M,$$

则称 $f(x)$ 在 I 上有界，否则称函数 $f(x)$ 在 I 上无界.

可以证明，函数 $f(x)$ 在数集 I 上有界的充分必要条件是 $f(x)$ 在 I 上既有上界又有下界.

函数 $f(x)$ 在区间 $[a, b]$ 上有界的几何意义是，函数 $f(x)$ 在区间 $[a, b]$ 上的图像位于以两条直线 $y=M$ 与 $y=-M$ 为边界的带形区域内，如图 1-9 所示.

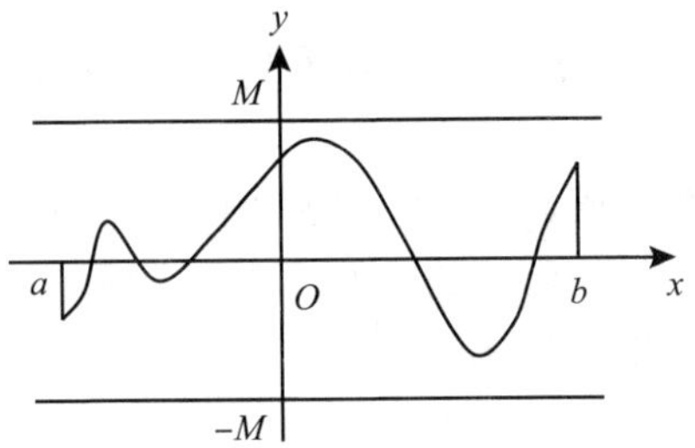

图 1-9

例如，函数 $y=\sin x$ 在 R 上是有界函数，因为对任意的 $x \in R$，恒有 $|\sin x| \leqslant 1$，其图像介于 $y=-1$ 和 $y=-1$ 之间，如图 1-6 所示.

1.1.5 反函数

定义 1.1.6 设 $y=f(x)$ 是定义在 D 上的一个函数，其值域为 W，如果对每个 $y \in W$，都有唯一确定的且满足 $y=f(x)$ 的 $x \in D$ 与之对应，这样 x 便是定义在 W 上以 y 为自变量的函数，记作 $x=f^{-1}(y)$，$y \in W$，这个函数称为函数 $y=f(x)$ 的**反函数**. 由定义可知 $x=f^{-1}(y)$ 的定义域和值域分别是 $y=f(x)$ 的值域和定义域.

习惯上，用 x 表示自变量，y 表示函数，因此 $y=f(x)$ 的反函数常记为

$$y=f^{-1}(x), \quad x \in W.$$

$y=f(x)$ 与 $y=f^{-1}(x)$ 的图像关于直线 $y=x$ 对称，如图 1-10 所示.

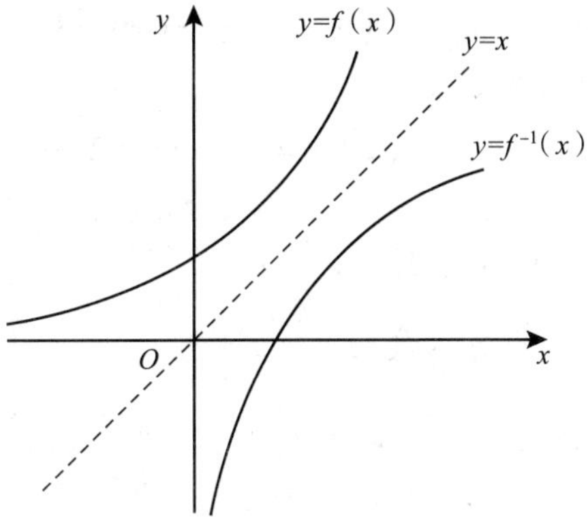

图 1－10

由反函数的定义可以看出，不是任何函数都存在反函数，一个函数有反函数的充分必要条件是它是一一对应函数．因此，单调函数一定有反函数，并且反函数和原函数具有相同的单调性．

例 8　求 $y=\sqrt[3]{x+1}$的反函数

解　由 $y=\sqrt[3]{x+1}$得

$$x=y^3-1,$$

所以反函数为

$$y=x^3-1.$$

习题 1－1

1. 把下列各题中的集合或元素用符号"$\in$"、"$\subset$"、"$\supset$"、"$\notin$"和"$=$"连起来．

（1）$0\_\{-1,0\}$；　（2）$\{0\}\_\{-1,0\}$；　（3）$0\_(-1,2)$；

（4）Z_N；　（5）0_R；　（6）$a\_\{b,c\}$.

2. 如果 $A=\{-1,0,3,5\}$，$B=\{3,7,8\}$，

（1）写出 $A\cap B$ 和 $A\cup B$；

（2）把 $A\cup B$ 作为全集，写出 $\bar{A}$，$\bar{B}$ 和 $\overline{A\cap B}$.

3. 设集合 $A=\{x\,\|x-1|<1\}$，$B=\{x\,|\,x^2-12x+35>0\}$，求 $A\cup B$，$A\cap B$.

4. 讨论下列函数的奇偶性．

（1）$y=x+\sin x$；　（2）$y=\dfrac{a^x+a^{-x}}{2}$；

(3) $y=x^2(1-x^2)$;　　　　(4) $y=\sin x-\cos x+1$.

5. 求下列函数的反函数:

(1) $y=\sqrt[3]{x+1}-1$;　　　　(2) $y=1+\ln(x+2)$;

(3) $y=10^{2x+3}$;　　　　(4) $y=x^2$, $x\in(-\infty, 0]$.

6. 设$f(2x)=x^2+2x+4$, 求$f(x)$, $f(-x)$.

7. 设$f\left(x-\frac{1}{x}\right)=x^2+\frac{1}{x^2}$, 求$f(x)$.

8. 住房贷款等额法还贷的每月还款额为 $s=\frac{pr(1+r)^m}{(1+r)^m-1}$, s 表示每月还款额, p 表示贷款数量, r 表示月利率, m 表示还款月数. 某人从银行以月利率 4.2‰获得一笔20 万元的个人住房贷款, 试求其每月还款额与还款月数 m 之间的函数关系, 并求还款期限为20 年时, 每月的还款额.

1.2 初等函数和分段函数

1.2.1 初等函数

1. 基本初等函数

常量函数、幂函数、指数函数、对数函数、三角函数、反三角函数通称为**基本初等函数**.

(1) 常量函数.

形如 $y=c$(c 是常数) 的函数称为**常量函数**, 其中 $x\in(-\infty, +\infty)$.

它的图像是一条与 x 轴平行的直线. 如图 1-11 所示.

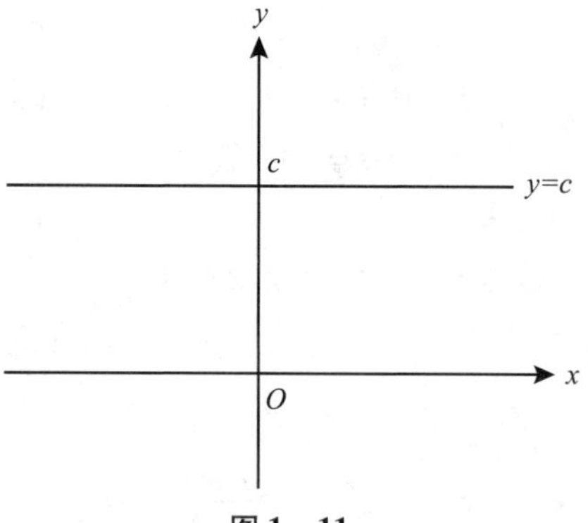

图 1-11

（2）幂函数．

形如 $y=x^{\alpha}$（α 是常数）的函数称为**幂函数**，其定义域要根据指数 α 的取值情况加以确定．

图1－12给出了几个常用的幂函数图像．

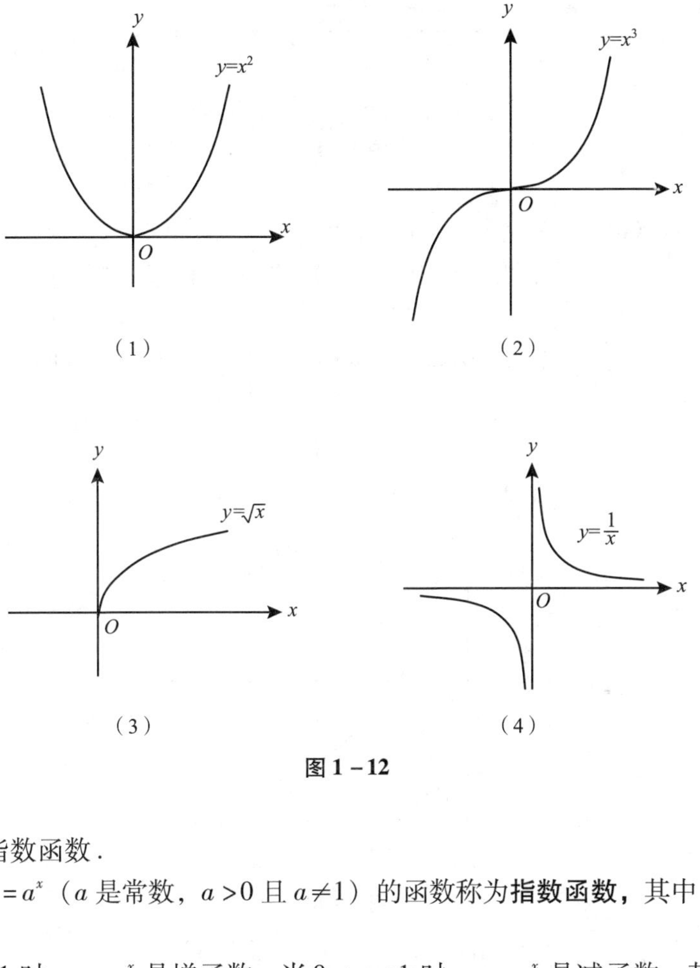

图1－12

（3）指数函数．

形如 $y=a^{x}$（a 是常数，$a>0$ 且 $a\neq1$）的函数称为**指数函数**，其中 $x\in(-\infty,+\infty)$．

当 $a>1$ 时，$y=a^{x}$ 是增函数；当 $0<a<1$ 时，$y=a^{x}$ 是减函数，其图像如图1－13所示．

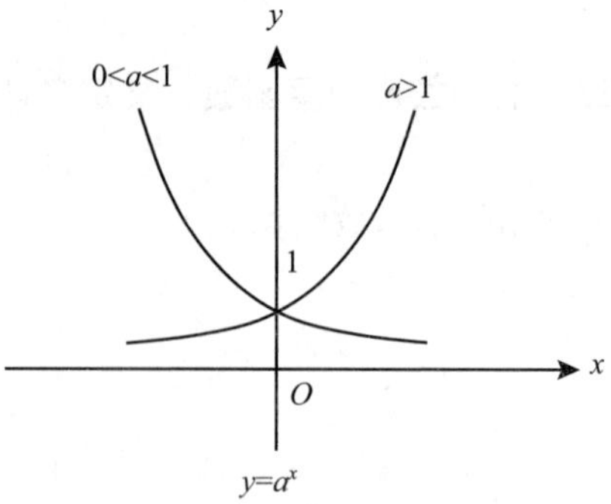

图 1－13

（4）对数函数.

形如 $y=\log_a^x$（a 是常数，$a>0$，$a\neq1$）的函数称为**对数函数**，其中 $x\in(0,+\infty)$.

当 $a>1$ 时，$y=\log_a^x$ 是增函数；当 $0<a<1$ 时，$y=\log_a^x$ 是减函数，其图像如图 1－14 所示.

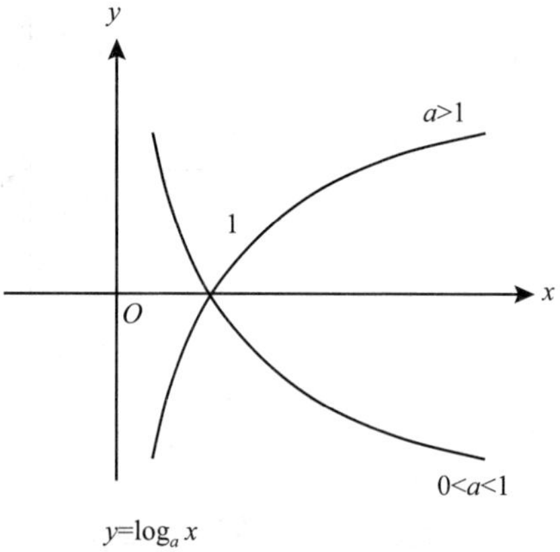

图 1－14

注 以 e 为底的对数函数 $y=\log_e^x$ 通常写成 $y=\ln x$ 的形式；以 10 为底的对数函数 $y=\log_{10}^x$ 通常写成 $y=\lg x$ 的形式.

（5）三角函数.

三角函数包括正弦函数、余弦函数、正切函数、余切函数、正割函数、余割函数.

正弦函数 $y=\sin x$，$x\in(-\infty,\ +\infty)$.

它的值域是 $[-1,\ 1]$，是周期为 2π 的有界奇函数，其图像见图 1－15.

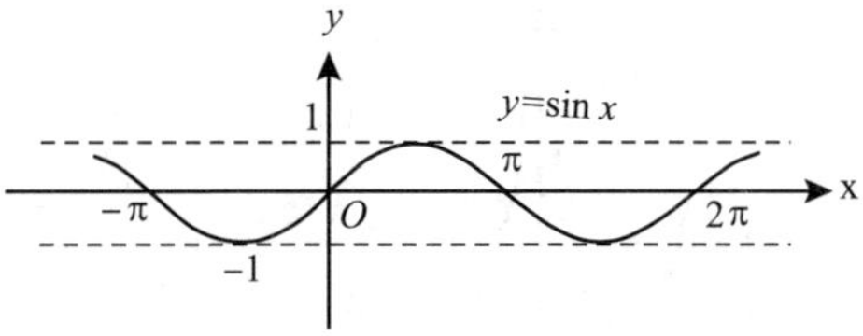

图 1－15

余弦函数 $y=\cos x$，$x\in(-\infty,\ +\infty)$

它的值域是 $[-1,\ 1]$，是周期为 2π 的有界偶函数，其图像见图 1－16.

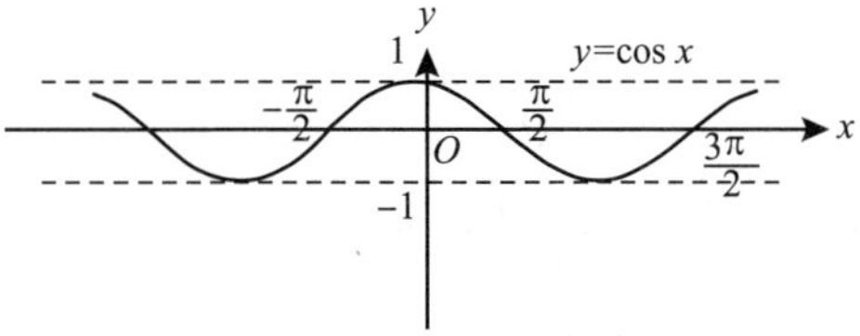

图 1－16

正切函数 $y=\tan x$，$x\neq k\pi+\dfrac{\pi}{2}$，$k\in Z$.

它的值域是 $(-\infty,\ +\infty)$，是周期为 π 的奇函数，其图像见图 1－17.

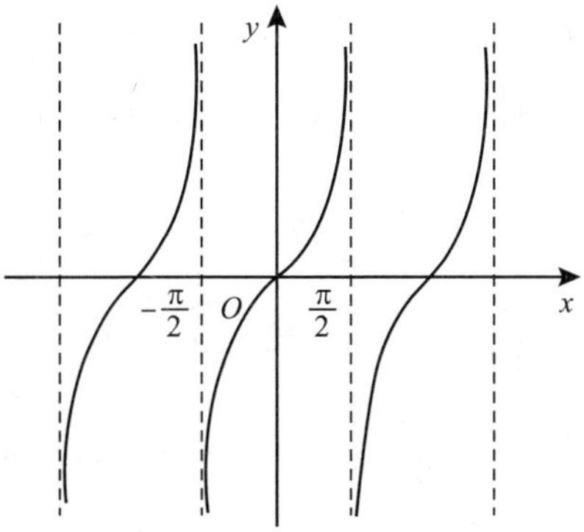

图 1－17

余切函数 $y=\cot x$，$x\neq k\pi$，$k\in Z$.

它的值域是 $(-\infty, +\infty)$，是周期为 π 的奇函数，其图像见图 1-18.

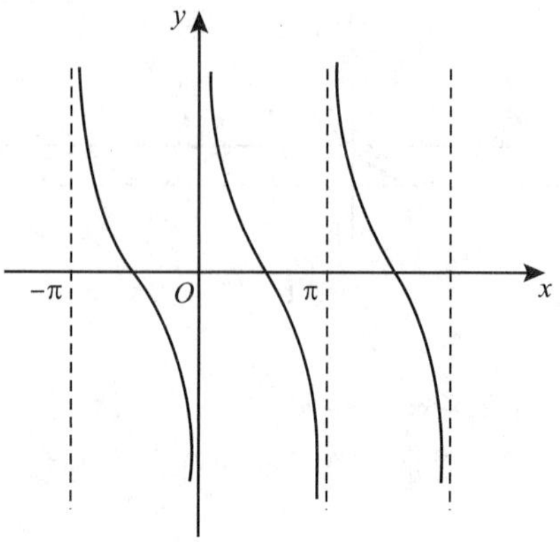

图 1-18

正割函数 $y=\sec x$，$x\neq k\pi+\dfrac{\pi}{2}$，$k\in Z$.

$y=\sec x=\dfrac{1}{\cos x}$是周期为 2π 的偶函数.

余割函数 $y=\csc x$，$x\neq k\pi$，$k\in Z$.

$y=\csc x=\dfrac{1}{\sin x}$是周期为 2π 的奇函数.

(6) 反三角函数.

常见的反三角函数有反正弦函数、反余弦函数、反正切函数、反余切函数.

反正弦函数 $y=\arcsin x$，$x\in[-1, 1]$.

$y=\arcsin x$ 是 $y=\sin x$ 在$\left[-\dfrac{\pi}{2}, \dfrac{\pi}{2}\right]$上的反函数. $\arcsin x$ 表示在$\left[-\dfrac{\pi}{2}, \dfrac{\pi}{2}\right]$上正弦值等于 x 的那个角，例如 $\arcsin\dfrac{1}{2}$表示在$\left[-\dfrac{\pi}{2}, \dfrac{\pi}{2}\right]$上正弦值等于$\dfrac{1}{2}$的那个角，即$\dfrac{\pi}{6}$，所以 $\arcsin\dfrac{1}{2}=\dfrac{\pi}{6}$，同样可以得到 $\arcsin 1=\dfrac{\pi}{2}$，$\arcsin(-1)=-\dfrac{\pi}{2}$等.

$y=\arcsin x$ 的值域为$\left[-\dfrac{\pi}{2}, \dfrac{\pi}{2}\right]$，是有界奇函数，其图像见图 1-19.

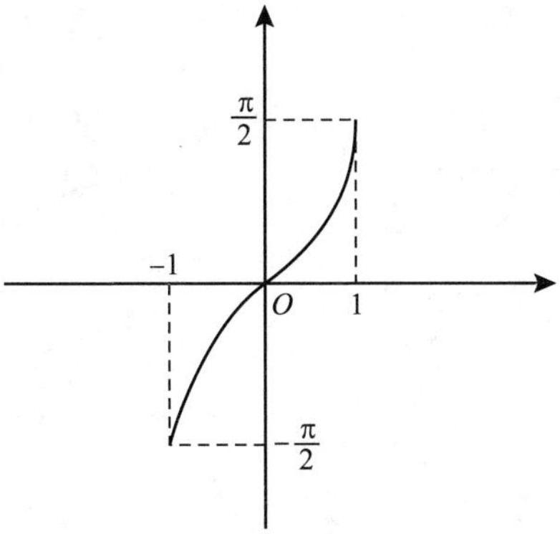

图 1-19

反余弦函数 $y=\arccos x$，$x\in[-1,1]$

$y=\arccos x$ 是 $y=\cos x$ 在 $[0,\pi]$ 上的反函数.

$y=\arccos x$ 的值域为 $[0,\pi]$，是有界函数，其图像见图 1-20.

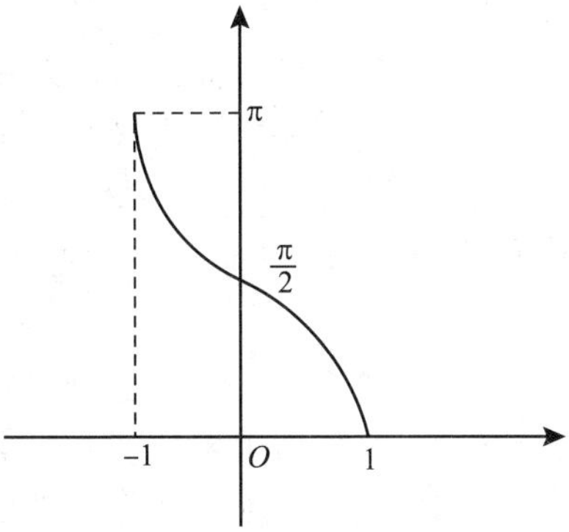

图 1-20

反正切函数 $y=\arctan x$，$x\in R$

$y=\arctan x$ 是 $y=\tan x$ 在开区间 $\left(-\frac{\pi}{2},\frac{\pi}{2}\right)$ 内的反函数，值域为 $\left(-\frac{\pi}{2},\frac{\pi}{2}\right)$，是有界奇函数，图像如图 1-21 所示.

反余切函数 $y=\operatorname{arccot} x$，$x\in R$.

$y=\operatorname{arccot} x$ 是 $y=\cot x$ 在开区间 $(0,\pi)$ 内的反函数，值域为 $(0,\pi)$，是有界函数，图像如图 1-22 所示.

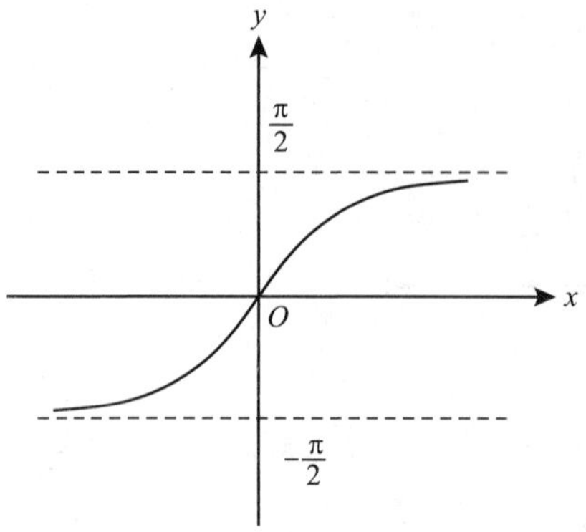

y=arctan x

图 1-21

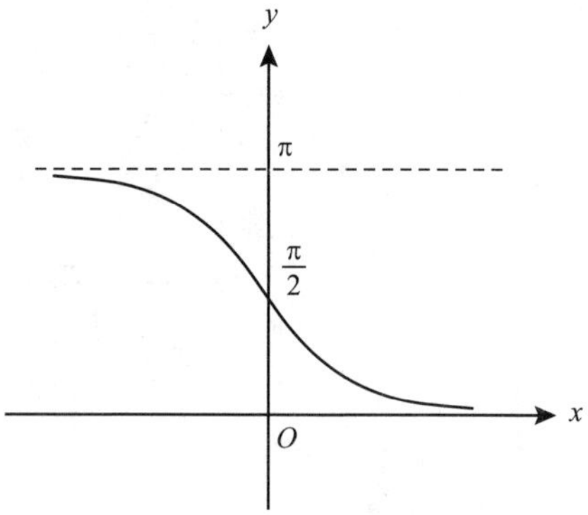

y=arccot x

图 1-22

大家要熟记以上几个常用的基本初等函数的图像，会通过函数图像观察函数的性质，我们以后分析问题时经常会用到这些图像.

2. 复合函数

有时两个变量之间的关系不是直接的，而是通过另外的变量联系起来的，例如 $y=u^2$，$u=x+2$，在这里 y 与 x 的联系不是直接的，而是通过中间变量 u 联系起来的，但若把 $u=x+2$ 代入 $y=u^2$ 可得 $y=(x+2)^2$，则可将变量 y 与 x 直接联系起来，这里 $y=(x+2)^2$ 称为由 $y=u^2$ 和 $u=x+2$ 复合而成复合函数. 一般地，复合函数有如下定义：

定义 1.2.1 设函数 $y=f(u)$ 的定义域为 D，函数 $u=\varphi(x)$ 的值域为 W，且 $D\cap W\neq\phi$，则称函数 $y=f[\varphi(x)]$ 为由函数 $y=f(u)$ 与 $u=\varphi(x)$ 复合而成的**复合函数**，其中 u 称为**中间变量**，$y=f(u)$ 称为外函数，$u=\varphi(x)$ 称为内函数.

注 (1) 不是任何两个函数都能复合，只有当外函数的定义域 D 与内函数值域 W 的交集非空时，即 $D\cap W\neq\phi$，两个函数才能复合.

(2) 复合函数也可由两个以上的函数复合而成.

(3) 复合函数可以分解为较简单的函数，但分解方式不唯一.

例 1 $y=\sqrt{u}$与 $u=-x^2-1$ 是否能复合成一个复合函数?

解 因为函数 $y=\sqrt{u}$的定义域为 $D=[0, +\infty)$，$u=-x^2-1$ 的值域为 $W=(-\infty, -1]$，$D\cap W=\Phi$，所以二者不能复合成一个复合函数.

例 2 将函数 $y=1+u^2$，$u=\sin v$，$v=\mathrm{e}^x$ 复合为复合函数.

解 先将 $v=\mathrm{e}^x$ 代入 $u=\sin v$ 得 $u=\sin\mathrm{e}^x$，再将 $u=\sin\mathrm{e}^x$ 代入 $y=1+u^2$ 得三者

复合而成的复合函数为

$$y=1+\sin^2 e^x.$$

例3　将 $y=\sin\ln(x^2+1)$ 分解为两个较简单的函数.

解　分解方法1：$y=\sin u$，$u=\ln(x^2+1)$.

分解方法2：$y=\sin\ln u$，$u=x^2+1$.

在第2章求复合函数的导数时，我们就需要把一个复合函数分解为两个或多个比较简单的函数.

3. 初等函数

定义1.2.2　由基本初等函数经过有限次四则运算（加、减、乘、除）和有限次复合而构成的并能用一个式子表示的函数称为**初等函数**.

例如 $y=7x+6\sin x$；$y=\dfrac{\cos x}{x}$；$y=e^x+\ln\sin x$ 等都是初等函数.

1.2.2　分段函数

我们前面所讨论的函数都是由一个式子所表示的初等函数，但在实际问题中，有些函数不能用一个式子表示，我们来看下面这个例子：

例4　设某商店以每件10元的价格出售某种商品，若顾客一次购买60件以上商品，则超出的部分以每件9折的优惠价出售，试求顾客一次购买 x 个该商品的费用 y.

解　由题意得

$$y=\begin{cases}10x, & 0\leqslant x\leqslant 60\\ 60\times 10+9(x-60), & x>60\end{cases},$$

上面这个函数是由两个式子来表示的，称为分段函数.一般地，如果自变量在不同的变化范围内所对应的函数表达式不同，则称这类函数为**分段函数**.

注：分段函数是由不同范围内的若干个表达式合起来构成的一个函数，其定义域为自变量的各个取值范围合起来构成的集合，值域为对应的函数值合起来构成的集合.

例如绝对值函数 $y=|x|=\begin{cases}-x, & x<0\\ x, & x\geqslant 0\end{cases}$，其定义域为 $(-\infty,+\infty)$，值域为 $[0,+\infty)$，其图像如图1-23所示.

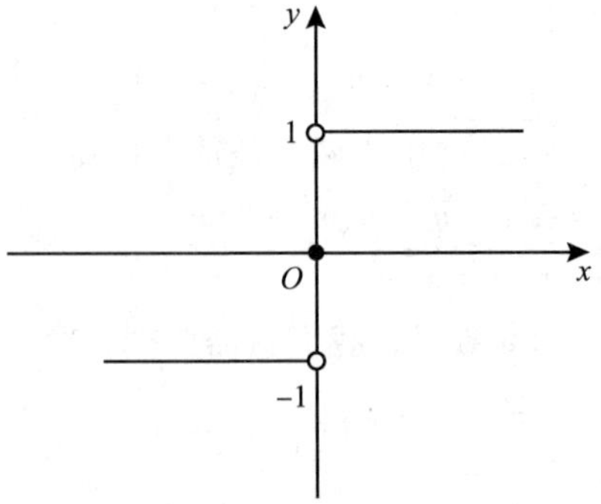

图 1－23

符号函数 $y=\operatorname{sgn}x=\begin{cases}-1, & x<0\\ 0, & x=0\\ 1, & x>0\end{cases}$，其定义域为 $(-\infty,0)\cup\{0\}\cup(0,+\infty)=(-\infty,+\infty)$，值域为 $\{-1,0,1\}$，其图像见图 1－24.

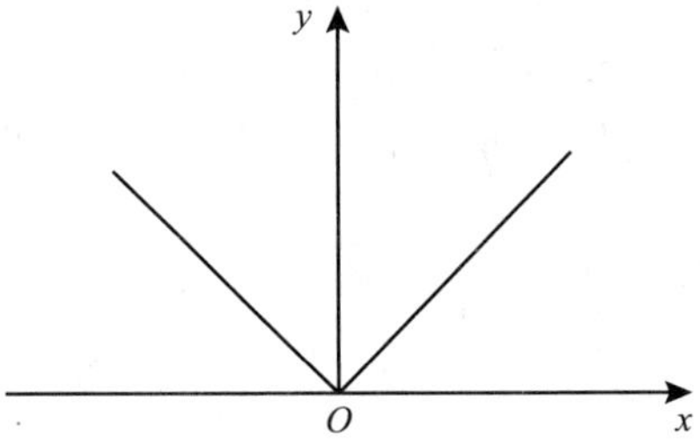

图 1－24

习题 1－2

1. 求下列函数的定义域.

(1) $y=\sin\sqrt{x}$；

(2) $y=1+\lg(x+2)$；

(3) $y=\dfrac{1}{1-x^2}+\sqrt{x+2}-e^{2x}$；

(4) $y=\lg(x-1)+\dfrac{\cos x}{\sqrt{1+x}}$；

(5) $y=\begin{cases}\dfrac{1}{x}, & x<0\\ 2x, & 0\leqslant x<1\\ 1, & 1\leqslant x\leqslant 2\end{cases}$；

(6) $y=\begin{cases}\arcsin\dfrac{1}{x}, & x>1\\ 0, & x=1\\ \sqrt{1-x}, & x<1\end{cases}$.

2. 求下列各组函数复合而成的复合函数．

（1）$y=u^2$，$u=\sin x$；　（2）$y=\sin u$，$u=2v$，$v=x^2$；

（3）$y=\mathrm{e}^u$，$u=2x+3$；　（4）$y=\arctan u$，$u=a^2+x^2$．

3. 设 $f(x)=\begin{cases}x^2-x+1, & x\geqslant 0\\ 1-x, & x<0\end{cases}$，求 $f(1)$，$f(-2)$ 及 $f(0)$ 的值．

4. 按照国家税法规定，我们的工资和薪金要交纳所得税．那么如何计算工资、薪金应纳的税额呢？按照税收“量能负担”原则，应充分发挥个人所得税调节收入分配的作用，税法规定工资、薪金所得适用 5%～45% 九级超额累进税率，税率见表 1－2.

表 1－2　　工资、薪金所得税税率表

级数	全月应纳税所得额	税率（%）
1	不超过 500 元的部分	5
2	超过 500 元至 2000 元的部分	10
3	超过 2000 元至 5000 元的部分	15
4	超过 5000 元至 20000 元的部分	20
5	超过 20000 元至 40000 元的部分	25
6	超过 40000 元至 60000 元的部分	30
7	超过 60000 元至 80000 元的部分	35
8	超过 80000 元至 100000 元的部分	40
9	超过 100000 元的部分	45

表格第 2 列所列的收入为超出所得税起征点部分的收入，如果税法规定的工资、薪金所得税起征点为 1600 元，若用 x 表示工资、薪金收入，y 表示应交所得税税额，

（1）求工资，薪金收入在 1000 元至 6000 元之间的人群的应交所得税．

（2）如果甲、乙、丙、丁四个人的工资收入分别为 800 元、1800 元、2500 元和 6000 元那么他们应交所得税的税额各为多少？

（3）根据你的收入水平，你应交多少所得税？

1.3　常用的经济函数

经济函数是经济研究和经济分析的有力工具，常用的经济函数有：需求函数、供给函数、总成本函数、总收益函数和总利润函数等．

1. 需求函数与供给函数

(1) 需求函数.

需求量是指在一定价格下，消费者愿意购买且有支付能力购买的商品量. 在收入等其他因素不变的情况下，需求量 Q_d 可看作价格 P 的函数，也称为需求函数，记作

$$Q_d = f(P).$$

需求函数一般是单调减少函数.

(2) 供给函数.

供给量是指在一定价格下，生产者愿意提供并且有能力提供的商品量. 在成本等其他因素给定的情况下，供给量 Q_s 可看作价格 P 的函数，称为供给函数，记作

$$Q_s = f(P).$$

供给函数一般是单调增加函数.

使一种商品的市场需求量与供给量相等的价格，称为**均衡价格**，与**均衡价格**对应的供求量称为均衡数量. 如图 1－25 所示，P_0 和 Q_0 分别是均衡价格和均衡数量.

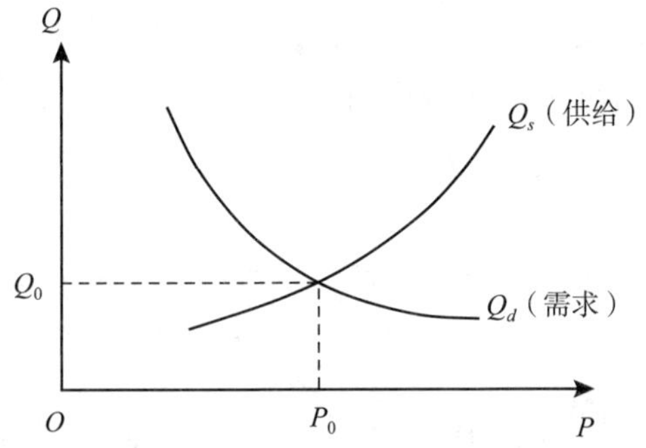

图 1－25

2. 总成本函数

总成本是指生产一定数量的产品所投入的总费用，通常用 C 表示.

一般的，成本由固定成本和可变成本两部分组成，**固定成本**指不随产量变化而变化的成本，如设备维修费、厂房费等；**可变成本**是指随产量变化而变化的成本，如原料费、动力费等. 生产每单位产品平均所需成本，称为**平均成本**. 因为成本 C 随产量 Q 的变化而变化，所以它是产量的函数，称为**成本函数**. 这几种成

本之间有下列关系：

$$总成本\ C(Q)=固定成本\ C_0+可变成本\ C_1(Q);$$

$$平均成本\ \bar{C}(Q)=\frac{C(Q)}{Q}.$$

例 1　设某企业每月生产某种产品的最大产量为 10000 个，其中固定费用为 30000 元，每生产 1 个产品，可变成本增加 3000 元，求总成本函数.

解　设该产品的年产量为 Q 个单位，则总成本函数为：

$$C(Q)=30000+3000Q,\ Q\in[0,\ 10000].$$

3. 总收益函数

总收益是指生产者出售一定数量的产品所得到的全部收入，通常用 R 表示. 收益由产品的价格及销售量决定，当产品的单位售价为 P，销售量为 Q 时，则总收益函数为

$$R=PQ.$$

4. 总利润函数

利润是指销售所有产品所获得的全部利润. 即总利润是总收益扣除总成本后的余额，所以总利润函数为

$$L(Q)=R(Q)-C(Q)$$

例 2　设某厂每月生产 Q 台机器时，总成本函数为 $C(Q)=\frac{1}{4}Q^2+8Q+4900$（万元），问：

（1）平均成本是多少？

（2）若机器以每件 108 万元的价格出售，要使利润最大，每月应生产多少台机器，最大利润是多少？

解　（1）平均成本为

$$\bar{C}(Q)=\frac{C(Q)}{Q}=\frac{1}{4}Q+8+\frac{4900}{Q}$$

（2）收入函数为

$$R(Q)=108Q,$$

利润函数为

$$L(Q)=R(Q)-C(Q)=-\frac{Q^2}{4}+100Q-4900,$$

$$=-\frac{1}{4}(Q^2-400Q)-4900=-\frac{1}{4}(Q-200)^2+5100,$$

所以 $Q=200$ 时，$L(Q)$ 最大，即要使利润最大，每月应生产 200 吨产品，最大

利润为 5100 万元.

习题 1-3

1. 某机械厂生产一台机器零件的可变成本为 15 元，每天的固定成本为 2000 元，如果每台机器零件的出厂价为 20 元，每天生产 Q 台机器零件，求每天生产的总成本函数和总收益函数.

2. 某厂生产某种产品 1000 吨，定价为每吨 130 元，当售出量在 700 吨以内时，按原定价出售；超过 700 吨的部分按原价的九折出售. 生产该种产品 x 吨的费用为 $C(x)=5x+200$（元），试将销售总利润表示成销售量的函数.

3. 已知某商品的需求函数与供给函数分别为 $Q_d=-2P+200$，$Q_s=\dfrac{2}{3}P+120$，求均衡价格与均衡数量.

4. 设某商品的需求函数是 $Q(P)=12000-80P$，商品的总成本函数 $C=25000+50Q$，问当价格为多少时利润最大?

1.4 极　限

极限的思想源于求某些实际问题的精确解，它是一种由近似到精确的方法，我国古代数学家在利用圆内接正多边形计算圆的面积的方法——割圆术，就是极限思想的应用，其中涉及到求数列极限的问题.

1.4.1 数列的极限

按照一定次序排列着的一列数

$$y_1,\ y_2,\ y_3,\ \cdots,\ y_n,\ \cdots$$

称为**数列**. 记为 $\{y_n\}$. 数列中的每一个数叫做数列的项，第 n 项 y_n 称为该数列的通项.

例如下面的（1）~（4）都是数列：

（1）$\left\{\dfrac{1}{n}\right\}$: $1,\ \dfrac{1}{2},\ \dfrac{1}{3},\ \cdots,\ \dfrac{1}{n},\ \cdots$;

（2）$\left\{1+\dfrac{(-1)^n}{n}\right\}$: $0,\ \dfrac{3}{2},\ \dfrac{2}{3},\ \dfrac{5}{4},\ \cdots,\ 1+\dfrac{(-1)^n}{n},\ \cdots$;

（3）$\left\{\dfrac{1+(-1)^n}{2}\right\}$: $0,\ 1,\ 0,\ 1,\ \cdots$;

（4）$\{2n-1\}$: $1,\ 3,\ 5,\ \cdots,\ 2n-1,\ \cdots$.

它们的通项分别为$\frac{1}{n}$，$1+\frac{(-1)^n}{n}$，$\frac{1+(-1)^n}{2}$，$2n-1$.

定义 1.4.1　设有数列 $\{y_n\}$，若存在常数 A，使当 n 无限增大时，y_n 无限趋近于常数 A，则称 A 为数列 $\{y_n\}$ 的**极限**，记作

$$\lim_{n\to\infty} y_n = A \text{ 或 } y_n \to A\ (n\to\infty).$$

如果数列 $\{y_n\}$ 有极限，则称数列 $\{y_n\}$ 收敛，否则称数列 $\{y_n\}$ 发散.

例如，对于数列（1），当 n 无限增大时，$\frac{1}{n}$无限趋近于 0，故$\lim\limits_{n\to\infty}\frac{1}{n}=0$，即数列$\left\{\frac{1}{n}\right\}$收敛于 0.

对于数列（2），则有$\lim\limits_{n\to\infty}\left(1+\frac{(-1)^n}{n}\right)=1$.

而数列（3）则跳跃地取 0 和 1，不可能无限的趋近于某一个常数，因此它是发散的. 对于数列（4），当 n 无限增大时对应的项 $2n-1$ 也无限增大，不趋近任何常数，所以也是发散的.

1.4.2　自变量趋于无穷大时函数的极限

1. 自变量趋于无穷大时函数的极限

定义 1.4.2　若当$|x|$无限增大时，对应的函数值$f(x)$ 无限趋近于常数 A，则称 A 为函数$f(x)$ 当 x 趋于无穷大时的**极限**，记作

$$\lim_{x\to\infty} f(x) = A \quad \text{或} \quad f(x)\to A\ (x\to\infty).$$

例如当 x 趋于无穷大时，函数$\frac{1}{x}$的值无限趋近于 0，所以$\lim\limits_{x\to\infty}\frac{1}{x}=0$.

由极限定义 1.4.2 可以看出，函数$f(x)$ 在 $x\to\infty$ 时的极限仅与$f(x)$ 在无穷远处的函数值有关.

2. 自变量趋于正无穷大和负无穷大时函数的极限

定义 1.4.3　如果 x 取正值且无限增大时（或 x 取负值且$|x|$无限增大时），对应的函数值$f(x)$ 无限趋近于某个常数 A，则称常数 A 为函数$f(x)$ 当 x 趋于正无穷大（或负无穷大）时的**极限**，记作

$$\lim_{x\to+\infty} f(x) = A \quad \text{或} \quad f(x)\to A\ (x\to+\infty),$$

$$\left(\lim_{x\to-\infty} f(x) = A \quad \text{或} \quad f(x)\to A\ (x\to-\infty)\right).$$

例如，$\lim\limits_{x\to+\infty}\left(\frac{1}{2}\right)^x=0$，$\lim\limits_{x\to-\infty}2^x=0$.

数列 $y_n=f(n)$ 的极限 $\lim\limits_{n\to\infty}f(n)$ 可看作函数极限 $\lim\limits_{x\to+\infty}f(x)=A$ 的特殊情况，因此，在求数列的极限时，我们经常转化为函数的极限来求.

关于极限 $\lim\limits_{x\to\infty}f(x)$，$\lim\limits_{x\to-\infty}f(x)$ 和 $\lim\limits_{x\to+\infty}f(x)$ 有下面的结论：

定理 1.4.1 极限 $\lim\limits_{x\to\infty}f(x)$ 存在而且等于 A 的充分必要条件是：极限 $\lim\limits_{x\to-\infty}f(x)$ 与极限 $\lim\limits_{x\to+\infty}f(x)$ 都存在且等于 A. 即

$$\lim_{x\to\infty}f(x)=A\Leftrightarrow\lim_{x\to-\infty}f(x)=\lim_{x\to+\infty}f(x)=A.$$

例 1 判断 $\lim\limits_{x\to\infty}\arctan x$ 是否存在.

解 因为 $\lim\limits_{x\to+\infty}\arctan x=\dfrac{\pi}{2}$，$\lim\limits_{x\to-\infty}\arctan x=-\dfrac{\pi}{2}$，$\lim\limits_{x\to+\infty}\arctan x\neq\lim\limits_{x\to-\infty}\arctan x$，所以 $\lim\limits_{x\to\infty}\arctan x$ 不存在.

1.4.3 自变量趋于有限值时函数的极限

1. $x\to x_0$ 时函数 $f(x)$ 的极限

定义 1.4.4 若当 x 无限趋近于点 x_0（但 $x\neq x_0$）时，对应的函数值 $f(x)$ 无限趋近于常数 A，则称 A 为函数 $f(x)$ 当 x 趋于 x_0 时的**极限**，记作

$$\lim_{x\to x_0}f(x)=A\quad 或\quad f(x)\to A\ (x\to x_0).$$

由极限定义 1.4.4 可以看出，函数 $f(x)$ 在 $x\to x_0$ 时的极限仅与 $f(x)$ 在 x_0 点附近的函数值有关，而与 $f(x)$ 在点 x_0 的情况无关.

例 2 求函数 $\lim\limits_{x\to1}\dfrac{x^2-1}{x-1}$ 的极限.

解 因为 $x\neq1$，所以 $\dfrac{x^2-1}{x-1}=x+1$

因为当 $x\to1$ 时，函数 $x+1$ 无限趋近于 2，所以 $\lim\limits_{x\to1}\dfrac{x^2-1}{x-1}=\lim\limits_{x\to1}(x+1)=2.$

尽管函数 $\dfrac{x^2-1}{x-1}$ 在 $x=1$ 时无意义，但它在该点存在极限，由此看出，函数在某点处是否有极限与函数在该点是否有定义无关.

根据极限定义，显然有

(1) $\lim\limits_{x\to x_0}C=C$;

(2) $\lim\limits_{x\to x_0}x=x_0$.

2. 左极限与右极限

定义 1.4.5 如果当 x 从点 x_0 的左侧无限趋近于 $x_0(x\neq x_0)$ 时，函数 $f(x)$

无限趋近于常数 A，则称常数 A 为函数 $f(x)$ 当 x 趋于 x_0 时的**左极限**，记作

$$\lim_{x \to x_0^-} f(x) = A \quad 或 \quad f(x_0 - 0) = A.$$

定义 1.4.6 如果当 x 从 x_0 点的右侧无限趋近于 $x_0(x \neq x_0)$ 时，函数 $f(x)$ 无限趋近于常数 A，则称常数 A 为函数 $f(x)$ 当 x 趋于 x_0 时的**右极限**，记作

$$\lim_{x \to x_0^+} f(x) = A \quad 或 \quad f(x_0 + 0) = A.$$

函数 $f(x)$ 在 $x \to x_0$ 时的极限与它在 x_0 点的左、右极限之间有如下关系：

定理 1.4.2 极限 $\lim\limits_{x \to x_0} f(x)$ 存在且等于 A 的充分必要条件是：左极限 $\lim\limits_{x \to x_0^-} f(x)$ 与右极限 $\lim\limits_{x \to x_0^+} f(x)$ 都存在且均等于 A，即

$$\lim_{x \to x_0} f(x) = A \Leftrightarrow \lim_{x \to x_0^-} f(x) = \lim_{x \to x_0^+} f(x) = A.$$

该定理主要用于讨论分段函数在分界点处的极限.

例 3 设函数 $f(x) = \begin{cases} 1, & x \leqslant 1 \\ 2x - 1, & x > 1 \end{cases}$，判断 $\lim\limits_{x \to 1} f(x)$ 是否存在，若存在求该极限.

解 由已知可得

$$\lim_{x \to 1^-} f(x) = \lim_{x \to 1^-} 1 = 1,$$

$$\lim_{x \to 1^+} f(x) = \lim_{x \to 1^+} (2x - 1) = 1,$$

所以

$$\lim_{x \to 1^-} f(x) = \lim_{x \to 1^+} f(x) = 1,$$

根据定理 1.4.2 得 $\lim\limits_{x \to 1} f(x)$ 存在，且 $\lim\limits_{x \to 1} f(x) = 1$.

例 4 设 $y = \operatorname{sgn} x = \begin{cases} -1, & x < 0 \\ 0, & x = 0 \\ 1, & x > 0 \end{cases}$，判断极限 $\lim\limits_{x \to 1} f(x)$ 和 $\lim\limits_{x \to 0} f(x)$ 是否存在，若存在求出该极限.

解 由已知可得

$$\lim_{x \to 1} f(x) = \lim_{x \to 1} 1 = 1,$$

因为

$$\lim_{x \to 0^-} f(x) = \lim_{x \to 0^-} (-1) = -1, \lim_{x \to 0^+} f(x) = \lim_{x \to 0^+} 1 = 1$$

$$\lim_{x \to 0^+} f(x) \neq \lim_{x \to 0^-} f(x),$$

所以 $\lim\limits_{x \to 0} f(x)$ 不存在.

1.4.4 函数极限的基本性质

性质 1.4.1（唯一性） 如果$\lim\limits_{x \to x_0} f(x)$存在，那么其值唯一.

性质 1.4.2（局部保号性） 如果$\lim\limits_{x \to x_0} f(x) = A$，而且$A > 0$（或$A < 0$），那么存在常数$\delta > 0$，使得当$0 < |x - x_0| < \delta$时，有$f(x) > 0$（或$f(x) < 0$）.

性质 1.4.3 如果在x_0的某去心邻域内$f(x) \geqslant 0$（或$f(x) \leqslant 0$），而且$\lim\limits_{x \to x_0} f(x) = A$，那么$A \geqslant 0$（或$A \leqslant 0$）.

习题 1－4

1. 观察下列数列是否收敛，若收敛，求出极限.

(1) $\left\{\dfrac{1}{2^n}\right\}$；(2) $\left\{2 + \dfrac{1}{n^2}\right\}$；(3) $\{n(-1)^n\}$；(4) $\left\{\dfrac{n-1}{n+1}\right\}$.

2. 判断$\lim\limits_{x \to \infty} \operatorname{arccot} x$是否存在.

3. 设有函数$f(x) = \begin{cases} -1, & x < 0 \\ x, & x \geqslant 0 \end{cases}$，讨论当$x \to 0$时，$f(x)$的极限是否存在.

4. $x \to$_____时，$\left(\dfrac{1}{5}\right)^x \to 0$.

5. $\lim\limits_{x \to -\infty} \mathrm{e}^x =$__________.

1.5 无穷小量与无穷大量

1.5.1 无穷小量

无穷小量是一类极限为零的特殊变量，无论在理论上还是应用上都起着非常重要的作用.

定义 1.5.1 极限为零的函数称为**无穷小量**. 简称无穷小.

例如，因为$\lim\limits_{x \to 1}(x-1) = 0$，所以当$x \to 1$时，$f(x) = x - 1$为无穷小.

因为$\lim\limits_{x \to \infty} \dfrac{1}{x} = 0$，所以当$x \to \infty$时，$f(x) = \dfrac{1}{x}$为无穷小.

因为$\lim\limits_{n \to \infty} \dfrac{1}{3n} = 0$，所以当$n \to \infty$时，$f(x) = \dfrac{1}{3n}$为无穷小.

一个函数是否为无穷小，与自变量的变化过程紧密相关，因此在指明某函数是无穷小量时，必须指明自变量的变化过程.

例如$\lim\limits_{x\to 0}x^3=0$，所以当$x\to 0$时，函数$f(x)=x^3$是无穷小量，而$\lim\limits_{x\to 1}x^3=1$，所以当$x\to 1$时，函数$f(x)=x^3$就不再是无穷小量.

此外，无穷小量是以零为极限的变量，不能把它理解为一个很小的数. 常数中只有0是无穷小量. 无穷小量通常用希腊字母α，β，γ等表示.

无穷小量有以下性质：

（1）两个无穷小量的代数和仍为无穷小量（和与差统称为代数和）；

（2）两个无穷小量的积仍为无穷小量；

（3）无穷小量乘有界变量仍为无穷小量.

例1　求$\lim\limits_{x\to 0}\left(x\sin\dfrac{1}{x}\right)$.

解　因为$x\to 0$时，x是无穷小量，又$\sin\dfrac{1}{x}$为有界变量，根据性质3得

$$\lim_{x\to 0}\left(x\sin\frac{1}{x}\right)=0.$$

注　两个无穷小量的商不一定是无穷小量.

例如当$x\to 0$时，x^2+x和x都是无穷小量，但$\dfrac{x^2+x}{x}$不是无穷小量，因为$\lim\limits_{x\to 0}\dfrac{x^2+x}{x}=\lim\limits_{x\to 0}(x+1)=1\neq 0$.

1.5.2　无穷大量

定义1.5.2　设函数$f(x)$在点x_0的某一邻域内（点x_0可以除外）有定义，如果当x无限趋近于x_0（但$x\neq x_0$）时，$|f(x)|$无限增大，则称函数$f(x)$为$x\to x_0$时的**无穷大量**，记作

$$\lim_{x\to x_0}f(x)=\infty\quad 或\quad f(x)\to\infty\ (x\to x_0)$$

定义1.5.3　如果当x无限趋近于x_0（但$x\neq x_0$）时，$|f(x)|$无限增大且函数$f(x)$在x_0点附近只取正值（或负值），则称函数$f(x)$为$x\to x_0$时的**正无穷大量**（或**负无穷大量**），记作

$$\lim_{x\to x_0}f(x)=+\infty\quad 或\quad f(x)\to+\infty\ (x\to x_0)$$

$$\left(\lim_{x\to x_0}f(x)=-\infty\quad 或\quad f(x)\to-\infty\ (x\to x_0)\right)$$

例如$\lim\limits_{x\to 0}\dfrac{1}{x}=\infty$，$\lim\limits_{x\to 0^+}\dfrac{1}{x}=+\infty$，$\lim\limits_{x\to 0^+}\ln x=-\infty$

注 当函数$f(x)$为无穷大量时，即$\lim\limits_{x\to x_0}f(x)=\infty$，我们认为函数极限是不存在的.

无穷大量有以下性质：

(1) 两个无穷大量的积仍是无穷大量；

(2) 无穷大量与有界变量的和仍为无穷大量.

注 (1) 两个无穷大量的代数和不一定是无穷大量；

(2) 无穷大量乘有界变量不一定是无穷大量.

例如，$x\to 0$ 时，$\frac{1}{x}$与$-\frac{1}{x}$都是无穷大量，但它们的和$\frac{1}{x}+\left(-\frac{1}{x}\right)=0$，不是无穷大量.

无穷大量与无穷小量之间有如下关系：

定理 1.5.1 (1) 若$\lim\limits_{x\to x_0}f(x)=\infty$，则$\lim\limits_{x\to x_0}\frac{1}{f(x)}=0$；

(2) 若$\lim\limits_{x\to x_0}f(x)=0$，且$f(x)\neq 0$，则$\lim\limits_{x\to x_0}\frac{1}{f(x)}=\infty$.

1.5.3 无穷小的比较

无穷小量是以零为极限的变量，但不同的无穷小量收敛于零的速度不一定相同，为了比较这种快慢程度，我们给出下面的定义：

定义 1.5.4 设$\lim\limits_{x\to x_0}f(x)=0$，$\lim\limits_{x\to x_0}g(x)=0$，

(1) 若$\lim\limits_{x\to x_0}\frac{f(x)}{g(x)}=0$，则称$f(x)$是比$g(x)$高阶的无穷小量，记作

$$f(x)=o(g(x))\ (x\to x_0);$$

(2) 若$\lim\limits_{x\to x_0}\frac{f(x)}{g(x)}=C\neq 0$（$C$为常数），则称$f(x)$与$g(x)$是同阶无穷小量；

(3) 若$\lim\limits_{x\to x_0}\frac{f(x)}{g(x)}=1$，则称$f(x)$与$g(x)$是等价无穷小量，记作

$$f(x)\sim g(x)\ (x\to x_0);$$

(4) 若$\lim\limits_{x\to x_0}\frac{f(x)}{g(x)}=\infty$，则称$f(x)$是比$g(x)$低阶的无穷小量.

例 2 当$x\to 0$时，比较无穷小量x^2与x.

解 因$\lim\limits_{x\to 0}\frac{x^2}{x}=\lim\limits_{x\to 0}x=0$，所以当$x\to 0$时，$x^2$是比$x$高阶的无穷小量，即

$$x^2=o(x)\ (x\to 0).$$

说明当 $x\to0$ 时，x^2 收敛于零的速度比 x 快.

例 3　当 $x\to0$ 时，比较无穷小量 x^3+x 与 x.

解　因为 $\lim\limits_{x\to0}\dfrac{x^3+x}{x}=\lim\limits_{x\to0}(x^2+1)=1$,

所以当 $x\to0$ 时，x^3+x 与 x 是等价无穷小量.

说明当 $x\to0$ 时，x^3+x 与 x 趋近于 0 的速度相当.

习题 1－5

1. 填空：

(1) $\lim\limits_{x\to\infty}\dfrac{\arctan x}{x}=$ ________；(2) $\lim\limits_{x\to\infty}\left(\dfrac{\arcsin x}{x}-\dfrac{\arccos x}{x}\right)=$ ________；

(3) $\lim\limits_{x\to0}x\cos^2\dfrac{1}{x}=$ ________；(4) $\lim\limits_{n\to\infty}\dfrac{\sin n}{n}=$ ________.

2. 下列命题正确的是（　　）

A. 0 是无穷小，无穷小就是 0　　B. 穷小量是绝对值很小很小的数

C. 无穷小量是以零为极限的变量　　D. 两个无穷小的商一定为无穷小

3. 当 $x\to\infty$，比较 $\dfrac{1}{x^4}$ 与 $\dfrac{1}{x^3+x^2}$ 趋近于 0 的速度.

1.6　极限的运算法则

前面所求的极限都是一些比较简单的函数的极限，通常可直接观察出来，但对比较复杂的函数的极限，观察起来就非常困难了，这就需要寻找一些新的方法来求函数的极限，本节介绍极限的四则运算法则和复合函数极限的运算法则就是求极限时常用的方法.

定理 1.6.1（四则运算法则）　若极限 $\lim\limits_{x\to x_0}f(x)$ 与 $\lim\limits_{x\to x_0}g(x)$ 都存在，则 $f(x)\pm g(x)$，$f(x)\cdot g(x)$，$\dfrac{f(x)}{g(x)}$（此时 $\lim\limits_{x\to x_0}g(x)\neq0$）在 $x\to x_0$ 时的极限存在，且

(1) $\lim\limits_{x\to x_0}[f(x)\pm g(x)]=\lim\limits_{x\to x_0}f(x)\pm\lim\limits_{x\to x_0}g(x)$；

(2) $\lim\limits_{x\to x_0}[f(x)\cdot g(x)]=\lim\limits_{x\to x_0}f(x)\lim\limits_{x\to x_0}g(x)$；

(3) $\lim\limits_{x\to x_0}\dfrac{f(x)}{g(x)}=\dfrac{\lim\limits_{x\to x_0}f(x)}{\lim\limits_{x\to x_0}g(x)}\left(\lim\limits_{x\to x_0}g(x)\neq0\right)$.

代数和与乘积的运算法则，可以推广到有限个函数的情形.

推论 1 设 C 为常数，$\lim\limits_{x\to x_0}f(x)$ 存在，则

$$\lim_{x\to x_0}[cf(x)]=c\lim_{x\to x_0}f(x).$$

推论 2 $\lim\limits_{x\to x_0}f(x)$ 存在，则

$$\lim_{x\to x_0}[f(x)^n]=[\lim_{x\to x_0}f(x)]^n, \ n\text{ 为任意实数}.$$

推论 3 设极限 $\lim\limits_{x\to x_0}f_1(x)$，$\lim\limits_{x\to x_0}f_2(x)$，…，$\lim\limits_{x\to x_0}f_n(x)$ 都存在，c_1，c_2，…，c_n，为常数，则

$$\begin{aligned}&\lim_{x\to x_0}[c_1\cdot f_1(x)+c_2f_2(x)+\cdots+c_nf_n(x)]\\&=c_1\lim_{x\to x_0}f_1(x)+c_2\lim_{x\to x_0}f_2(x)+\cdots+c_n\lim_{x\to x_0}f_n(x).\end{aligned}$$

利用极限的四则运算法则和 $\lim\limits_{x\to x_0}C=C$，$\lim\limits_{x\to x_0}x=x_0$ 这两个极限可求出一些较复杂函数的极限.

例 1 求 $\lim\limits_{x\to 2}(2x^2-3x+1)$.

解

$$\begin{aligned}\lim_{x\to 2}(2x^2-3x+1)&=2(\lim_{x\to 2}x^2)-3\lim_{x\to 2}x+\lim_{x\to 2}1\\&=2(\lim_{x\to 2}x)^2-3\lim_{x\to 2}x+\lim_{x\to 2}1\\&=2\times 2^2-3\times 2+1\\&=3.\end{aligned}$$

例 2 求 $\lim\limits_{x\to 1}\dfrac{2x^2+x-6}{x^3-x+4}$.

解

$$\begin{aligned}\lim_{x\to 1}\frac{2x^2+x-6}{x^3-x+4}&=\lim_{x\to 1}\frac{\lim\limits_{x\to 1}(2x^2+x-6)}{\lim\limits_{x\to 1}(x^3-x+4)}\\&=\frac{2\times(\lim\limits_{x\to 1}x)^2+\lim\limits_{x\to 1}x-6}{(\lim\limits_{x\to 1}x)^3-\lim\limits_{x\to 1}x+4}\\&=\frac{2\times 1^2+1-6}{1^3-1+4}\\&=-\frac{3}{4}.\end{aligned}$$

例 3 设多项式函数 $P_n(x)=a_0x^n+a_1x^{n-1}+\cdots+a_n$，求 $\lim\limits_{x\to x_0}P_n(x)$.

解

$$\begin{aligned}\lim_{x\to x_0}P_n(x)&=\lim_{x\to x_0}(a_0x^n+a_1x^{n-1}+\cdots+a_n)\\&=a_0\lim_{x\to x_0}x^n+a_1\lim_{x\to x_0}x^{n-1}+\cdots+\lim_{x\to x_0}a_n\\&=a_0(\lim_{x\to x_0}x)^n+a_1(\lim_{x\to x_0}x)^{n-1}+\cdots+a_n\end{aligned}$$

$$= a_0x_0^n + a_1x_0^{n-1} + \cdots + a_n$$
$$= P_n(x_0).$$

由此可见多项式函数 $P_n(x)$ 在 $x \to x_0$ 时的极限值等于 $P_n(x)$ 在 x_0 点的函数值 $P_n(x_0)$，即

$$\lim_{x \to x_0}(a_0x^n + a_1x^{n-1} + \cdots + a_n) = a_0x_0^n + a_1x_0^{n-1} + \cdots + a_n. \tag{1-1}$$

由极限的四则运算法则也可得到：

有理函数 $\frac{p_n(x)}{Q_m(x)} = \frac{a_0x^n + a_1x^{n-1} + \cdots + a_n}{b_0x^m + b_1x^{m-1} + \cdots + b_m}$在 $x \to x_0$ 时的极限值等于其在点 x_0 处的函数值 $\frac{p_n(x_0)}{Q_m(x_0)}$（其中 $Q_m(x_0) \neq 0$），即

$$\lim_{x \to x_0} \frac{a_0x^n + a_1x^{n-1} + \cdots + a_n}{b_0x^m + b_1x^{m-1} + \cdots + b_m} = \frac{a_0x_0^n + a_1x_0^{n-1} + \cdots + a_n}{b_0x_0^m + b_1x_0^{m-1} + \cdots + b_m}. \tag{1-2}$$

可见，在求多项式函数及有理函数在其定义域上的某点处的极限时，只要求出函数在该点处的函数值即可．

例如，$\lim\limits_{x \to -1} \frac{3x^4 + x^2 - 6}{x^3 - 4x + 4} = \frac{3 \times (-1)^4 + (-1)^2 - 6}{(-1)^3 - 4 \times (-1) + 4} = -\frac{2}{7}$．

例 4　求$\lim\limits_{x \to 1} \frac{x+2}{x^2-1}$．

解　因为

$$\lim_{x \to 1} \frac{x^2-1}{x+2} = \frac{1^2-1}{1+2} = 0,$$

所以

$$\lim_{x \to 1} \frac{x+2}{x^2-1} = \infty.$$

例 5　求 $\lim\limits_{x \to -2} \frac{x+2}{x^2-4}$．

解　$\lim\limits_{x \to -2} \frac{x+2}{x^2-4} = \lim\limits_{x \to -2} \frac{1}{x-2} = -\frac{1}{4}$．

例 6　求$\lim\limits_{x \to 4} \frac{\sqrt{x}-2}{x-4}$．

解　$\lim\limits_{x \to 4} \frac{\sqrt{x}-2}{x-4} = \lim\limits_{x \to 4} \frac{\sqrt{x}-2}{(\sqrt{x}-2)(\sqrt{x}+2)} = \lim\limits_{x \to 4} \frac{1}{\sqrt{x}+2} = \frac{1}{4}$．

对于例 5 和例 6，分子和分母的极限都是 0，我们称这类极限为“$\frac{0}{0}$”型，

求这类极限时，一般是先约去分母中的零因式（极限为零的因式），然后利用极限的四则运算法则等方法来求.

例 7 求$\lim\limits_{x\to-1}\left(\dfrac{1}{x+1}-\dfrac{3}{x^3+1}\right)$.

解 $$\lim_{x\to-1}\left(\frac{1}{x+1}-\frac{3}{x^3+1}\right)=\lim_{x\to-1}\frac{x^2-x+1-3}{x^3+1}=\lim_{x\to-1}\frac{(x+1)(x-2)}{(x+1)(x^2-x+1)}$$
$$=\lim_{x\to-1}\frac{x-2}{x^2-x+1}=\frac{-1-2}{(-1)^2-(-1)+1}=-1.$$

对于例 7 这类"$\infty-\infty$"型的极限，可以先通分，然后再求其极限.

对于以下"$\dfrac{\infty}{\infty}$"型函数极限的求法，可以先将分子、分母分别同除以自变量的最高次幂，然后再求其极限.

例 8 求$\lim\limits_{x\to\infty}\dfrac{3x^3-x+2}{2x^3+x^2-5}$.

解 分子分母同除以 x^3 得

$$=\lim_{x\to\infty}\frac{3-\dfrac{1}{x^2}+\dfrac{2}{x^3}}{2+\dfrac{1}{x}-\dfrac{5}{x^3}}=\frac{3}{2}.$$

例 9 求$\lim\limits_{x\to\infty}\dfrac{2x^3+x-2}{2x^4-3x^2+1}$.

解 分子分母同除以 x^4 得

$$\lim_{x\to\infty}\frac{2x^3+x-2}{2x^4-3x^2+1}=\lim_{x\to\infty}\frac{\dfrac{2}{x}+\dfrac{1}{x^3}-\dfrac{2}{x^4}}{2-\dfrac{3}{x^2}+\dfrac{1}{x^4}}=\frac{0}{2}=0.$$

例 10 求$\lim\limits_{x\to\infty}\dfrac{4x^4-x^3+1}{3x^3+2x-3}$.

解 因为

$$\lim_{x\to\infty}\frac{3x^3+2x-3}{4x^4-x^3+1}=\lim_{x\to\infty}\frac{\dfrac{3}{x}+\dfrac{2}{x^3}-\dfrac{3}{x^4}}{4-\dfrac{1}{x}+\dfrac{1}{x^4}}=0,$$

所以

$$\lim_{x\to\infty}\frac{4x^4-x^3+1}{3x^3+2x-3}=0.$$

一般地，对于有理函数的极限有以下结论：

$$\lim_{x\to\infty}\frac{a_0x^n+a_1x^{n-1}+\cdots+a_n}{b_0x^m+b_1x^{m-1}+\cdots+b_m}=\begin{cases}0, & n<m\\ \dfrac{a_0}{b_0}, & n=m,\\ \infty, & n>m\end{cases}$$

其中 $a_0\neq 0$，$b_0\neq 0$，m，n 为非负整数，以后求这类极限时，可直接使用这一结论.

例 11　求 $\lim\limits_{x\to\infty}\dfrac{(2x^2+1)^{30}(4x^2+x-2)^{10}}{(6x^2+4x-1)^{40}}$.

解

$$\begin{aligned}\lim_{x\to\infty}\frac{(2x^2+1)^{30}(4x^2+x-2)^{10}}{(6x^2+4x-1)^{40}}&=\lim_{x\to\infty}\frac{(2x^2+1)^{30}(4x^2+x-2)^{10}}{(6x^2+4x-1)^{30}\cdot(6x^2+4x-1)^{10}}\\&=\lim_{x\to\infty}\left(\frac{2x^2+1}{6x^2+4x-1}\right)^{30}\left(\frac{4x^2+x-2}{6x^2+4x-1}\right)^{10}\\&=\left(\frac{2}{6}\right)^{30}\cdot\left(\frac{4}{6}\right)^{10}=\frac{2^{10}}{3^{40}}.\end{aligned}$$

分段函数在分界点处的极限，一般要根据 1.4 节中的定理 1.4.2 来讨论.

例 12　设由函数 $f(x)=\begin{cases}\dfrac{x^4+x^3-1}{2x^2-x+2}, & x\leqslant 0\\ 4x-\dfrac{1}{2}, & x>0\end{cases}$,

求 $\lim\limits_{x\to 0}f(x)$，$\lim\limits_{x\to -1}f(x)$ 和 $\lim\limits_{x\to -\infty}f(x)$.

解　因为

$$\lim_{x\to 0^-}f(x)=\lim_{x\to 0^-}\frac{x^4+x^3-1}{2x^2-x+2}=\frac{0^4+0^3-1}{2\cdot 0^2-0+2}=-\frac{1}{2},$$

$$\lim_{x\to 0^+}f(x)=\lim_{x\to 0^+}\left(4x-\frac{1}{2}\right)=-\frac{1}{2},$$

$$\lim_{x\to 0^-}f(x)=\lim_{x\to 0^+}f(x),$$

所以

$$\lim_{x\to 0}f(x)=-\frac{1}{2}.$$

$$\lim_{x\to -1}f(x)=\lim_{x\to -1}\frac{x^4+x^3-1}{2x^2-x+2}=\frac{(-1)^4+(-1)^3-1}{2(-1)^2-(-1)+2}=-\frac{1}{5}.$$

$$\lim_{x\to -\infty}f(x)=\lim_{x\to -\infty}\frac{x^4+x^3-1}{2x^2-x+2}=\infty.$$

定理 1.6.2（复合函数极限的运算法则） 设函数 $u=\varphi(x)$ 当 $x\to x_0$ 时的极限存在且等于 a，即 $\lim\limits_{x\to x_0}\varphi(x)=u_0$，但在点 x_0 的某去心邻域内 $\varphi(x)\neq u_0$，又 $\lim\limits_{u\to u_0}f(u)=A$，则复合函数 $f[\varphi(x)]$ 当 $x\to x_0$ 时的极限，且

$$\lim_{x\to x_0}f[\varphi(x)]=\lim_{u\to u_0}f(u)=A.$$

定理 1.6.2 说明：如果函数 $f(u)$ 和 $\varphi(x)$ 满足定理的条件，则作代换 $u=\varphi(x)$ 可把求复合函数 $f[\varphi(x)]$ 的极限 $\lim\limits_{x\to x_0}f[\varphi(x)]$ 转化为求较简单函数 $f(u)$ 的极限 $\lim\limits_{u\to u_0}f(u)$.

定理 1.6.2 可以推广到其他情形，例如把定理 2 中的 $\lim\limits_{x\to x_0}\varphi(x)=u_0$ 换成 $\lim\limits_{x\to x_0}\varphi(x)=\infty$，而把 $\lim\limits_{u\to u_0}f(u)=A$ 换成 $\lim\limits_{u\to\infty}f(u)=A$，可得 $\lim\limits_{x\to x_0}f[\varphi(x)]=\lim\limits_{u\to\infty}f(u)=A$.

例 13 求 $\lim\limits_{x\to 0}2^{-\frac{1}{|x|}}$.

解 令 $u=-\dfrac{1}{|x|}$，则

$$\lim_{x\to 0}2^{-\frac{1}{|x|}}=\lim_{u\to-\infty}2^u=0.$$

习题 1-6

1. 求下列极限.

(1) $\lim\limits_{x\to 2}(3x^2+7x+2)$； (2) $\lim\limits_{x\to 1}(2x^2-x+1)$；

(3) $\lim\limits_{x\to 0}\dfrac{x+1}{x^2+x+2}$； (4) $\lim\limits_{x\to 1}\dfrac{2x}{x^2-1}$；

(5) $\lim\limits_{x\to 1}\left(x^2+\dfrac{x}{x^3+1}\right)$； (6) $\lim\limits_{\Delta x\to 0}\dfrac{(x+\Delta x)^2-x^2}{\Delta x}$；

(7) $\lim\limits_{x\to\infty}\left(\dfrac{3}{1-x^3}-\dfrac{1}{1-x}\right)$； (8) $\lim\limits_{n\to\infty}\left(\dfrac{1}{n^2}+\dfrac{2}{n^2}+\cdots+\dfrac{n}{n^2}\right)$.

2. 求下列极限.

(1) $\lim\limits_{x\to 4}\dfrac{x^2-16}{x-4}$； (2) $\lim\limits_{x\to 1}\dfrac{x^3-1}{x^2-1}$；

(3) $\lim\limits_{x\to 0}\dfrac{\sqrt{4+x}-2}{x}$； (4) $\lim\limits_{x\to\infty}\dfrac{(2x-1)^{30}}{(x+2)^{15}(2x-5)^{15}}$；

(5) $\lim\limits_{x\to\infty}\dfrac{4x^3-2x^2+x}{3x^3+2x}$； (6) $\lim\limits_{x\to -1}\left(\dfrac{1}{1+x}-\dfrac{3}{1+x^3}\right)$；

(7) $\lim\limits_{x\to\infty}\dfrac{x+\sin x}{3x^3+2}$； (8) $\lim\limits_{x\to\infty}\dfrac{x^2-1}{x^4+x}(1-\sin x)$.

3. 设有函数

$$f(x)=\begin{cases}2x+1, & x\leqslant 0\\ x^2+1, & 0<x\leqslant 2\\ \dfrac{x^2+2x-2}{x^2+1}, & x>2\end{cases},$$

(1) 讨论 $f(x)$ 在 $x=0$ 及 $x=2$ 处的极限；

(2) 求 $\lim\limits_{x\to+\infty} f(x)$.

4. 已知 $\lim\limits_{x\to 3}\dfrac{x^2-2x-k}{x-3}=4$，求 k 的值.

1.7　两个重要极限

两个重要极限是求极限的重要方法，下面介绍这两个重要极限.

1.7.1　第一重要极限

第一重要极限是指

$$\lim_{x\to 0}\frac{\sin x}{x}=1$$

例 1　求 $\lim\limits_{x\to\infty} x\sin\dfrac{1}{x}$.

解　令 $u=\dfrac{1}{x}$，则

$$\lim_{x\to\infty} x\sin\frac{1}{x}=\lim_{x\to\infty}\frac{\sin\frac{1}{x}}{\frac{1}{x}}=\lim_{u\to 0}\frac{\sin u}{u}=1.$$

例 2　求 $\lim\limits_{x\to 0}\dfrac{1-\cos x}{x^2}$.

解　$\lim\limits_{x\to 0}\dfrac{1-\cos x}{x^2}=\lim\limits_{x\to 0}\dfrac{2\sin^2\frac{x}{2}}{x^2}=\lim\limits_{x\to 0}\dfrac{\sin^2\frac{x}{2}}{2\left(\frac{x}{2}\right)^2}$

$$=\frac{1}{2}\lim_{x\to 0}\left(\frac{\sin\frac{x}{2}}{\frac{x}{2}}\right)^2=\frac{1}{2}$$

由以上两例可以看出，只要当 $x\to x_0$ 时，$f(x)\to 0$，则

$$\lim_{x\to x_0}\frac{\sin f(x)}{f(x)}=1. \tag{1-3}$$

这正是第一重要极限的含义，我们以后利用第一重要极限求极限时，一般都是先把要求的极限化为（1－3）的形式，然后再写结果．

例 3 求 $\lim\limits_{x\to 0}\dfrac{\sin 3x}{\sin 5x}$．

解 $\lim\limits_{x\to 0}\dfrac{\sin 3x}{\sin 5x}=\lim\limits_{x\to 0}\dfrac{\frac{\sin 3x}{3x}\cdot 3x}{\frac{\sin 5x}{5x}\cdot 5x}\lim\limits_{x\to 0}\dfrac{\frac{\sin 3x}{3x}}{\frac{\sin 5x}{5x}}\cdot\dfrac{3}{5}=\dfrac{3}{5}$．

为了简化极限的运算过程，我们给出如下定理：

定理 1.7.1 若 $x\to x_0$ 时，α，α'，β，β' 均为无穷小，且 $\alpha\sim\alpha'$，$\beta\sim\beta'$，$\lim\limits_{x\to x_0}\dfrac{\alpha'}{\beta'}$存在，则

$$\lim_{x\to x_0}\frac{\alpha}{\beta}=\lim_{x\to x_0}\frac{\alpha'}{\beta'}$$

例 4 求 $\lim\limits_{x\to 1}\dfrac{\sin(2x-2)}{\sin(5x-5)}$．

解 由第一重要极限可知，$x\to 1$ 时，$\sin(2x-2)\sim 2x-2$，$\sin(5x-5)\sim 5x-5$，所以

$$\lim_{x\to 1}\frac{\sin(2x-2)}{\sin(5x-5)}=\lim_{x\to 1}\frac{2x-2}{5x-5}=\lim_{x\to 1}\frac{2}{5}=\frac{2}{5}.$$

1.7.2 第二重要极限

第二重要极限是指

$$\lim_{x\to\infty}\left(1+\frac{1}{x}\right)^x=\mathrm{e}.$$

第二重要极限的含义是：只要当 $x\to x_0$ 时，$f(x)\to\infty$，则

$$\lim_{x\to x_0}\left(1+\frac{1}{f(x)}\right)^{f(x)}=\mathrm{e} \tag{1-4}$$

和第一重要极限求极限的方法类似，在利用第二重要极限求极限时，也是先把要求的极限化为式（1－4）的形式，然后再写结果．第二重要极限是“1^∞”型的极限，以后在求“1^∞”型的极限时，可考虑利用第二重要极限．

例 5 $\lim\limits_{x\to\infty}\left(1+\dfrac{2}{x}\right)^x=\lim\limits_{x\to\infty}\left[\left(1+\dfrac{2}{x}\right)^{\frac{x}{2}}\right]^2=\mathrm{e}^2$

例6 求$\lim\limits_{x\to 0}(1-2x)^{\frac{1}{x}+1}$

解 $$\lim_{x\to 0}(1-2x)^{\frac{1}{x}+1}=\lim_{x\to 0}\left[(1-2x)^{\frac{1}{x}}\cdot(1-2x)\right]$$
$$=\lim_{x\to 0}\left[(1-2x)^{\frac{1}{-2x}}\right]^{-2}\cdot\lim_{x\to 0}(1-2x)=\mathrm{e}^{-2}.$$

例7 求$\lim\limits_{x\to\infty}\left(\dfrac{x-1}{x+2}\right)^x$.

解 $$\lim_{x\to\infty}\left(\frac{x-1}{x+2}\right)^x=\lim_{x\to\infty}\left(\frac{1-\frac{1}{x}}{1+\frac{2}{x}}\right)^x=\lim_{x\to\infty}\frac{\left[\left(1-\frac{1}{x}\right)^{-x}\right]^{-1}}{\left[\left(1+\frac{2}{x}\right)^{\frac{x}{2}}\right]^2}=\frac{\mathrm{e}^{-1}}{\mathrm{e}^2}=\mathrm{e}^{-3}.$$

例8 求$\lim\limits_{x\to\infty}\left(\dfrac{x^2}{x^2-1}\right)^x$.

解 $$\lim_{x\to\infty}\left(\frac{x^2}{x^2-1}\right)^x=\lim_{x\to\infty}\left(\frac{x}{x+1}\right)^x\cdot\lim_{x\to\infty}\left(\frac{x}{x-1}\right)^x$$
$$=\lim_{x\to\infty}\left(\frac{1}{1+\frac{1}{x}}\right)^x\cdot\lim_{x\to\infty}\left(\frac{1}{1-\frac{1}{x}}\right)^x$$
$$=\lim_{x\to\infty}\frac{1}{\left(1+\frac{1}{x}\right)^x}\cdot\lim_{x\to\infty}\frac{1}{\left(1-\frac{1}{x}\right)^x}$$
$$=\frac{1}{\mathrm{e}}\cdot\frac{1}{\mathrm{e}^{-1}}=1.$$

1.7.3 第二重要极限的应用举例

在实际问题中，经常用到第二重要极限，下面介绍金融学中，经常采用的连续复利模型．为了更好地理解这一概念，我们首先介绍一下银行计算利息的两种常用方法：单利与复利．

单利是指计算利息时，以最初的存款作为本金计算利息，其所生利息不记入本金重复计算利息．如定期存款利息的计算．而**复利**则是指银行在一定期限内结息一次，结息后将利息加入本金，作为下一期的本金，重复计算利息的计息方法，如到期自动转存．

若无利息税，采用单利计算利息，则利息与本利和的计算公式分别为

$$I=mPr\ 和\ A=P+mPr, \tag{1-5}$$

而采用复利计算利息，若一年结息一次，无利息税，则利息与本利和的计算

公式分别为

$$I=P(1+r)^{m}-P \text{ 和 } A=P(1+r)^{m}, \tag{1-6}$$

其中 I 表示利息，P 表示本金，m 表示存期，以年为单位，式（1-5）中的 r 表示与存期相对应的年利率．式（1-6）中的 r 表示一年期的定期存款利率．

若将一年分为 n 期，按照复利计算利息，不难理解，一年末的本利和为

$$A=P\left(1+\frac{r}{n}\right)^{n}.$$

若存期为 m 年，则 m 年末的本利和为

$$P\left[\left(1+\frac{r}{n}\right)^{n}\right]^{m}.$$

若把一年分为无限期，即 $n\to\infty$，则得 m 年末的本利和为

$$\lim_{n\to\infty}P\left[\left(1+\frac{r}{n}\right)^{n}\right]^{m}=\lim_{n\to\infty}P\left[\left(1+\frac{r}{n}\right)^{\frac{n}{r}}\right]^{mr}=Pe^{mr}. \tag{1-7}$$

按照公式 Pe^{mr} 来计算利息的复利方法称为**连续复利**．

例 9 如果将 10000 元按以下两种方式存入银行：（1）按 5 年定期存入；（2）按 1 年定期存入，但到期自动转存．假定存款利率不变，5 年后所得的利息各应为多少？（3）若按照连续复利来计算利息呢？其中利率与存款期限之间的关系如 1.1 节中表 1-1 所示．

解 （1）$P=10000$，$m=5$，$r=5.75\%$，由公式（1）得：

$A=P+Pmr=10000+10000\times5\times0.0575=12875.$

（2）$P=10000$，$m=5$，$r=3.87\%$，由公式（2）得

$A=P(1+r)^{m}=10000(1+0.0387)^{5}\approx12093.$

（3）$P=10000$，$m=5$，$r=3.87\%$，由公式（2）得

$A=Pe^{rm}=10000e^{0.0387\times5}\approx12135.$

习题 1-7

1. 求下列函数的极限．

（1）$\lim\limits_{x\to0}\dfrac{\sin2x}{\sin3x}$；　　（2）$\lim\limits_{x\to\infty}x\sin\dfrac{1}{4x}$；

（3）$\lim\limits_{x\to0}\dfrac{\sin x}{\cos x-1}$；　　（4）$\lim\limits_{x\to1}\dfrac{\sin(x^{2}-1)}{x-1}$；

（5）$\lim\limits_{x\to0}\dfrac{x^{2}\sin\dfrac{1}{x}}{\sin x}$；　　（6）$\lim\limits_{x\to0}\dfrac{\sqrt{x+1}-1}{\sin x}$．

2. 求下列函数的极限.

(1) $\lim\limits_{x\to\infty}\left(1+\dfrac{3}{x}\right)^{-2x}$;　　(2) $\lim\limits_{x\to\infty}\left(\dfrac{x}{x+2}\right)^{3x}$;

(3) $\lim\limits_{x\to0}\left(\dfrac{1}{1+3x}\right)^{\frac{1}{3x}}$;　　(4) $\lim\limits_{x\to\infty}\left(\dfrac{x-2}{x+2}\right)^{\frac{x}{2}}$;

(5) $\lim\limits_{t\to0}(1+2t)^{\frac{1}{t}+1}$;　　(6) $\lim\limits_{x\to0}\sqrt[x]{1-x}$.

3. 小王将 5 元按以下两种方式存入银行：(1) 按 5 年定期存入；(2) 按 1 年定期存入，但到期自动转存. 假定存款利率不变，5 年后所得的利息各应为多少？(3) 若按照连续复利来计算利息呢？其中利率与存款期限之间的关系如 1.1 节表 1－1 所示.

1.8 连续函数

在现实世界中，许多现象的变化都是连续不断的，如植物的生长、气温的变化等，这种现象反映在函数上就是函数的连续性，本节就来讨论函数的连续性.

1.8.1 连续的概念

1. 改变量

定义 1.8.1 变量 t 从一个初值 t_0 变到终值 t_1，终值 t_1 与初值 t_0 的差 t_1-t_0 就称为变量 t 在点 t_0 的**改变量**，记作 Δt，即 $\Delta t=t_1-t_0$，改变量可以为正数、负数或零.

设有函数 $y=f(x)$，当自变量 x 从 x_0 改变到 $x_0+\Delta x$ 时，函数 y 相应地由 $f(x)$ 改变到 $f(x_0+\Delta x)$，令 $\Delta y=f(x_0+\Delta x)-f(x_0)$，则 Δx 即为自变量 x 在点 x_0 的改变量，Δy 则为函数 $f(x)$ 在点 x_0 的函数值改变量.

2. 连续的概念

函数在某点连续是指当自变量改变很小时，函数值的改变也很小，这可从函数的图形（见图 1－26（1））直观的看出，否则，在该点就不连续，这可从图 1－26（2）看出.

定义 1.8.2 设函数 $y=f(x)$ 在点 x_0 的某邻域内有定义，如果

$$\lim_{\Delta x\to0}\Delta y=\lim_{\Delta x\to0}[f(x_0+\Delta x)-f(x_0)]=0, \tag{1-8}$$

则称函数 $f(x)$ 在点 x_0 **连续**，并称点 x_0 为 $f(x)$ 的**连续点**.

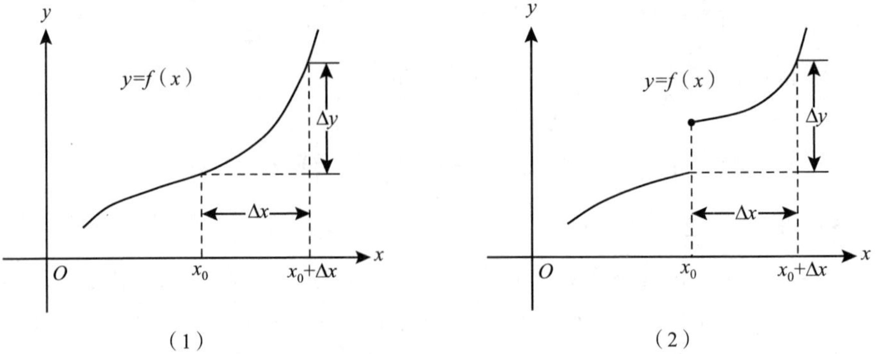

图 1-26

令 $x=x_0+\Delta x$，则当 $\Delta x\to 0$ 时，$x\to x_0$，式（1-8）可化为下面两种等价形式：

$$\lim_{x\to x_0}[f(x)-f(x_0)]=0 \tag{1-9}$$

或

$$\lim_{x\to x_0}f(x)=f(x_0) \tag{1-10}$$

由式（1-10）可以看出，若函数 $f(x)$ 在 x_0 点连续，则 $f(x)$ 在 x_0 点必须同时满足以下三个条件：

（1）$f(x)$ 在 x_0 点有定义；

（2）极限 $\lim\limits_{x\to x_0}f(x)$ 存在；

（3）$\lim\limits_{x\to x_0}f(x)=f(x_0)$.

3. 左连续与右连续

有时我们只讨论函数在某点的左侧或右侧的情况，下面引入左连续与右连续的概念.

定义 1.8.3 若 $\lim\limits_{x\to x_0^-}f(x)=f(x_0)$，则称函数 $f(x)$ 在点 x_0 左连续；若 $\lim\limits_{x\to x_0^+}f(x)=f(x_0)$，则称函数 $f(x)$ 在点 x_0 右连续.

关于连续、左连续和右连续之间有以下结论：

定理 1.8.1 函数 $f(x)$ 在点 x_0 连续的充分必要条件是 $f(x)$ 在点 x_0 既左连续又右连续.

该定理通常用来讨论分段函数在分界点的连续性.

4. 函数在区间上连续的概念

定义 1.8.4 如果函数 $f(x)$ 在开区间 (a, b) 内任意一点都连续，则称函数$f(x)$在开区间(a, b)内连续.

定义1.8.5　如果函数$f(x)$在开区间(a, b)内任意一点都连续，且在a点右连续，在b点左连续，则称函数$f(x)$在闭区间$[a, b]$上连续.

由1.6节中的公式(1-1)、式(1-2)可以得出，多项式函数与有理函数在其定义域内都是连续的，利用函数连续性的定义和其他一些相关知识，我们还能得出，所有的基本初等函数在其定义域内都是连续的.

例1　设$f(x)=\begin{cases} x, & x\geqslant 0 \\ -1, & x<0 \end{cases}$，试讨论函数$f(x)$在点$x=0$的连续性.

解　在点$x=0$，有$f(0)=0$，$\lim\limits_{x\to 0^-}f(x)=\lim\limits_{x\to 0^-}(-1)=-1$，$\lim\limits_{x\to 0^+}f(x)=\lim\limits_{x\to 0^+}x=0$，

由于$\lim\limits_{x\to 0^-}f(x)=f(0)$，$\lim\limits_{x\to 0^-}f(x)\neq f(0)$，故函数$f(x)$在$x=0$点右连续，但不左连续，从而在$x=0$点不连续，此时$x=0$点称为间断点.

5. 函数的间断点

定义1.8.6　设函数$f(x)$在点x_0的某空心邻域内有定义，若以下三个条件:

(1) $f(x)$在点x_0有定义;

(2) 极限$\lim\limits_{x\to x_0}f(x)$存在;

(3) $\lim\limits_{x\to x_0}f(x)=f(x_0)$.

至少有一个不满足，则函数$f(x)$在点x_0不连续，此时称$f(x)$在点x_0**间断**，点x_0称为**间断点**.

例2　讨论函数$y=\dfrac{2}{x-1}$在$x=1$处的连续性.

解　因为函数$y=\dfrac{2}{x-1}$在$x=1$处没有定义，

所以函数$y=\dfrac{2}{x-1}$在$x=1$处间断.

例3　讨论函数$f(x)=\begin{cases} x, & x\neq 1 \\ \dfrac{1}{2}, & x=1 \end{cases}$在点$x=1$处的连续性.

解　$\lim\limits_{x\to 1^+}f(x)=\lim\limits_{x\to 1^-}f(x)=1$，所以$\lim\limits_{x\to 1}f(x)=1$.

但$f(1)=\dfrac{1}{2}$，所以$\lim\limits_{x\to 1}f(x)\neq f(1)$，函数$f(x)$在$x=1$处不连续.

1.8.2 初等函数的连续性

1. 连续函数的四则运算法则

根据连续函数的定义和极限的运算法则，可以直接推出连续函数的运算法则：

定理 1.8.2 设函数 $f(x)$ 和 $g(x)$ 在点 x_0 处连续，则

(1) $f(x) \pm g(x)$ 在点 x_0 连续；

(2) $f(x) \cdot g(x)$ 在点 x_0 连续；

(3) $\dfrac{f(x)}{g(x)}$（其中 $g(x_0) \neq 0$）在点 x_0 连续.

定理 1.8.2 可简述为：连续函数经过四则运算后，还是连续函数.

2. 复合函数的连续性

定理 1.8.3 设 $u=\varphi(x)$ 在点 x_0 处连续，$y=f(u)$ 在对应的点 u_0（即 $u_0=\varphi(x_0)$）连续，则复合函数 $y=f[\varphi(x)]$ 在点 x_0 连续.

定理 1.8.3 可简述为：连续函数的复合函数还是连续函数.

3. 初等函数的连续性

初等函数是由基本初等函数经过有限次四则运算和复合得到的，而基本初等函数在其定义域内都是连续的，所以由定理 2 和定理 3 可得以下结论：

定理 1.8.4 初等函数在其定义域内都是连续的.

根据定理 1.8.4 和连续函数的定义，求初等函数在其定义域内的点 x_0 处的极限，只要求出函数在该点处的函数值就可以了. 若 x_0 不在初等函数 $f(x)$ 的定义域内，在计算 $\lim\limits_{x\to x_0} f(x)$ 时，我们通常的做法是通过对函数 $f(x)$ 进行等价变形（指保持极限不变），如约去零因子，利用第一重要极限，以后还有洛必达法则等，使得 x_0 落在变形后的初等函数的定义域内，然后将 x_0 代入该函数，即可求出原来函数的极限.

例 4 求 $\lim\limits_{x\to 1}[\ln(3-2x)+e^{\sin(x-1)}]$

解 由于 $\ln(3-2x)+e^{\sin(x-1)}$ 是初等函数，$x=1$ 时，函数有意义，所以 $x=1$ 在其定义域内，根据初等函数的连续性，它在点 $x=1$ 连续，因此

$$\lim_{x\to 1}[\ln(3-2x)+e^{\sin(x-1)}]=\ln(3-2\times 1)+e^{\sin(1-1)}=\ln 1+e^0=1$$

例 5 求 $\lim\limits_{x\to 0}\dfrac{\tan x}{x}$

解 $\lim\limits_{x\to 0}\dfrac{\tan x}{x}=\lim\limits_{x\to 0}\dfrac{\sin x}{x\cos x}=\lim\limits_{x\to 0}\dfrac{\sin x}{x}\cdot\lim\limits_{x\to 0}\dfrac{1}{\cos x}=1\times\dfrac{1}{\cos 0}=1$

例5的结论$\lim\limits_{x\to 0}\frac{\tan x}{x}=1$以后可直接使用.

例6　求$\lim\limits_{x\to\infty}\frac{\tan\frac{x+1}{x^2}}{\sin\frac{x+1}{x^2}}$

解　因为$x\to\infty$时，$\tan\frac{x+1}{x^2}\sim\frac{x+1}{x^2}$，$\sin\frac{x+1}{x^2}\sim\frac{x+1}{x^2}$，所以

$$\lim_{x\to\infty}\frac{\tan\frac{x+1}{x^2}}{\sin\frac{x+1}{x^2}}=\lim_{x\to\infty}\frac{\frac{x+1}{x^2}}{\frac{x+1}{x^2}}=1.$$

例7　求$\lim\limits_{x\to 0}\frac{e^x-1}{x}$

解　令$t=e^x-1$，则$x=\ln(1+t)$，故

$$\lim_{x\to 0}\frac{e^x-1}{x}=\lim_{t\to 0}\frac{t}{\ln(1+t)}=\lim_{t\to 0}\frac{1}{\ln(1+t)^{\frac{1}{t}}}=\frac{1}{\ln e}=1.$$

1.8.3　分段函数的连续性

我们以上主要讨论了初等函数的连续，下面研究分段函数的连续性．由于分段函数在其分界点两侧的函数表达式不同，因此分段函数的连续性应在其定义域的不同区间内和分界点处分别讨论．

讨论分段函数连续性的基本步骤如下：

（1）讨论$f(x)$在各定义域区间内的连续性；

（2）讨论$f(x)$在分界点处的连续性．

例8　设$f(x)=\begin{cases}x^2\sin\frac{1}{x}, & x<0\\ 1, & x=0\\ e^{-\frac{1}{x}}+1, & x>0\end{cases}$，试讨论函数$f(x)$在其定义域内的连续性．

解　当$x\in(-\infty,0)$时，$f(x)=x^2\sin\frac{1}{x}$；当$x\in(0,+\infty)$时，$f(x)=e^{-\frac{1}{x}}+1$；它们均为初等函数，因此$f(x)$在$(-\infty,0)$和$(0,+\infty)$内都连续．

在$x=0$点，$f(0-0)=\lim\limits_{x\to 0^-}x^2\sin\frac{1}{x}=0$，$f(0)=1$，$f(0-0)\neq f(0)$，所以函

数$f(x)$ 在 $x=0$ 点间断.

综上可知，函数$f(x)$ 在 $(-\infty, 0)$ 和 $(0, +\infty)$ 内连续，在 $x=0$ 点间断.

例 9 设$f(x)=\begin{cases}\dfrac{\sin 2x}{x}, & x<0\\ (x+k)^2, & x\geqslant 0\end{cases}$在其定义域内连续，求常数 k 的值.

解 因为$f(x)$ 在其定义域内连续，所以$f(x)$ 必在 $x=0$ 处连续，故应有

$$\lim_{x\to 0^-} f(x)=\lim_{x\to 0^+} f(x)=f(0).$$

而$\lim\limits_{x\to 0^-} f(x)=\lim\limits_{x\to 0^-}\dfrac{\sin 2x}{x}=2$，$\lim\limits_{x\to 0^+} f(x)=f(0)=k^2$，所以 $k^2=2$，即 $k=\pm\sqrt{2}$.

1.8.4 闭区间上连续函数的性质

函数在某区间上连续，反映在几何上就是其图像在该区间内是一条连续曲线. 由此我们不难看出闭区间上连续函数的下面三个重要性质：

定理 1.8.5（最值性） 若函数$f(x)$ 在闭区间 $[a, b]$ 上连续，则$f(x)$ 在 $[a, b]$ 上一定能取得最小值和最大值（见图 1－27）.

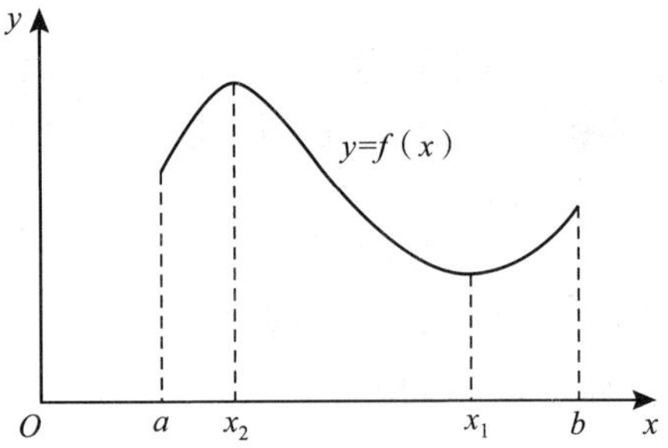

图 1－27

从图 1－27 显然可以看出，$f(x_1)$ 为函数的最小值，$f(x_2)$ 为函数的最大值.

定理 1.8.6（有界性） 若函数$f(x)$ 在闭区间 $[a, b]$ 上连续，则$f(x)$ 在 $[a, b]$ 上有界.

由定理 1.8.5 可知函数$f(x)$ 在闭区间 $[a, b]$ 既有最大值又有最小值，所以函数$f(x)$ 在闭区间 $[a, b]$ 既有上界又有下界，从而有界.

定理 1.8.7（介值定理） 若函数$f(x)$ 在闭区间 $[a, b]$ 上连续，则$f(x)$ 必能取得介于最大值 M 与最小值 m 之间的一切实数（见图 1－28）.

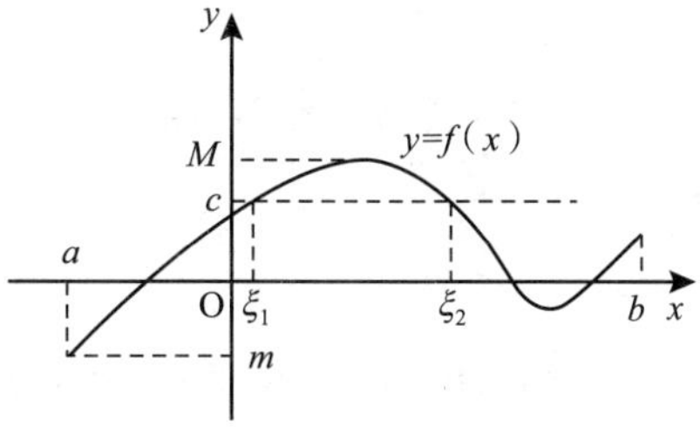

图 1－28

从图 1－28 可以看出，对给定的常数 c，当 $m<c<M$ 时，我们可找到两点 ξ_1，ξ_2，使得 $f(\xi_1)=f(\xi_2)=c$，即函数值可取得 c.

推论　（零点定理）若函数 $f(x)$ 在闭区间 $[a,\ b]$ 上连续，$f(a)f(b)<0$，则在 $(a,\ b)$ 内至少存在一点 ξ，使得 $f(\xi)=0$（见图 1－29）.

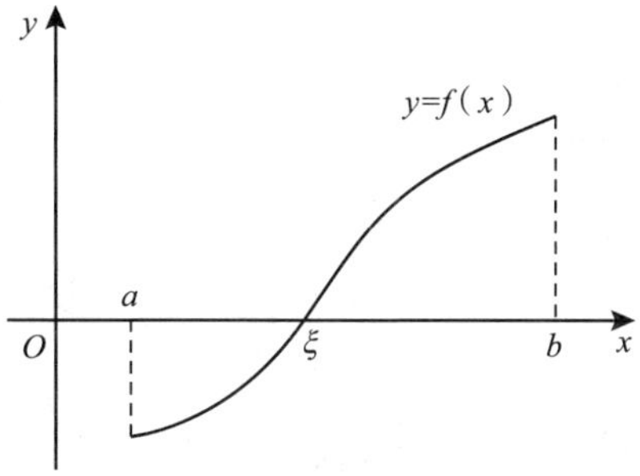

图 1－29

由于 $f(a)f(b)<0$，所以 $f(a)$ 和 $f(b)$ 必然一个为正数，一个为负数，所以函数 $f(x)$ 的最小值 $m<0$，最大值 $M>0$，即 $m<0<M$，所以根据介值定理，在 $(a,\ b)$ 内至少存在一点 ξ，使得 $f(\xi)=0$.

对于以上三个定理，连续和闭区间这两个条件如果有一条不满足，则上述三个定理不一定成立.

例如函数 $f(x)=5x$ 在开区间 $(a,\ b)$ 上没有最大值和最小值.

习题 1－8

1. 函数 $f(x)$ 在点 x_0 处有定义是 $f(x)$ 在点 x_0 处连续的（　　）.

A. 必要不充分条件　　　　B. 充分不必要条件

C. 充分必要条件　　　　　D. 既非必要又非充分条件

2. 设$f(x)=\begin{cases} x^2+1, & x<0 \\ x, & 0\leqslant x\leqslant 1 \\ 2-x, & 1<x\leqslant 2 \end{cases}$试判断函数$f(x)$在分界点处的连续性.

3. 设$f(x)=\begin{cases} \dfrac{1}{x}\sin 2x, & x<0 \\ k, & x=0 \\ x\sin\dfrac{1}{x}+2, & x>0 \end{cases}$，若函数$f(x)$在其定义域内连续，求常数$k$的值.

4. 设函数$f(x)=\begin{cases} \dfrac{\sqrt{x+9}-3}{x}, & x\neq 0 \\ k, & x=0 \end{cases}$在点$x=0$处连续，求常数$k$的值.

5. 求下列函数的间断点.

(1) $f(x)=\dfrac{x+2}{x^2+x-2}$;

(2) $f(x)=\begin{cases} \dfrac{\sin x}{2x}, & x\neq 0 \\ 0, & x=0 \end{cases}$.

6. 求下列极限.

(1) $\lim\limits_{x\to 1}\dfrac{x\sin(2x-2)}{\sin(5x^2-5x)}$；(2) $\lim\limits_{x\to 1}\dfrac{\sqrt{x^2-1}}{\ln\left(\sin\dfrac{\pi}{4}x\right)}$.

7. 求函数$f(x)=\dfrac{x^3+3x^2-x-3}{x^2+x-6}$的连续区间，并求$\lim\limits_{x\to 0}f(x)$，$\lim\limits_{x\to 2}f(x)$，$\lim\limits_{x\to -3}f(x)$及$\lim\limits_{x\to\infty}f(x)$.

本章小结

1. 微积分是以函数作为主要研究对象，以极限作为基本研究方法的一门学科.

2. 函数反映了变量之间的某种依赖关系，包含定义域和对应法则两个要素，两个函数相同当且仅当其定义域和对应法则完全相同. 函数的基本性质包括：单调性、奇偶性、周期性，有界性等. 初等函数和分段函数是微积分研究的两类主要函数. 在经济学中常用的经济函数有：成本函数、收益函数、利润函数、需求函数和供给函数等.

3. 极限是研究一个变量的变化对另一个变量所产生的影响趋势. 当$x\to x_0$时，函数$f(x)$的极限是否存在与$f(x)$在x_0处的定义情况无关，只与$f(x)$在点x_0附近的函数值有关. 当数列或函数存在极限时，极限是唯一的. 函数$f(x)$在$x\to x_0$时的极限和左、右极限之间有下列

关系:

$$\lim_{x\to x_0} f(x)=A \Leftrightarrow \lim_{x\to x_0^-} f(x)=\lim_{x\to x_0^+} f(x)=A.$$

4. 无穷小量是在某一变化过程中极限为零的函数，无穷大量是在某一变化过程中绝对值无限增大的函数.

5. 极限的运算法则、两个重要极限、等价无穷小的替换和初等函数的连续性是求极限的重要方法. 无穷小量乘以有界变量还是无穷小量是求极限的一个常用结论. 熟记以下结论，对求某些函数的极限也是非常有帮助的:
当 $x\to0$ 时，$x\sim \sin x\sim \tan x\sim \arcsin x\sim \arctan x\sim \ln(1+x)\sim e^x-1$.

6. 初等函数在其定义域内都是连续的. 闭区间上的连续函数具有最值性、有界性和介值性.

自测题 1

1. 填空题.

(1) 函数 $y=\lg\left[\left(\frac{1}{2}\right)^x-1\right]$ 的定义域是________;

(2) 设函数 $f(x)=ax+b$，$f(1)=\frac{5}{2}$，$f(2)=4$，则 $f(4)$ 的值为________;

(3) 设函数 $f(t-1)=t^2-2t+2$，则函数 $f(x)=$________;

(4) 设函数 $f(x)=\begin{cases}\frac{\sin 2x}{x}, & x<0\\ k, & x=0\\ 3x+2, & x>0\end{cases}$，在 $x=0$ 处连续，则常数 $k=$________;

(5) $\lim\limits_{x\to\infty}\left(1-\frac{3}{x}\right)^x=$________;

(6) 函数 $f(x)=\frac{x^2-4}{x-2}$ 的间断点是________.

2. 选择题.

(1) 设集合 $M=\{x\mid x\geqslant4\}$，$N=\{x\mid x<6\}$，则 $M\cup N$ 等于 (　　);

A. 实数集　　B. $\{x\mid -4\leqslant x<6\}$

C. 空集　　D. $\{x\mid -4<x<6\}$

(2) 函数 $f(x)=\frac{5^x-5^{-x}+6x}{2}$ (　　);

A. 是奇函数　　B. 是偶函数

C. 既是奇函数，又是偶函数　　D. 既不是奇函数，又不是偶函数

(3) 设函数 $f(x)=\begin{cases}\frac{\sqrt{x+9}-3}{x}, & x\neq0\\ k, & x=0\end{cases}$ 在点 $x=0$ 处连续，则 k 等于 (　　);

A. 0　　B. $\frac{1}{6}$　　C. $\frac{1}{2}$　　D. 2

(4) 下列极限正确的是（　　）；

A. $\lim\limits_{x\to 0}\frac{\sin x^2}{x}=1$　　B. $\lim\limits_{x\to 0}\frac{\tan x}{x}=1$

C. $\lim\limits_{x\to 0}\frac{\sin x}{x^2}=1$　　D. $\lim\limits_{n\to\infty}\frac{\sin n}{n}=1$

(5) 设$\lim\limits_{x\to 0}\frac{\sin ax}{x}=3$，则 a 的值是（　　）；

A. $\frac{1}{3}$　　B. 1　　C. 2　　D. 3

(6) 当 $x\to 0$ 时，x^2 与 $\sin x$ 比较是（　　）；

A. 高阶无穷小量　　B. 低阶无穷小量

C. 等价无穷小量　　D. 同阶无穷小量

(7) $\lim\limits_{x\to 0}\frac{|x|}{x}=$（　　）；

A. 1　　B. -1　　C. 0　　D. 不存在

(8) 若$\lim\limits_{x\to a}f(x)=\infty$，$\lim\limits_{x\to a}g(x)=0$，则$\lim\limits_{x\to a}[f(x)\cdot g(x)]$为（　　）.

A. 必为无穷大量　　B. 必为无穷小量　　C. 非零常数　　D. 不能确定

3. 判断下列命题正确还是错误.

(1) 函数$f(x)=\frac{1}{x}$在（0，1）内是有界函数.　　（　　）

(2) $f(x)=\frac{x}{x}$与 $g(x)=1$ 是相同的函数.　　（　　）

(3) 函数$f(x)=\begin{cases}x, & x\geqslant 0\\ -x-1, & x<0\end{cases}$是初等函数.　　（　　）

(4) 函数 $y=\arcsin u$ 与 $u=x^2+2$ 能复合为一个复合函数 $y=\arcsin(x^2+2)$.　　（　　）

(5) 若函数$f(x)$ 在点 x_0 连续，则在该点必有极限.　　（　　）

4. 求下列极限.

(1) $\lim\limits_{x\to 1}\frac{x^2-3x+2}{x^2-1}$；　　(2) $\lim\limits_{x\to +\infty}\frac{\sqrt{x^2-3x}}{2x+1}$；

(3) $\lim\limits_{x\to 0}\ln\frac{\sin x}{x}$；　　(4) $\lim\limits_{x\to \frac{\pi}{6}}\ln(2\cos 2x)$；

(5) $\lim\limits_{x\to 0}\frac{\ln(1+2x)}{\tan 5x}$；　　(6) $\lim\limits_{x\to +\infty}\left(\frac{x}{1+x}\right)^{3x}$；

(7) $\lim\limits_{x\to\infty}\frac{(x^2+1)\arctan x}{2x^4+x}$；　　(8) $\lim\limits_{n\to\infty}2^n\sin\frac{x}{2^n}$.

5. 设函数$f(x)=\begin{cases}\sin x+2, & x\leqslant 0\\ x^2+1, & 0<x\leqslant 1\\ \dfrac{2}{x}, & x>1\end{cases}$，分别讨论当$x\to 0$及$x\to 1$时$f(x)$的极限是否存在.

6. 设某商品产量为x时的成本函数和收入函数分别为$C(x)=7+2x+x^2$，$R(x)=10x$，试求：

（1）该商品的利润函数；

（2）销售量为多少时利润最大？

第 2 章　一元函数微分学

本章要点

- ✧ 导数的概念
- ✧ 导数的求法
- ✧ 微分的求法
- ✧ 洛必达法则
- ✧ 函数的单调性和曲线的凹凸性的判定
- ✧ 函数极值和最值的求法
- ✧ 边际函数和弹性函数的概念

一元函数微分学是微积分的重要组成部分，主要研究一元函数的导数、微分及其应用，其中导数反映了因变量相对于自变量变化的快慢程度，而微分则表示当自变量有个微小变化时，因变量的大致改变量，它们在解决实际问题中，有着广泛的应用．

2.1　导数的概念

2.1.1　引例

导数概念同数学中的其他很多概念一样，是从现实世界中许多实际问题里抽象出来的．下面我们就从与导数概念的形成有密切关系的两个问题——物体运动的瞬时速度问题和曲线在某点处的切线问题，引出导数的概念．

1. 瞬时速度问题

引例 1　设某一物体沿直线作变速运动，物体从初始点走过的路程 s 与所用的时间 t 的关系为 $s=f(t)$．求物体在 t_0 时刻的瞬时速度．

解　先求近似值：取 Δt 很小，则物体在 $[t_0, t_0+\Delta t]$ 这段时间内的平均速

度 $\bar{v}$ 比较接近 t_0 时刻的瞬时速度 $v(t_0)$，把其作为物体在 t_0 时刻的瞬时速度的近似值是合适的，从而得瞬时速度 $v(t_0)$ 的近似值为

$$v(t_0) \approx \bar{v} = \frac{\Delta s}{\Delta t} = \frac{f(t_0 + \Delta t) - f(t_0)}{\Delta t}.$$

再求精确值：可以想象，Δt 越小，用平均速度 $\bar{v}$ 表示 t_0 时刻的瞬时速度 $v(t_0)$ 就越精确．因而当 Δt 无限变小时，即 $\Delta t \to 0$ 时，平均速度 $\bar{v}$ 的极限即为物体在 t_0 时刻的瞬时速度为

$$v(t_0) = \lim_{\Delta t \to 0} \frac{f(t_0 + \Delta t) - f(t_0)}{\Delta t}.$$

2. 切线问题

为了解决这一问题，我们首先明确曲线在某点处切线的概念：设 M 为曲线 $y = f(x)$ 上一定点，在 M 附近取曲线上另外一点 N，作割线 MN，当点 N 沿曲线趋于点 M 时，割线 MN 的极限位置 MT 即为曲线 $y = f(x)$ 在点 M 处的**切线**，如图 2－1 所示．切线的这一定义为我们求切线斜率提供了一个思路：先求切线附近的割线 MN 的斜率，作为切线 MT 斜率的近似值，再让点 M 无限趋近于点 N，即令 $\Delta x \to 0$，割线 MN 斜率的极限即为切线 MT 斜率．

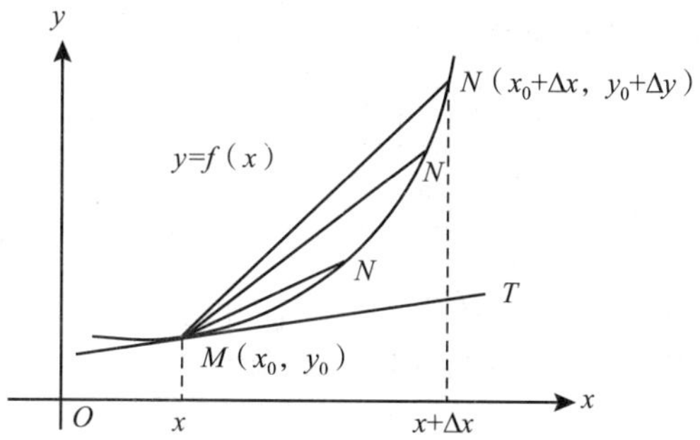

图 2－1

引例 2　求曲线 $y = f(x)$ 在点 $M(x_0, f(x_0))$ 处的切线斜率．

解　先求近似值：取点 $N(x_0 + \Delta x, f(x_0 + \Delta x))$ 为曲线上距离点 $M(x_0, f(x_0))$ 较近的一点，则割线 MN 和切线 MT 比较接近，因而此时割线 MN 的斜率 $K_{割}$ 和切线 MT 的斜率 $K_{切}$ 比较接近，从而可用割线 MN 的斜率作为切线 MT 的斜率近似值，求得切线 MT 的斜率近似值为

$$K_{切} \approx K_{割} = \frac{f(x_0 + \Delta x) - f(x_0)}{\Delta x}.$$

再求精确值：令 $\Delta x\to 0$，对割线斜率取极限得切线斜率为

$$K_{切}=\lim_{\Delta x\to 0}\frac{f(x_0+\Delta x)-f(x_0)}{\Delta x}.$$

从上面的两个实际问题可以看出：尽管两个问题的实际意义不同，但从抽象的数量关系来看，它们的实质是一样的，都归结为计算函数改变量与自变量之比当自变量的改变量趋于0时的极限．这种特殊形式的极限即为函数的导数．

另外，从以上两个引例，大家注意领会极限这一思想方法的重要性：通过取极限可以把近似值转化为精确值，以后我们还会经常用到这一思想方法．

2.1.2 导数的定义

定义 2.1.1 设函数 $y=f(x)$ 在点 x_0 的某邻域内有定义，Δx 表示自变量在点 x_0 的改变量，相应的函数值的改变量为 $\Delta y=f(x_0+\Delta x)-f(x_0)$，若当 $\Delta x\to 0$ 时极限

$$\lim_{\Delta x\to 0}\frac{\Delta y}{\Delta x}=\lim_{\Delta x\to 0}\frac{f(x_0+\Delta x)-f(x_0)}{\Delta x} \tag{2-1}$$

存在，则称此极限为函数 $f(x)$ 在点 x_0 处的导数，记作 $f'(x_0)$，并称函数 $f(x)$ 在点 x_0 可导．若该极限不存在，则称函数 $f(x)$ 在点 x_0 不可导．

注 (1) 导数的定义式还有如下等价形式：

$$f'(x_0)=\lim_{x\to x_0}\frac{f(x)-f(x_0)}{x-x_0}. \tag{2-2}$$

(2) 若极限 $\lim\limits_{\Delta x\to 0}\frac{f(x_0+\Delta x)-f(x_0)}{\Delta x}$ 为无穷大，导数是不存在的，但为了叙述方便，我们称 $f(x)$ 在点 x_0 的导数为无穷大，并记作 $f'(x_0)=\infty$．

(3) 函数 $f(x)$ 在点 x_0 的导数的符号常用的还有：

$$y'\big|_{x=x_0},\ \left.\frac{\mathrm{d}y}{\mathrm{d}x}\right|_{x=x_0} 与\ y'(x_0)等.$$

(4) 导数 $f'(x_0)$ 反映了函数 $y=f(x)$ 在 x_0 处因变量 y 关于自变量 x 的变化率，其绝对值越大，y 相对于 x 的变化越快，若其为正，则表明 y 与 x 的变化方向相同，若其为负，则表明 y 与 x 的变化方向相反．

有了导数的定义之后，上面两个引例中的问题可归结为：

(1) 若变速直线运动物体的运动方程为 $s=f(t)$，则物体在 t_0 时刻的瞬时速度等于 $s=f(t)$ 在 t_0 处的导数 $f'(t_0)$．

(2) 曲线 $y=f(x)$ 在点 $(x_0,\ y_0)$ 处的切线的斜率，等于 $y=f(x)$ 在 x_0 处的导数 $f'(x_0)$．

例1　求$f(x)=x^2$在$x=2$处的导数.

解　解法一：根据式（2-1）有

$$f'(2)=\lim_{\Delta x\to 0}\frac{f(2+\Delta x)-f(2)}{\Delta x}=\lim_{\Delta x\to 0}\frac{(2+\Delta x)^2-2^2}{\Delta x}$$

$$=\lim_{\Delta x\to 0}\frac{2^2+4\Delta x+(\Delta x)^2-2^2}{\Delta x}=\lim_{\Delta x\to 0}(4+\Delta x)=4.$$

解法二：根据式（2-2）有

$$f'(2)=\lim_{x\to 2}\frac{f(x)-f(2)}{x-2}=\lim_{x\to 2}\frac{x^2-2^2}{x-2}$$

$$=\lim_{x\to 2}(x+2)=4.$$

2.1.3　导数的几何意义

由引例2和导数的定义可得导数的**几何意义**：函数$y=f(x)$在点x_0处的导数$f'(x_0)$表示曲线$y=f(x)$在点$M(x_0, y_0)$处的切线的斜率．即$f'(x_0)=R$. 如图2-2所示.

根据直线方程的点斜式$y-y_0=k(x-x_0)$易得切线的方程为：

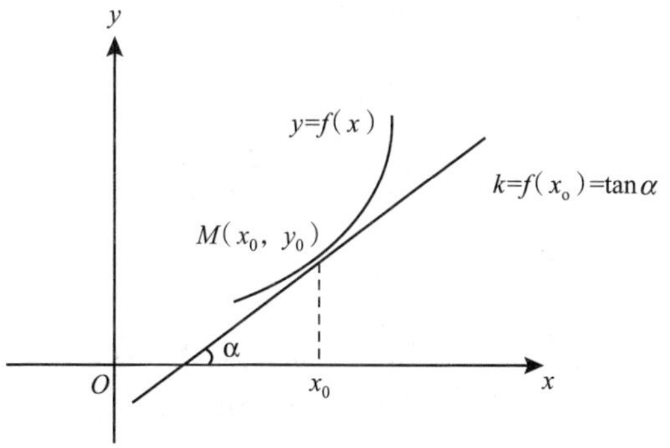

图2-2

$$y-y_0=f'(x_0)(x-x_0).$$

过点M且与切线垂直的直线称为曲线$y=f(x)$在点M处的**法线**，若$f'(x_0)\neq 0$，法线的斜为$-\frac{1}{f'(x_0)}$，从而法线方程为

$$y-y_0=-\frac{1}{f'(x_0)}(x-x_0).$$

例2　求曲线$f(x)=x^3$在（1，1）处的切线和法线.

解 $f'(1)=\lim\limits_{x\to1}\dfrac{f(x)-f(1)}{x-1}=\lim\limits_{x\to1}\dfrac{x^3-1^3}{x-1}=\lim\limits_{x\to1}(x^2+x+1)=3$，

即切线斜率为 $k=f'(1)=3$，所以切线方程为 $y-1=3(x-1)$. 法线方程为 $y-1=-\dfrac{1}{3}(x-1)$.

2.1.4 左、右导数

在定义1中，若 Δx 只从小于0的方向或只从大于0的方向趋近于0即得左、右导数的定义.

定义 2.1.2 若极限

$$\lim_{\Delta x\to0^-}\frac{f(x_0+\Delta x)-f(x_0)}{\Delta x}$$

存在，则称此极限为函数 $f(x)$ 在点 x_0 处的左导数，记作 $f'_-(x_0)$，即

$$f'_-(x_0)=\lim_{\Delta x\to0^-}\frac{f(x_0+\Delta x)-f(x_0)}{\Delta x}$$

类似的可定义 $f(x)$ 在点 x_0 处的右导数为

$$f'_+(x_0)=\lim_{\Delta x\to0^+}\frac{f(x_0+\Delta x)-f(x_0)}{\Delta x}$$

左、右导数的定义式还有如下等价形式

$$f'_-(x_0)=\lim_{x\to x_0^-}\frac{f(x)-f(x_0)}{x-x_0}$$

$$f'_+(x_0)=\lim_{x\to x_0^+}\frac{f(x)-f(x_0)}{x-x_0}$$

函数在一点处的左导数、右导数和导数有如下关系：

定理 2.1.1 函数 $y=f(x)$ 在点 x_0 可导的充分必要条件是：函数 $y=f(x)$ 在点 x_0 的左、右导数都存在且相等.

该定理主要用于判断分段函数在分界点处是否可导.

例3 判断函数 $f(x)=\begin{cases}\sin x, & x<0\\ x, & x\geqslant0\end{cases}$ 在 $x=0$ 处是否可导，若可导，求出 $f'(0)$.

解 $f'_-(0)=\lim\limits_{x\to0^-}\dfrac{f(x)-f(0)}{x-0}=\lim\limits_{x\to0^-}\dfrac{\sin x-0}{x-0}=\lim\limits_{x\to0^-}\dfrac{\sin x}{x}=1$

$f'_+(0)=\lim\limits_{x\to0^+}\dfrac{f(x)-f(0)}{x-0}=\lim\limits_{x\to0^+}\dfrac{x-0}{x-0}=\lim\limits_{x\to0^+}\dfrac{x}{x}=1$

$f'_-(0)=f'_+(0)=1$，所以函数 $f(x)$ 在 $x=0$ 处可导，且 $f'(0)=1$.

2.1.5 导函数的定义

若函数 $y=f(x)$ 在区间 (a, b) 内的每一个点处都可导，则称函数 $y=f(x)$ 在区间 (a, b) 内可导．这时对于区间 (a, b) 内的每一个 x，都有一个导数 $f'(x)$ 与之对应，因此 $f'(x)$ 也是关于 x 的函数，称其为函数 $y=f(x)$ 在区间 (a, b) 内的导函数，简称导数．记为

$$f'(x),\ y' \text{或} \frac{dy}{dx} \text{等}.$$

将导数的定义式（1）中的 x_0 换为 x 即得导函数的定义式

$$f'(x)=\lim_{\Delta x\to 0}\frac{\Delta y}{\Delta x}=\lim_{\Delta x\to 0}\frac{f(x+\Delta x)-f(x)}{\Delta x}.$$

$f(x)$ 在点 x_0 处的导数 $f'(x_0)$ 是导函数 $f'(x)$ 在点 x_0 处的函数值，即

$$f'(x_0)=f'(x)\big|_{x=x_0}.$$

函数 $y=f(x)$ 在区间 $[a, b]$ 上可导是指函数 $y=f(x)$ 在区间 (a, b) 内处处可导，且在左端点 a 右导数存在，在右端点 b 左导数存在．

例 4 设 $f(x)=\sqrt{x}$，求 $f'(x)$，$f'(1)$，$f'(4)$．

解

$$f'(x)=\lim_{\Delta x\to 0}\frac{f(x+\Delta x)-f(x)}{\Delta x}=\lim_{\Delta x\to 0}\frac{\sqrt{x+\Delta x}-\sqrt{x}}{\Delta x}$$

$$=\lim_{\Delta x\to 0}\frac{(\sqrt{x+\Delta x}-\sqrt{x})(\sqrt{x+\Delta x}+\sqrt{x})}{\Delta x(\sqrt{x+\Delta x}+\sqrt{x})}$$

$$=\lim_{\Delta x\to 0}\frac{1}{(\sqrt{x+\Delta x}+\sqrt{x})}=\frac{1}{2\sqrt{x}}$$

所以 $f'(1)=\frac{1}{2\sqrt{1}}=\frac{1}{2}$，$f'(4)=\frac{1}{2\sqrt{4}}=\frac{1}{4}$．

2.1.6 可导与连续的关系

根据导数与连续的定义可得

定理 2.1.2 如果函数 $y=f(x)$ 在 x_0 处可导，则它在 x_0 处连续．

这个定理的逆命题不成立，即如果函数 $y=f(x)$ 在 x_0 处连续，则它在 x_0 处不一定可导．即连续只是可导的必要条件，不是充分条件．例如，读者可以验证 $y=|x|$ 在点 $x=0$ 连续，但不可导．这也可从其图像直观的看出来，其图像在 $x=0$ 时比较尖（一般比较尖的点为不可导点），但没有间断，所以连续但不可导．

习题 2-1

1. 设 $f(x)=5x^2$，根据导数定义求 $f'(-1)$，并求曲线 $y=f(x)$ 在 $(-1,5)$ 处的切线与法线方程.

2. 设 $f(x)=3x+5$，根据导数定义求 $f'(x)$，并利用此结果求 $f'(1)$，$f'(-10)$.

3. 已知做变速直线运动的某物体的运动方程为 $s=t^2+5$，求物体在 $t=2$ 时的速度.

4. 讨论函数 $f(x)=x^{\frac{1}{3}}$ 在点 $x=0$ 处的连续性与可导性.

5. 判断 $y=|x|$ 在点 $x=0$ 连续性和可导性.

6. 设 $f'(x_0)=4$，求 $\lim\limits_{h\to 0}\dfrac{f(x_0+4h)-f(x_0)}{h}$.

2.2　初等函数的求导

尽管在导数定义中给出了计算导数的具体方法，但是若对每个函数都根据定义求导，计算量无疑很大，尤其是当一个函数比较复杂时，直接根据定义求导将变得非常困难，为了给出一个有效的求导方法，在本节中我们给出导数的基本公式和导数的基本运算法则，借助这些公式和法则，我们就能比较容易的求出常见的函数——初等函数的导数，在此基础上也不难求出分段函数的导数.

2.2.1　基本初等函数的导数公式

例 1　求 $f(x)=\sin x$ 的导数.

解　$$(\sin x)'=\lim_{\Delta x\to 0}\frac{\sin(x+\Delta x)-\sin x}{\Delta x}=\lim_{\Delta x\to 0}\frac{2\cos\left(x+\frac{\Delta x}{2}\right)\sin\frac{\Delta x}{2}}{\Delta x}$$

$$\lim_{\Delta x\to 0}\cos\left(x+\frac{\Delta x}{2}\right)\lim_{\Delta x\to 0}\frac{\sin\frac{\Delta x}{2}}{\frac{\Delta x}{2}}=\cos x.$$

这样我们就得到了正弦函数的求导公式：$(\sin x)'=\cos x$.

事实上，根据导数定义及其他相关定理，我们可得出以下几个基本初等函数的导数公式：

(1) $C'=0$；　　　　(2) $(x^{\alpha})'=\alpha x^{\alpha-1}$；

(3) $(\sin x)'=\cos x$;　(4) $(\cos x)'=-\sin x$;

(5) $(\tan x)'=\sec^2 x$;　(6) $(\cot x)'=-\csc^2 x$;

(7) $(\sec x)'=\sec x\tan x$;　(8) $(\csc x)'=-\csc x\cot x$;

(9) $(a^x)'=a^x\ln a$;　(10) $(e^x)'=e^x$;

(11) $(\log_a)'=\dfrac{1}{x\ln a}$;　(12) $(\ln x)'=\dfrac{1}{x}$.

反三角函数的求导公式，则可利用以下结论导出：

定理 2.2.1　设函数 $y=f(x)$ 的反函数为 $x=f^{-1}(y)$，若 $y=f(x)$ 可导，则 $x=f^{-1}(y)$ 也可导，且

$$f'(x)=\frac{1}{[f^{-1}(y)]'} \tag{2-3}$$

例 2　求 $y=\arcsin x$ 的导数.

解　$y=\arcsin x$ 的反函数为 $x=\sin y$，由公式 (2.3) 得

$$(\arcsin x)'=\frac{1}{(\sin y)'}=\frac{1}{\cos y}=\frac{1}{\sqrt{1-(\sin y)^2}}=\frac{1}{\sqrt{1-x^2}}x\in(-1,\ 1).$$

类似得可推出其余三个反三角函数的导数，一并写在下面：

(13) $(\arcsin x)'=\dfrac{1}{\sqrt{1-x^2}}$;　(14) $(\arccos x)'=-\dfrac{1}{\sqrt{1-x^2}}$;

(15) $(\arctan x)'=\dfrac{1}{1+x^2}$;　(16) $(\text{arccot}\, x)'=-\dfrac{1}{1+x^2}$.

这些公式是以后求函数导数的基础，大家要熟练地掌握它们.

例 3　求下列函数的导数.

(1) $y=3^x$; (2) $y=\log_4^x$; (3) $y=\sin\dfrac{\pi}{12}$; (4) $y=\sqrt[3]{x^2}$.

解　(1) $(3^x)'=3^x\ln 3$.

(2) $(\log_4^x)'=\dfrac{1}{x\ln 4}$.

(3) $\left(\sin\dfrac{\pi}{12}\right)'=0$.

(4) $y'=(\sqrt[3]{x^2})'=(x^{\frac{2}{3}})'=\dfrac{2}{3}x^{-\frac{1}{3}}$

2.2.2　导数的四则运算法则

在实际中遇到的一些函数是由基本初等函数经过和、差、积、商运算得到

的，对于这些函数的求导，可运用以下求导法则．

定理2.2.2 设函数 $u=u(x)$ 与 $v=v(x)$ 在 x 处导，则它们的和、差、积、商也可导，且

(1) $[u(x)+v(x)]'=u'(x)+v'(x)$;

(2) $[u(x)-v(x)]'=u'(x)-v'(x)$;

(3) $[u(x)v(x)]'=u'(x)v(x)+u(x)v'(x)$;

(4) $\left[\dfrac{u(x)}{v(x)}\right]'=\dfrac{u'(x)v(x)-u(x)v'(x)}{v^2(x)}$（此式要求 $v(x)\neq 0$）.

为了便于记忆，以上四个运算法则可简写为

(1) $(u+v)'=u'+v'$;

(2) $(u-v)'=u'-v'$;

(3) $(uv)'=u'v+uv'$;

(4) $\left(\dfrac{u}{v}\right)'=\dfrac{u'v-uv'}{v^2}(v\neq 0)$.

注 (1) 公式（1）、(2) 可推广到有限个函数的情况；

(2) 三个函数 u、v、w 的乘积的求导公式为

$$(uvw)'=u'vw+uv'w+uvw';$$

(3) $(cu)'=cu'$;

(4) $\left(\dfrac{1}{v}\right)'=-\dfrac{v'}{v^2}$.

例4 求下列函数的导数

(1) $y=\dfrac{x}{1+x^2}$;

(2) $y=4\tan x-x$;

(3) $y=\dfrac{\sqrt{x}+x^2e^x+x}{x^2}$;

(4) $y=x^3\cdot\cos x\cdot\ln x$.

解 (1) $y'=\left(\dfrac{x}{1+x^2}\right)'=\dfrac{x'(1+x^2)-x(1+x^2)'}{(1+x^2)^2}$

$$=\frac{1\cdot(1+x^2)-x[1'+(x^2)']}{(1+x^2)^2}=\frac{(1+x^2)-x\cdot 2x}{(1+x^2)^2}=\frac{1-x^2}{(1+x^2)^2}.$$

(2) $y'=(4\tan x)'-x'=4(\tan x)'-1=4\sec^2x-1$.

(3) $y'=(x^{-\frac{3}{2}}+e^x+x^{-1})'=(x^{-\frac{3}{2}})'+(e^x)'+(x^{-1})'$

$$= -\frac{3}{2}x^{-\frac{5}{2}} + e^x - x^{-2}.$$

（4）$y' = (x^3)' \cdot \cos x \cdot \ln x + x^3 \cdot (\cos x)' \cdot \ln x + x^3 \cdot \cos x \cdot (\ln x)'$

$= 3x^2\cos x\ln x - x^3\sin x\ln x + x^2\cos x.$

例 5 设函数 $f(x) = (1+x^3)\operatorname{arccot}x$，求 $f'(0)$.

解 $f'(x) = (1+x^3)' \cdot \operatorname{arccot}x + (1+x^3) \cdot (\operatorname{arccot}x)'$

$$= 3x^2 \cdot \operatorname{arccot}x - (1+x^3) \cdot \frac{1}{1+x^2},$$

$$f'(0) = 3 \cdot 0^2 \cdot \operatorname{arccot}0 - (1+0^3) \cdot \frac{1}{1+0^2} = -1.$$

2.2.3 复合函数求导法则

我们已经知道 $(e^x)' = e^x$，那么对于复合函数 $y = e^{2x}$ 是否有 $(e^{2x})' = e^{2x}$ 呢？我们求一下便知.

$(e^{2x})' = (e^x \cdot e^x)' = (e^x)' \cdot e^x + e^x \cdot (e^x)' = 2e^{2x}$，可见 $(e^{2x})' \neq e^{2x}$，这说明直接套用基本初等函数的公式求复合函数的导数是不行的，需要给出复合函数的求导法则.

定理 2.2.3 设 $y = f[g(x)]$ 是由 $y = f(u)$ 与 $u = g(x)$ 复合而成，$u = g(x)$ 在 x 处可导，$y = f(u)$ 在对应的 u 处可导，则复合函数 $y = f[g(x)]$ 在 x 处也可导，且

$$y' = \{f[g(x)]\}' = f'(u) \cdot g'(x). \tag{2-4}$$

在求复合函数的导数时，首先要把复合函数分解成两个较简单的函数，然后再利用公式（2-4）即可.

复合函数的求导法则可推广到有限次复合的情形，例如，设 $y = f\{g[h(x)]\}$ 是由 $y = f(u)$，$u = g(v)$ 与 $v = h(x)$ 复合而成，则有

$$y' = f'(u) \cdot g'(v) \cdot h'(x).$$

例 6 求下列函数的导数.

（1）$y = e^{2x}$；

（2）$y = (2x-7)^{10}$；

（3）$y = \ln\ln x$；

（4）$y = \ln|x|$.

解 （1）$y = e^{2x}$ 可分解为 $y = e^u$，$u = 2x$，由公式（2-4）得

$$y' = (e^u)'(2x)' = 2e^u = 2e^{2x}.$$

（2）$y = (2x-7)^{10}$ 可分解为 $y = u^{10}$，$u = 2x-7$，由公式（2-4）得

$$y' = (u^{10})'(2x-7)' = 10u^9 \cdot 2 = 20(2x-7)^9.$$

(3) $y = \ln\ln x$ 可分解为 $y = \ln u$，$u = \ln x$，由公式（2-4）得

$$y' = (\ln u)'(\ln x)' = \frac{1}{u} \cdot \frac{1}{x} = \frac{1}{x\ln x}.$$

(4) 当 $x > 0$ 时，$y' = (\ln|x|)' = (\ln x)' = \frac{1}{x}$，

当 $x < 0$ 时，$y' = (\ln|x|)' = [\ln(-x)]' = \frac{1}{-x}(-x)' = \frac{1}{x}$，

所以

$$y' = (\ln|x|)' = \frac{1}{x}.$$

在对复合函数的求导公式（2-4）熟练之后，可直接把公式（2-4）的中间变量 u 换成 $g(x)$，而不必写出中间变量和分解后的函数，只要心里记住它们即可.

例 7 求下列函数的导数.

(1) $y = \sin(5x)$；

(2) $y = e^{2x} + (2x-7)^{10} + e^x$；

(3) $y = \ln[\ln(\ln x)]$；

(4) $y = e^{\sin\frac{1}{x}}$.

解 (1) $y' = \cos(5x) \cdot (5x)' = 5\cos(5x)$.

(2)
$$\begin{aligned} y' &= (e^{2x})' + [(2x-7)^{10}]' + (e^x)' \\ &= e^{2x} \cdot (2x)' + 10(2x-7)^9 \cdot (2x-7)' + e^x \\ &= 2e^{2x} + 20(2x-7)^9 + e^x. \end{aligned}$$

(3) 解法一：
$$\begin{aligned} y' &= \frac{1}{\ln(\ln x)} \cdot [\ln(\ln x)]' = \frac{1}{\ln(\ln x)} \cdot \frac{1}{\ln x} \cdot (\ln x)' \\ &= \frac{1}{\ln(\ln x)} \cdot \frac{1}{\ln x} \cdot \frac{1}{x} = \frac{1}{x\ln x\ln(\ln x)}. \end{aligned}$$

解法二：$y = \ln[\ln(\ln x)]$ 可分解为 $y = \ln u$，$u = \ln v$，$v = \ln x$，

$$y' = (\ln u)'(\ln v)'(\ln x)' = \frac{1}{u} \cdot \frac{1}{v} \cdot \frac{1}{x} = \frac{1}{x\ln x\ln(\ln x)}.$$

(4) $y' = e^{\sin\frac{1}{x}}\left(\sin\frac{1}{x}\right)' = e^{\sin\frac{1}{x}} \cdot \cos\frac{1}{x}\left(\frac{1}{x}\right)' = -\frac{1}{x^2}\cos\frac{1}{x}e^{\sin\frac{1}{x}}$.

2.2.4 初等函数的求导

初等函数是由基本初等函数经过有限次的复合和四则运算得到的，所以有了

复合函数的求导法则、导数的四则运算法则，基本初等函数的求导公式，初等函数的求导问题就全部解决了.

例8 求函数 $y=x^x$ 的导数.

解 $y'=(x^x)'=(e^{x\ln x})'=e^{x\ln x}\cdot(x\ln x)'$

$=e^{x\ln x}\cdot(\ln x+1)=x^x\cdot(\ln x+1)$

形如 $y=g(x)^{f(x)}$ 形式的函数叫做幂指函数，其求导皆可采用与例8类似的方法来求.

为了便于查找和记忆，我们将所有的基本求导公式与求导法则列在下面，读者一定要熟练掌握这些公式.

1. 基本初等函数的导数公式

(1) $C'=0$；

(2) $(x^\alpha)'=\alpha x^{\alpha-1}$；

(3) $(\sin x)'=\cos x$；

(4) $(\cos x)'=-\sin x$；

(5) $(\tan x)'=\sec^2 x$；

(6) $(\cot x)'=-\csc^2 x$；

(7) $(\sec x)'=\sec x\tan x$；

(8) $(\csc x)'=-\csc x\cot x$；

(9) $(a^x)'=a^x\ln a$；

(10) $(e^x)'=e^x$；

(11) $(\log_a^x)'=\dfrac{1}{x\ln a}$；

(12) $(\ln x)'=\dfrac{1}{x}$.

(13) $(\arcsin x)'=\dfrac{1}{\sqrt{1-x^2}}$；

(14) $(\arccos x)'=-\dfrac{1}{\sqrt{1-x^2}}$，

(15) $(\arctan x)'=\dfrac{1}{1+x^2}$；

(16) $(\text{arccot}\, x)'=\dfrac{1}{1+x^2}$.

2. 导数的四个运算法则

(1) $(u+v)'=u'+v'$；

(2) $(u-v)'=u'-v'$；

(3) $(uv)'=u'v+uv'$；

(4) $\left(\dfrac{u}{v}\right)'=\dfrac{u'v-uv'}{v^2}$.

3. 复合函数求导法则

$$\{f[g(x)]\}'=f'(u)\cdot g'(x).$$

2.2.5 分段函数的求导

我们以上研究了初等函数的求导问题，除此之外，我们有时还会遇到分段函数的求导问题，下面让我们介绍一下分段函数的求导.

分段函数的求导大体可分两步:

(1) 用求导公式和求导法则求它在分界点外的各区间内的导数;

(2) 用左、右导数的定义求出它在分界点处的左、右导数，进而判断它在分界点处的可导性.

例9 求$f(x)=x|x|=\begin{cases}-x^2, & x<0\\ x^2, & x\geqslant 0\end{cases}$，求$f'(x)$.

解 当$x<0$时，$f(x)=-2x$；当$x>0$时，$f'(x)=-2x$；当$x=0$时，

$$f'_-(0)=\lim_{x\to 0^-}\frac{-x^2-0}{x-0}=\lim_{x\to 0^-}(-x)=0,$$

$$f'_+(0)=\lim_{x\to 0^+}\frac{x^2-0}{x-0}=\lim_{x\to 0^+}x=0.$$

所以$f'(0)=0$. 综上所述，得

$$f'(x)=\begin{cases}2x, & x\geqslant 0\\ -2x, & x<0\end{cases}.$$

习题 2-2

1. 选择题.

(1) 过曲线$y=x^2+x-2$上的一点M作切线，如果切线与直线$y=4x-1$平行，则切点M的坐标为(　　);

A. $\left(\frac{3}{2},\ \frac{7}{4}\right)$　　B. (1, 0)　　C. (0, -2)　　D. (2, 4)

(2) 曲线$y=x^3-3x$在下列(　　)点的切线与y轴垂直;

A. (0, 0)　　B. (1, 2)　　C. (1, -2)　　D. (2, 2)

(3) 曲线$y=x+e^x$在$x=0$处的法线方程是(　　);

A. $2x-y+1=0$　　B. $x+2y-2=0$

C. $2x+y-2=0$　　D. $x-y+2=0$

(4) 已知曲线$y=-x^3+2$和直线$y=-6x+b$相切，则b的值为(　　);

A. $2+4\sqrt{2}$　　B. $2-4\sqrt{2}$

C. $4\sqrt{2}-2$　　D. $2+4\sqrt{2}$或$2-4\sqrt{2}$

(5) 下列函数中导数等于$\sin 2x$的是(　　);

A. $\sin^2 x$　　B. $\cos 2x$　　C. $\cos^2 x$　　D. $1+\frac{1}{2}\cos 2x$

2. 求下列函数的导数.

(1) $y=x^5-3x^2$;

(2) $y=\frac{4}{x^5}+\frac{7}{x^4}-\frac{2}{x}+12$;

(3) $y=\sqrt{x\sqrt{x}}+\frac{1}{x\sqrt[3]{x}}$;

(4) $y=2\tan x+\sec x-2$;

(5) $y=\sin x\cos x$;

(6) $y=x^2\arctan x$;

(7) $y=(5+7x)(4+2x)$;

(8) $y=x^3\mathrm{e}^x\ln x$;

(9) $y=\frac{\cos x}{1+\sin x}$;

(10) $y=\frac{x-1}{x+1}$;

(11) $y=\frac{1}{x^2+x+1}$;

(12) $y=\frac{\mathrm{e}^x}{x^2}+x\log_3^x+\ln 3$.

3. 计算下列函数在指定点处的导数.

(1) $y=\sin x+\cos x$, 求$\left.\frac{\mathrm{d}y}{\mathrm{d}x}\right|_{x=0}$, $\left.\frac{\mathrm{d}y}{\mathrm{d}x}\right|_{x=\frac{\pi}{2}}$;

(2) $r=\theta\sin\theta+\frac{1}{2}\cos\theta$, 求$\left.\frac{\mathrm{d}r}{\mathrm{d}\theta}\right|_{\theta=\frac{\pi}{4}}$;

(3) $y=\mathrm{e}^x+x^{\mathrm{e}}$, 求 $y'(0)$;

(4) $f(x)=3^x\ln x$, 求$f'(1)$;

(5) $y=\frac{2x}{2x+1}$, 求 $y'|_{x=2}$.

4. 以初速度 v_0 竖直上抛的物体, 其上升高度 s 与时间 t 的关系为 $s=v_0t-\frac{1}{2}gt^2$. 求

(1) 该物体的速度 $v(t)$;

(2) 该物体达到最高点的时刻;

(3) 该物体上升的最大高度.

5. 求抛物线 $y=x^2+2x+1$ 在点 (1, 4) 处的切线方程和法线方程.

6. 求下列复合函数的导数.

(1) $y=\cos(3-2x)$;

(2) $y=\sin x^n$;

(3) $y=\sin^n x$;

(4) $y=\sin nx$;

(5) $y=\ln(\sec x+\tan x)$;

(6) $y=\ln(\cot x-\csc x)$;

(7) $y=\arccos(2x)$;

(8) $y=-\ln\cos x$;

(9) $y=\operatorname{arccot}\mathrm{e}^x$;

(10) $y=\arctan 2^x$;

(11) $y=\lg(1+\mathrm{e}^x)$;

(12) $y=\mathrm{e}^{-x^2}$;

(13) $y=\dfrac{1}{\sqrt{1-x^2}}$;

(14) $y=\dfrac{1}{a}\arctan\dfrac{x}{a}$, $(a>0)$;

(15) $y=\sin\sin x$;

(16) $y=\arcsin\dfrac{x}{a}$, $(a>0)$.

7. 求下列函数的导数.

(1) $y=e^x\sin 3x$;

(2) $y=\sec^2 3x$;

(3) $y=\sqrt{\ln x}+\ln\sqrt{x}$;

(4) $y=\ln(x+\sqrt{x^2+a^2})$, $(a>0)$;

(5) $y=e^{\arctan\sqrt{x}}$;

(6) $y=\left(\arcsin\dfrac{x}{2}\right)^3$.

(7) $y=x^{\sin x}$;

(8) $y=x^{2x}$;

(9) $y=\ln\dfrac{1-x}{1+x}$;

(10) $y=\dfrac{\sqrt{(x-1)(x-2)}}{\sqrt[3]{(x-3)(x-4)}}$.

8. 设 $f\left(\dfrac{1}{x}\right)=x^2-\dfrac{1}{x}$，求 $f'(x)$，$f'(4)$.

9. 求 $y=f(e^x)\cdot e^{f(x)}$ 的导数.

10. 判断 $y=\begin{cases}x^2\sin\dfrac{1}{x}, & x\neq 0\\ 0, & x=0\end{cases}$ 在 $x=0$ 处的可导性与连续性.

11. 求 $y=\sin|x|$ 的导数.

2.3 高阶导数

在实际问题中，我们会遇到求一个函数的导数的导数问题．例如已知作变速直线运动物体的运动方程为 $s=f(t)$，求物体的加速度 $a(t)$. 从本章 2.1 的引例 1 我们已经知道，速度 $v(t)$ 是 $s=f(t)$ 的导数，即

$$v(t)=f'(t).$$

根据导数的含义和物理学中加速度的定义——反映物体速度变化快慢的物理量，可知加速度 $a(t)$ 就是速度 $v(t)$ 对于时间 t 的导数，即

$$a(t)=v'(t)=[f'(t)]'$$

于是加速度 $a(t)$ 就是路程 $f(t)$ 对于时间 t 的导数的导数，称为 $f(t)$ 对 t 的二阶导数，记作 $f''(t)$.

定义 2.3.1 若 $y=f(x)$ 的导数 $f'(x)$ 仍可导，则称 $f'(x)$ 的导数 $[f'(x)]'$ 为函数 $y=f(x)$ 的**二阶导数**，记作

$$f''(x),\ \frac{d^2y}{dx^2},\ y''\text{或}\frac{d^2f}{dx^2}.$$

类似地，二阶导数的导数称为**三阶导数**，记作

$$f'''(x),\ \frac{d^3y}{dx^3},\ y'''\text{或}\frac{d^3f}{dx^3}.$$

一般地，$f(x)$ 的 $n-1$ 阶导数的导数称为 $f(x)$ 的 n **阶导数**，记作

$$f^{(n)}(x),\ \frac{d^ny}{dx^n},\ y^{(n)}\text{或}\frac{d^nf}{dx^n}.$$

函数 $f(x)$ 在 $x=x_0$ 处的 n 阶导数，记作

$$f^{(n)}(x_0),\ \left.\frac{d^ny}{dx^n}\right|_{x=x_0},\ y^{(n)}(x_0)\ \text{等}.$$

二阶及二阶以上的导数称为**高阶导数**．而把 $f'(x)$ 称为一阶导数．

由高阶导数定义可知，求函数的高阶导数，只需逐阶求导即可．

例 1 求 $y=x^3+2x^2+3x+5$ 的二阶导数．

解 $y'=3x^2+4x+3$，

$y''=(3x^2+4x+3)'=6x+4.$

例 2 $y=x^2\ln x$，求 y''' 及 $y'''(1)$．

解 $y'=2x\ln x+x^2\cdot\dfrac{1}{x}=2x\ln x+x$，

$y''=2\ln x+2x\cdot\dfrac{1}{x}+1=2\ln x+3$，

$y'''=\dfrac{2}{x}$，

$y'''(1)=2.$

例 3 已知 $y^{(n-1)}=x^2\sin x$，求 $y^{(n+1)}$．

解 $y^{(n)}=(x^2\sin x)'=2x\sin x+x^2\cos x$，

$y^{(n+1)}=(2x\sin x+x^2\cos x)'=2\sin x+4x\cos x-x^2\sin x.$

例 4 已知自由落体的运动方程是 $s(t)=\dfrac{1}{2}gt^2$，求它的速度 $v(t)$ 和加速度 $a(t)$．

解 $v(t)=s'(t)=gt$，$a(t)=s''(t)=(gt)'=g.$

例 5 求 $y=e^{ax}$ 的二阶、三阶及 n 阶导数．

解 $y'=ae^{ax}$，

$y''=(ae^{ax})'=a^2e^{ax}$，

$y'''=(a^2e^{ax})'''=a^3e^{ax}$，

…

$y^{(n)}=a^n e^{ax}$.

习题 2－3

1. 求下列函数的二阶导数.

(1) $y=\ln(1+x)$; (2) $y=e^t\sin t$;

(3) $y=e^{\cos x}$; (4) $y=\left(\sin\frac{x}{2}+\cos\frac{x}{2}\right)^2$;

(5) $y=\tan x$; (6) $y=\frac{e^x}{x}$;

(7) $y=\sqrt{1-x^2}$; (8) $y=\ln(4-x^2)$.

2. 若 $f(x)=(x+8)^{10}$，求 $f'''(-8)$.

3. 设 $y^{(n-2)}=ax^2+bx+c$，求 $y^{(n)}$.

4. 求证：函数 $y=e^2\sin x$ 满足关系式

$$y''-2y'+2y=0.$$

5. 以知某作直线物体的运动规律为 $s=3\sin 2t$，求物体运动加速度. 并证明

$$\frac{d^2s}{dt^2}+4s=0.$$

6. 求下列函数的 n 阶导数.

(1) $y=e^{2x}$; (2) $y=x^n$.

2.4 微　　分

函数的导数 $f'(x)$ 表示函数 $f(x)$ 在 x 处的变化率，它描述了函数 $f(x)$ 在 x 处的变化快慢. 有时我们还需了解当自变量在 x 处有一微小改变量 Δx 时，函数取得的相应改变量 Δy 的大小. 但按式子 $\Delta y=f(x+\Delta x)-f(x)$ 计算，常常很难求得它的精确值，而在实际问题中，往往只需求出它的近似值，那么我们能否找到一个计算函数值改变量近似值的方法呢？我们下面将要介绍的微分就是计算函数值改变量的近似值的一个非常有效的方法. 我们先来看一个引例.

2.4.1 引例

引例 设一边长为 x，面积为 $S=x^2$ 正方形金属薄片受热膨胀，其边长增加了 Δx，问其面积 S 改变了多少？（如图 2－3 所示）

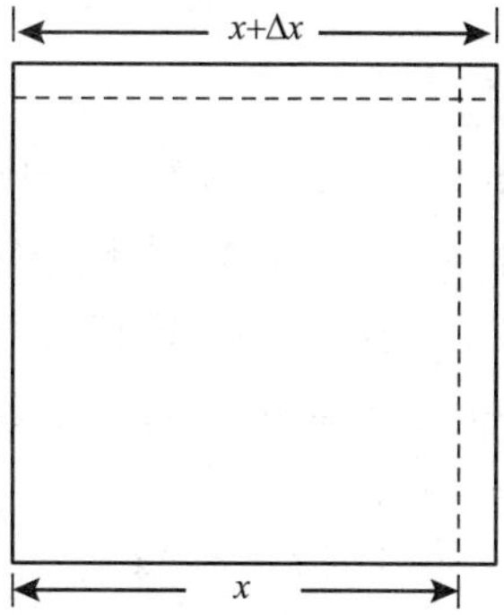

图2－3

解　$\Delta S=(x+\Delta x)^2-x^2=2x\Delta x+(\Delta x)^2$

从上式可以看出，ΔS 分成两部分，第一部分 $2x\Delta x$ 是 Δx 的线性函数，是 ΔS 的主要构成部分，第二部分 $(\Delta x)^2$（即右上角小正方形的面积），当 $\Delta x\to 0$ 时是比 Δx 高阶的无穷小量，即若 Δx 很小，它将更小，只占 ΔS 的很小的一部分，因此当边长的改变量很微小时，该部分可忽略不计，从而 ΔS 可用第一部分近似表示，即

$$\Delta S\approx 2x\Delta x\ (\Delta x \text{ 很小}).$$

在这里，$2x\Delta x$ 就是函数 $S=x^2$ 在 x 处的微分，上式的含义即为在 Δx 很小时，函数值的变量约等于函数的微分，因此可用微分近似表示函数值的改变量，这也正是我们学习微分的一个主要目的．下面我们给出微分的一般定义．

2.4.2　微分的定义

定义 2.4.1　设 Δx 表示函数 $y=f(x)$ 在 x 处的自变量的改变量，$\Delta y=f(x+\Delta x)-f(x)$ 表示相应的函数值的改变量，如果 Δy 可表示为 Δx 的线性函数 $A\Delta x$（A 与 Δx 无关）与比 Δx 高阶的无穷小量的和，即

$$\Delta y=A\Delta x+o(\Delta x)\ (\Delta x\to 0)$$

则称函数 $f(x)$ 在点 x 可微，并称 $A\Delta x$ 为函数 $f(x)$ 在点 x 处的微分，用 $\mathrm{d}y$ 表示，即

$$\mathrm{d}y=A\Delta x \tag{2-5}$$

根据微分的定义可得，引例中函数 $S=x^2$ 在点 x 可微，且其微分为

$$\mathrm{d}S=2x\cdot\Delta x.$$

2.4.3 微分的计算

由微分的定义，可以求出函数的微分，但对于比较复杂的函数利用定义是非常困难的，求微分的关键是求 A，可以发现对于引例，$A=2x$，恰好是函数 $s=x^2$ 的导数，那么它是否具有必然性呢？下面的定理给出了肯定的回答．

定理 2.4.1 函数 $y=f(x)$ 在点 x 可微的充分必要条件是其在点 x 可导，且其微分为

$$dy=f'(x)\Delta x. \tag{2-6}$$

从该定理可以看出：定义 2.4.1 中的 A 就是 $f(x)$ 在点 x 处的导数，求函数 $f(x)$ 的微分的关键是求其导数，可导与可微是等价的．

例 1 求函数 $y=x^2$，当 x 由 1 改变到 1.01，1.001 时函数值的改变量与相应的微分以及用微分表示函数值改变量产生的绝对误差．

解 $(x^2)'=2x$，当 x 由 1 改变到 1.01，$\Delta x=0.01$，

$$\Delta y=1.01^2-1^2=0.0201,$$

$$dy=2x\cdot\Delta x=2\times0.01=0.02$$

此时绝对误差为 $|\Delta y-dy|=|0.0201-0.02|=0.0001$.

当 x 由 1 改变到 1.001，$\Delta x=0.001$，

$$\Delta y=1.001^2-1^2=0.002001,$$

$$dy=2x\cdot\Delta x=2\times0.001=0.002,$$

此时绝对误差为 $|\Delta y-dy|=|0.0002001-0.002|=0.000001$.

从该例可以看出 Δx 越小，微分越接近于函数值的改变量．

令 $y=x$，由式（2-6）可得 $dx=\Delta x$，即自变量的微分与自变量的改变量相等，这样式（2-6）变为

$$dy=f'(x)dx \tag{2-7}$$

我们以后在计算微分时，习惯上写成式（2-7）的形式，从式（2-7）看出，函数的微分等于函数的导数与自变量微分的乘积．求微分的问题可归结为求导问题，因此求微分与求导数的方法，统称为**微分法**．另外由式（2-7）可得

$$f'(x)=\frac{dy}{dx}.$$

即函数的导数等于函数的微分 dy 与自变量的微分 dx 之商，因此导数也叫**微商**．

例 2 求下列函数的微分．

（1）$y=xe^x$；（2）$\ln(x^4+1)$.

解　(1) 因为 $(xe^x)' = e^x + xe^x$，所以

$$dy = (e^x + xe^x)dx.$$

(2) 因为 $[\ln(x^4+1)]' = \dfrac{4x^3}{x^4+1}$，所以

$$dy = \frac{4x^3}{x^4+1}dx.$$

例 3　求函数 $y = x^5 - 1$ 在 $x = 2$ 处的微分.

解　因为 $(x^5-1)' = 5x^4$，所以

$$dy\big|_{x=2} = 5x^4\big|_{x=2}dx = 80dx$$

例 4　某厂生产 x 件产品的利润为 $L(x) = 6\sqrt{1000x - x^2}$ 元，当产量由 100 件增至 102 件时，利润增加了多少？增加后的利润为多少？

解　产量从 100 件增至 102 件时，自变量的改变量 $\Delta x = 2$ 相对于原产量 $x = 100$ 很小，因此用微分 dL 表示 ΔL，误差很小，所以有

$$\Delta L \approx dL = L'(x)\cdot\Delta x = 6\cdot\frac{1000-2x}{2\sqrt{1000x-x^2}}\cdot\Delta x$$

$$= 6\cdot\frac{1000-2\times100}{2\sqrt{1000\times100-100^2}}\cdot 2 = 16.$$

从而

$$L(102) = L(100) + \Delta L \approx L(100) + dL = 1816.$$

即利润约增加了 16 元；增加后的利润约为 1816 元.

此题若直接计算 ΔL 则较难，由此可见，在实际问题中利用微分来近似计算函数值的改变量以及近一步计算变化后的函数值，有时是非常方便的.

习题 2－4

1. 填空题.

(1) $d(3x+c) = (\quad)dx$；　　(2) $d(\quad) = 3dx$；

(3) $d(x^2+c) = (\quad)dx$；　　(4) $d(\quad) = 2xdx$；

(5) $d(\quad) = (2x-1)dx$；　　(6) $d(\quad) = e^x dx$.

(7) $d(\quad) = \cos t dt$；　　(8) $d(\quad) = \dfrac{1}{1+x^2}dx$；

(9) $-\sin x dx = d(\quad)$；　　(10) $\sec^2 x dx = d(\quad)$.

2. 已知 $y = x^3 - x$，计算在 $x = 2$ 处，当 Δx 分别等于 1，0.1，0.01 时的微分 Δy、dy 及 $|\Delta y - dy|$；从中你能受到什么启示？

3. 求下列函数的微分.

(1) $y=\frac{1}{x}+2\sqrt{x}$; (2) $y=\cos x^2$;

(3) $y=\arcsin\sqrt{x}$; (4) $y=\ln(\cos x+\sin x)$;

(5) $y=\mathrm{e}^{-x}\cos 3x$; (6) $y=x\sin 2x$.

2.5 导数在求函数极限中的应用——洛必达法则

前面我们学习了导数的概念及其计算，在此基础上，从本节开始，在本章以后的各节里我们来介绍导数的应用.

在学习无穷小量与无穷大量时，我们已经知道，如果当 $x\to x_0$ 时，两个函数 $f(x)$ 与 $g(x)$ 都是无穷小量或无穷大量，则二者商的极限 $\lim\limits_{x\to x_0}\frac{f(x)}{g(x)}$ 可能存在，也可能不存在，在极限存在的情况下，会有各种不同的结果，通常把这种极限称为**未定式**，并记为 $\frac{0}{0}$ 或 $\frac{\infty}{\infty}$ 型. 例如 $\lim\limits_{x\to 0}\frac{1-\cos x}{x^2}$，$\lim\limits_{x\to+\infty}\frac{\mathrm{e}^x}{x^3}$ 等都是未定式. 计算这些未定式极限的一个重要方法是洛必达法则.

2.5.1 $\frac{0}{0}$ 型未定式

定理 2.5.1（洛必达法则 I） 若函数 $f(x)$ 与 $g(x)$ 满足：

(1) $\lim\limits_{x\to x_0}f(x)=0$，$\lim\limits_{x\to x_0}g(x)=0$;

(2) 在点 x_0 的某去心邻域内，$f(x)$ 与 $g(x)$ 都可导，且 $g'(x)\neq 0$;

(3) $\lim\limits_{x\to x_0}\frac{f'(x)}{g'(x)}$ 存在或为无穷大.

则

$$\lim_{x\to x_0}\frac{f(x)}{g(x)}=\lim_{x\to x_0}\frac{f'(x)}{g'(x)}.$$

洛必达法则把求两个函数的商的极限转化为了求它们的导数的商的极限.

例 1 用洛必达法则求第一重要极限 $\lim\limits_{x\to 0}\frac{\sin x}{x}$.

解 这是 $\frac{0}{0}$ 型未定式，由洛必达法则可得

$$\lim_{x\to 0}\frac{\sin x}{x}=\lim_{x\to 0}\frac{(\sin x)'}{x'}=\lim_{x\to 0}\frac{\cos x}{1}=\cos 0=1.$$

例 2 求$\lim\limits_{x\to0}\dfrac{\ln(1+2x)}{x}$.

解 这是$\dfrac{0}{0}$型未定式，由洛必达法则可得

$$\lim_{x\to0}\frac{\ln(1+2x)}{x}=\lim_{x\to0}\frac{\frac{2}{1+2x}}{1}=2.$$

例 3 求$\lim\limits_{x\to0}\dfrac{1-\cos x}{x^2}$.

解 这是$\dfrac{0}{0}$型未定式，由洛必达法则可得

$$\lim_{x\to0}\frac{1-\cos x}{x^2}=\lim_{x\to0}\frac{\sin x}{2x}=\frac{1}{2}\lim_{x\to0}\frac{\sin x}{x}=\frac{1}{2}.$$

例 4 求$\lim\limits_{x\to1}\dfrac{x^3-3x+2}{x^3-x^2-x+1}$.

解 $\lim\limits_{x\to1}\dfrac{x^3-3x+2}{x^3-x^2-x+1}=\lim\limits_{x\to1}\dfrac{3x^2-3}{3x^2-2x-1}=\lim\limits_{x\to1}\dfrac{6x}{6x-2}=\dfrac{3}{2}$.

在求极限的过程中，出现的极限如果仍然是$\dfrac{0}{0}$型，并且满足洛必达法则的其他两个条件可继续使用洛必达法则. 但若不是$\dfrac{0}{0}$型，则不能使用洛必达法则，否则可能会导致错误，例如上式中的$\lim\limits_{x\to1}\dfrac{6x}{6x-2}$已不是$\dfrac{0}{0}$型，不能再对它应用洛必达法则.

例 5 求$\lim\limits_{x\to0}\dfrac{e^x-e^{-x}-2x}{x-\sin x}$.

解 $\lim\limits_{x\to0}\dfrac{e^x-e^{-x}-2x}{x-\sin x}=\lim\limits_{x\to0}\dfrac{e^x+e^{-x}-2}{1-\cos x}=\lim\limits_{x\to0}\dfrac{e^x-e^{-x}}{\sin x}=\lim\limits_{x\to0}\dfrac{e^x+e^{-x}}{\cos x}=2$

2.5.2 $\dfrac{\infty}{\infty}$型未定式

定理 2.5.2（洛必达法则Ⅱ） 若函数$f(x)$与$g(x)$满足：

（1）$\lim\limits_{x\to x_0}f(x)=\infty$，$\lim\limits_{x\to x_0}g(x)=\infty$；

（2）在点x_0的某去心邻域内，$f(x)$与$g(x)$都可导，且$g'(x)\neq0$；

（3）$\lim\limits_{x\to0}\dfrac{f'(x)}{g'(x)}$存在或为无穷大.

则

$$\lim_{x\to x_0}\frac{f(x)}{g(x)}=\lim_{x\to x_0}\frac{f'(x)}{g'(x)}.$$

注 对 $x\to x_0^+$，$x\to x_0^-$，$x\to\infty$，$x\to-\infty$，$x\to+\infty$ 的情形，洛必达法则Ⅰ、Ⅱ仍然成立．

例 6 求 $\lim\limits_{x\to+\infty}\dfrac{\ln x}{\sqrt{x}}$．

$$\lim_{x\to\infty}\frac{\ln x}{\sqrt{x}}=\lim_{x\to\infty}\frac{\frac{1}{x}}{\frac{1}{2\sqrt{x}}}=\lim_{x\to\infty}\frac{2}{\sqrt{x}}=0.$$

例 7 求 $\lim\limits_{x\to+\infty}\dfrac{e^x}{x^3}$．

$$\lim_{x\to+\infty}\frac{e^x}{x^3}=\lim_{x\to+\infty}\frac{e^x}{3x^2}=\lim_{x\to+\infty}\frac{e^x}{6x}=\lim_{x\to+\infty}\frac{e^x}{6}=+\infty.$$

例 8 求 $\lim\limits_{x\to+\infty}\dfrac{\frac{\pi}{2}-\arctan x}{\frac{1}{x}}$．

解 $\lim\limits_{x\to+\infty}\dfrac{\frac{\pi}{2}-\arctan x}{\frac{1}{x}}=\lim\limits_{x\to+\infty}\dfrac{-\frac{1}{1+x^2}}{-\frac{1}{x^2}}\lim\limits_{x\to+\infty}\dfrac{x^2}{1+x^2}=\lim\limits_{x\to+\infty}\dfrac{2x}{2x}=1.$

例 9 求 $\lim\limits_{x\to0}\dfrac{\tan x-x}{x^2\sin x}$．

解 本题若直接使用洛必达法则，大家会发现很复杂．这里我们先作一个等价无穷小的替换．

$$\lim_{x\to0}\frac{\tan x-x}{x^2\sin x}=\lim_{x\to0}\frac{\tan x-x}{x^2\cdot x}=\lim_{x\to0}\frac{\sec^2x-1}{3x^2}=\lim_{x\to0}\frac{\tan^2x}{3x^2}=\frac{1}{3}\lim_{x\to0}\left(\frac{\tan x}{x}\right)^2=\frac{1}{3}.$$

由该题可以看出，在使用洛必达法则求未定式极限时，要注意与其他求极限的方法结合使用．

例 10 求 $\lim\limits_{x\to\infty}\dfrac{x+\sin x}{x}$．

解 该极限为$\dfrac{\infty}{\infty}$型，但因为极限

$$\lim_{x\to\infty}\frac{(x+\sin x)'}{x'}=\lim_{x\to\infty}\frac{1+\cos x}{1}=\lim_{x\to\infty}(1+\cos x).$$

不存在，所以不能使用洛必达法则，但并不能就此说明极限 $\lim\limits_{x\to+\infty}\dfrac{x+\sin x}{x}$ 不存在．事实上

$$\lim_{x\to\infty}\frac{x+\sin x}{x}=\lim_{x\to\infty}\left(1+\frac{\sin x}{x}\right)=1.$$

从此例可以看出，洛必达法则在求未定式极限时不是万能的，当 $\lim\limits_{x\to x_0}\dfrac{f'(x)}{g'(x)}$ 不存在且不等于∞时，并不能判定 $\lim\limits_{x\to x_0}\dfrac{f(x)}{g(x)}$ 不存在，只能说明在这种情况下洛必达法则不能使用，需改用其他方法来求．

2.5.3 其他五种类型未定式

$\dfrac{0}{0}$ 型和 $\dfrac{\infty}{\infty}$ 型是未定式的两种基本类型，除此之外，还有其他五种类型，它们分别是 $0\cdot\infty$，$\infty-\infty$，1^∞，0^0，∞^0 型．其中 $0\cdot\infty$ 是指形如 $\lim\limits_{x\to x_0}f(x)\cdot g(x)$（当 $x\to x_0$ 时，$f(x)\to0$，$g(x)\to\infty$）的未定式，$\infty-\infty$ 是指形如 $\lim\limits_{x\to x_0}[f(x)-g(x)]$（当 $x\to x_0$ 时，$f(x)\to\infty$，$g(x)\to\infty$）的未定式，而 1^∞，0^0，∞^0 的形式皆为 $\lim\limits_{x\to x_0}f(x)^{g(x)}$，只是当 $x\to x_0$ 时，$f(x)$，$g(x)$ 的极限不同而已．

对于以上五种类型的未定式，都是先转化为 $\dfrac{0}{0}$ 型或 $\dfrac{\infty}{\infty}$ 型，然后再使用洛必达法则来求它们的极限．

例 11 $\lim\limits_{x\to0^+}x\ln x.$

解 $\lim\limits_{x\to0^+}x\ln x=\lim\limits_{x\to0^+}\dfrac{\ln x}{\dfrac{1}{x}}=\lim\limits_{x\to0^+}\dfrac{\dfrac{1}{x}}{-\dfrac{1}{x^2}}=\lim\limits_{x\to0^+}(-x)=0.$

对于 $0\cdot\infty$ 型未定式，通常采用把其中的一个因式取倒数放到分母的方法转化为 $\dfrac{0}{0}$ 型或 $\dfrac{\infty}{\infty}$ 型．

例 12 $\lim\limits_{x\to1}\left(\dfrac{2}{x^2-1}-\dfrac{1}{x-1}\right).$

解

$$\lim_{x\to1}\left(\frac{2}{x^2-1}-\frac{1}{x-1}\right)=\lim_{x\to1}\frac{2-x-1}{x^2-1}=\lim_{x\to1}\frac{1-x}{x^2-1}$$

$$=\lim_{x\to1}\frac{-1}{2x}=-\frac{1}{2}.$$

对于∞ - ∞型未定式，一般是通过通分转化为$\frac{0}{0}$型.

例 13 求$\lim\limits_{x\to\infty}\left(1+\frac{1}{x}\right)^x$.

解 $\lim\limits_{x\to\infty}\left(1+\frac{1}{x}\right)^x=\lim\limits_{x\to\infty}e^{x\ln\left(1+\frac{1}{x}\right)}=e^{\lim\limits_{x\to\infty}x\ln\left(1+\frac{1}{x}\right)}=\lim\limits_{x\to\infty}e^{\frac{\ln\left(1+\frac{1}{x}\right)}{\frac{1}{x}}}$

$$=e^{\lim\limits_{x\to\infty}\frac{\frac{1}{1+\frac{1}{x}}\left(-\frac{1}{x^2}\right)}{-\frac{1}{x^2}}}=e^{\lim\limits_{x\to\infty}\frac{x}{1+x}}=e.$$

对于后面三种幂指函数$\lim\limits_{x\to x_0}f(x)^{g(x)}$型的未定式：$1^\infty$，$0^0$，$\infty^0$，一般是利用对数恒等式转化为$\lim\limits_{x\to x_0}e^{g(x)\ln f(x)}$，从而使指数转化为$0\cdot\infty$型，然后进一步转化为$\frac{0}{0}$型或$\frac{\infty}{\infty}$型.

习题 2 -5

1. 利用洛必达法则求下列极限.

(1) $\lim\limits_{x\to0}\frac{\ln(1+x)}{x}$；　(2) $\lim\limits_{x\to0}\frac{e^x-e^{-x}}{\sin x}$；

(3) $\lim\limits_{x\to a}\frac{\sin x-\sin a}{x-a}$；　(4) $\lim\limits_{x\to\pi}\frac{\tan3x}{\sin5x}$；

(5) $\lim\limits_{x\to\infty}\frac{\ln\left(1+\frac{1}{x}\right)}{\mathrm{arccot}x}$；　(6) $\lim\limits_{x\to0}\frac{\sin\sin x}{2x}$；

(7) $\lim\limits_{x\to1}\frac{x^2-1}{2x^2-3x+1}$；　(8) $\lim\limits_{x\to0}\frac{1-\cos x}{x\sin x}$；

(9) $\lim\limits_{x\to0}\frac{x}{e^x-1}$；　(10) $\lim\limits_{x\to0}\frac{a^x-1}{3x}$.

2. 利用洛必达法则求下列极限.

(1) $\lim\limits_{x\to+\infty}\frac{(\ln x)^3}{x}$；　(2) $\lim\limits_{x\to+\infty}\frac{x^2+\ln x}{e^x}$；

(3) $\lim\limits_{x\to+\infty}\frac{e^{2x}}{x^2}$；　(4) $\lim\limits_{x\to+\infty}\frac{2x^3+2x}{x^3-x+1}$.

3. 利用洛必达法则求下列极限.

(1) $\lim\limits_{x\to+\infty}x\left(e^{\frac{1}{x}}-1\right)$；(2) $\lim\limits_{x\to0}\left(\frac{1}{x}-\frac{1}{e^x-1}\right)$；(3) $\lim\limits_{x\to0^+}x^x$.

4. 求 $\lim\limits_{x\to+\infty} x^{\frac{1}{x}}$，并进一步求 $\lim\limits_{n\to\infty}\sqrt[n]{n}$.

2.6　导数在研究函数单调性和极值上的应用

本节我们利用导数这一工具来讨论函数单调性，并进而给出函数极值和最值的求法．

2.6.1　函数的单调性的判定

函数单调性的定义在第 1 章已经给出，但是根据定义判别函数的单调性一般比较烦琐，在我们学习了导数之后，利用导数这一工具将使函数的单调性的判别变得非常简单．

定理 2.6.1　设函数 $f(x)$ 在 $[a, b]$ 上连续，在 (a, b) 内可导

(1) 若在 (a, b) 内 $f'(x)>0$，则 $f(x)$ 在 $[a, b]$ 上单调增加；

(2) 若在 (a, b) 内 $f'(x)<0$，则 $f(x)$ 在 $[a, b]$ 上单调减少．

注　(1) 定理 2.6.1 中的闭区间换成其他各种区间（包括无穷区间），结论也成立．

(2) 定理 2.6.1 的条件 $f'(x)>0$（或 $f'(x)<0$），若放宽为：$f'(x)\geqslant 0$（或 $f'(x)\leqslant 0$），且等号仅在个别孤立点成立．则结论仍然成立．

例如　在区间 $(-\infty, +\infty)$ 内函数 $f(x)=x^3$ 的导数 $f'(x)=3x^2\geqslant 0$，等号仅在点 $x=0$ 成立，所以函数 $f(x)=x^3$ 在区间 $(-\infty, +\infty)$ 内就是单调增加的．

例 1　讨论函数 $f(x)=4e^x-4x+7$ 的单调性．

解　函数 $f(x)=4e^x-4x+7$ 的定义域为 $(-\infty, +\infty)$，

$$f'(x)=4e^x-4=4(e^x-1),$$

当 $x<0$ 时，$f'(x)<0$，所以 $f(x)=4e^x-4x+7$ 在 $(-\infty, 0)$ 内单调减少；当 $x>0$ 时，$f'(x)>0$，所以 $f(x)=4e^x-4x+7$ 在 $[0, +\infty)$ 内单调增加．

例 2　讨论函数 $f(x)=\sqrt[3]{x^2}-2$ 的单调性．

解　函数 $f(x)=\sqrt[3]{x^2}$ 的定义域为 $(-\infty, +\infty)$，

$$f'(x)=\frac{2}{3\sqrt[3]{x}},(x\neq 0)$$

当 $x<0$ 时，$f'(x)<0$，所以 $f(x)=\sqrt[3]{x^2}-2$ 在 $(-\infty, 0)$ 内单调减少；当 $x>0$ 时，$f'(x)>0$，所以 $f(x)=\sqrt[3]{x^2}-2$ 在 $[0, +\infty)$ 内单调增加．

导数 $f'(x)$ 等于的点，称为函数 $f(x)$ 的**驻点**．例如，在例 1 中，$f(x)=4e^x-4x+7$ 的导数为 $f'(x)=4e^x-4=4(e^x-1)$，容易看出 $f'(1)=0$，所以 $x=1$ 就是函数的驻点．

从以上两例可以看出，驻点（如例 1）或导数不存在的点（如例 2）可能是单调区间的分界点．因此，讨论函数 $f(x)$ 的单调性，可以先求出驻点或导数不存在的点，然后用这些点将函数的定义域划分为若干个子区间，判断导数 $f'(x)$ 在各个子区间的符号，从而确定出函数 $f(x)$ 在各个子区间上的单调性．当驻点和不导导点比较多时，我们通常列表讨论函数的单调性．

例 3 求函数 $f(x)=2x^3+3x^2-12x+1$ 的单调区间．

解 函数的定义域为 $(-\infty, +\infty)$，

$$f'(x)=6x^2+6x-12,$$

令 $f'(x)=6x^2+6x-12=6(x+2)(x-1)=0$ 得 $x_1=-2$，$x_2=1$. 列表（见表 2-1）.

表 2-1

x	$(-\infty, -2)$	-2	$(-2, 1)$	1	$(1, +\infty)$
$f'(x)$	+	0	−	0	+
$f(x)$	↗		↘		↗

所以函数 $f(x)=2x^3+3x^2-12x+1$ 的单调递增区间为 $(-\infty, -2)$ 和 $(1, +\infty)$；单调递减区间为 $(-2, 1)$.

2.6.2 函数的极值及其求法

为了解决经济分析中的最值问题，我们首先介绍函数极值的概念及其求法．

什么是函数的极值呢？观察函数 $y=f(x)$ 的图形如图 2-4 所示，曲线上的点 p_1，p_4 是曲线上的峰点，对应的横坐标分别是 x_1，x_4，函数 $f(x)$ 在点 x_1 处的函数值 $f(x_1)$ 比 x_1 附近点上的函数值都大，在 x_4 处也有同样的情形出现，在这里 $f(x_1)$、$f(x_4)$ 就是函数 $f(x)$ 的极大值，而曲线上的点 p_2，p_5 是曲线上的谷点，对应的横坐标分别是 x_2，x_5. 函数 $f(x)$ 在 x_2 处的函数值比 x_2 附近点处的函数值都小，在 x_5 处也有同样的情形出现，在这里函数 $f(x_2)$，$f(x_5)$ 则称为函数 $f(x)$ 的极小值．

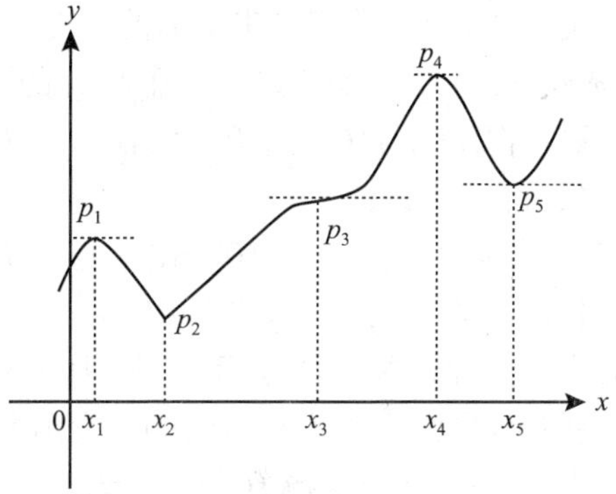

图 2－4

定义 2.6.1 设有函数$f(x)$，如果存在点x_0的某个邻域，对该邻域中的任意一个$x(x \neq x_0)$，恒有$f(x)<f(x_0)$，则称$f(x_0)$为函数$f(x)$的**极大值**，称x_0为函数$f(x)$的**极大值点**；如果存在点x_0的某个去心邻域，对该去心邻域内的任意一点x，恒有$f(x)>f(x_0)$，则称$f(x_0)$为函数$f(x)$的**极小值**，称x_0为函数$f(x)$的**极小值点**.

函数的极大值与极小值统称为函数的**极值**，极大值点与极小值点统称为函数的**极值点**.

函数的极值是局部性概念，只是与极值点x_0附近的所有点的函数值相比较，$f(x_0)$是最大的或是最小的，但并不一定是我们要讨论的区间上最大的或最小的函数值.

那么，函数在哪些点取得极值呢？观察图 2－4 可以看出，在函数的极值点处，曲线或者有水平切线，如x_1、x_4、x_5，或者切线不存在，如在点x_2处. 但是有水平切线的点不一定都是极值点，如x_3. 由此可以推断，极值点可以在导数为零或导数不存在的点中寻找.

定理 2.6.2（极值的必要条件） 如果$f(x)$在点x_0处可导，且在x_0处取得极值，则$f'(x_0)=0$（即x_0为驻点）.

定理 2.6.2 是函数在可导点处存在极值的必要条件，即可导函数的极值点一定驻点，但反过来，驻点不一定是极值点，例如$f(x)=x^3$，$f'(x)=3x^2$，可知$x=0$是函数的驻点，但不是极值点. 函数除了可以在驻点取得极值外，还有可能在不可导点取得极值，但不可导点并不必然是极值点. 例如$x=0$是$f(x)=|x|$不可导点，也是极值点，而对于$f(x)=\sqrt[3]{x}$，$x=0$是不可导点，但从函数$f(x)=\sqrt[3]{x}$的图像可以看出，它不是极值点. 那么如何判断一个函数的驻点和导数不存在的点

是否为极值点呢？利用定理 2.6.1，我们给出下面的定理.

定理 2.6.3（第一充分条件） 设函数 $f(x)$ 在点 x_0 的某个空心邻域内可导.

（1）如果在点 x_0 的左邻域内，$f'(x_0)>0$，在点 x_0 的右邻域内，$f'(x_0)<0$，则 $f(x)$ 在点 x_0 处取得极大值 $f(x_0)$；

（2）如果在点 x_0 的左邻域内，$f'(x_0)<0$，在点 x_0 的右邻域内，$f'(x_0)>0$，则 $f(x)$ 在点 x_0 处取得极小值 $f(x_0)$；

（3）如果在点 x_0 的某空心邻域内，$f'(x)$ 不变号，那么 x_0 不是 $f(x)$ 的极值点.

定理 2.6.3 的结论从几何图形上观察是显然的：设函数 $f(x)$ 在点 x_0 的邻域内连续，当 $x<x_0$ 时，$f'(x)>0$ 可知函数 $f(x)$ 单调增加，曲线上升；当 $x>x_0$ 时，$f'(x)<0$，函数 $f(x)$ 单调减少，曲线下降，在点 p_1 处达到顶峰，如图 2－5（1），所以 $f(x)$ 在点 x_0 处取得极大值 $f(x_0)$. 类似的可以说明定理的第（2）条（如图 2－5（2））和第（3）条.

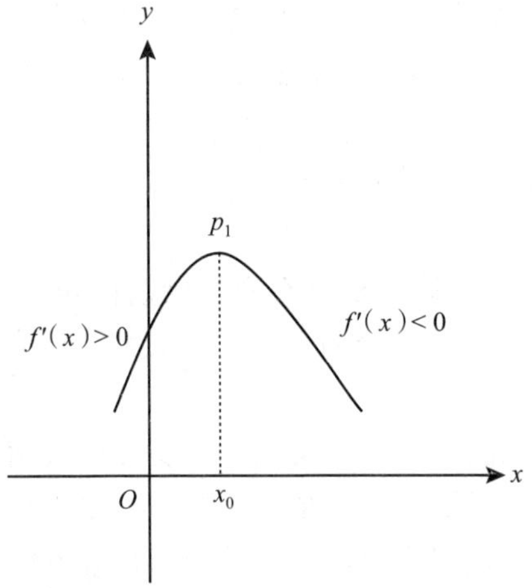

图 2－5（1）

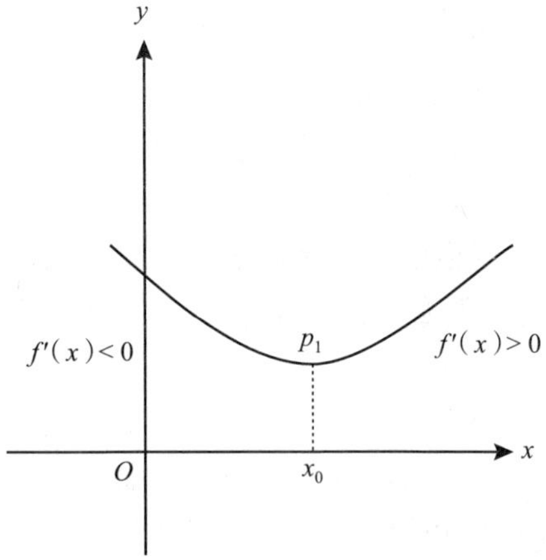

图 2－5（2）

根据定理 2.6.3，求连续函数在区间 I 上的极值大致可遵循以下步骤：

（1）求 $f(x)$ 的导数找驻点和不可导点；

（2）用驻点和不可导点将定义域分成若干个子区间，列表讨论 $f'(x)$ 在各子区间内的符号变化的情况，据此确定函数的极值点；

例 4 求函数 $f(x)=x^3-3x^2-9x+5$ 的极值.

解 （1）函数 $f(x)$ 的定义域是 $(-\infty,+\infty)$.

$$f'(x)=3x^3-6x-9=3(x+1)(x-3)$$

令 $f'(x)=0$，得驻点 $x_1=-1$，$x_2=3$，没有不可导点.

(2) 用驻点将定义域分成三个子区间 $(-\infty, -1)$，$(-1, 3)$，$(3, +\infty)$，列表讨论 $f'(x)$ 的符号及 $f(x)$ 的极值情况，见表 2-2.

表 2-2

x	$(-\infty, -1)$	-1	$(-1, 3)$	3	$(3, +\infty)$
$f'(x)$	+	0	-	0	+
$f(x)$	↗	极大值	↘	极小值	↗

由表可知，极大值为 $f(-1)=10$，极小值为 $f(3)=-22$.

例 5 求函数 $f(x)=(x-4)\sqrt[3]{(x+1)^2}$ 的极值.

解 (1) 函数 $f(x)$ 的定义域是 $(-\infty, +\infty)$，且

$$f'(x)=\frac{5(x-1)}{3\sqrt[3]{(x+1)}};$$

令 $f'(x)=0$，得驻点 $x_1=1$，$x=-1$ 为不可导点；

(2) 用不可导点和驻点，将函数的定义域分成三个子区间 $(-\infty, -1)$，$(-1, 1)$，$(1, +\infty)$，列表讨论 $f'(x)$ 的符号及 $f(x)$ 的极值情况，见表 2-3.

表 2-3

x	$(-\infty, -1)$	-1	$(-1, 1)$	1	$(1, +\infty)$
$f'(x)$	+	不存在	-	0	+
$f(x)$	↗	极大值	↘	极小值	↗

(3) 由表可知，极大值为 $f(-1)=0$，极小值为 $f(1)=-3\sqrt[3]{4}$.

当函数 $f(x)$ 在驻点处的二阶导数存在且不为零时，也可以用下述定理来判定 $f(x)$ 在驻点处取得极大值还是极小值.

定理 2.6.4（第二充分条件） 设 $f(x)$ 在 x_0 处具有二阶导数，且 $f'(x_0)=0$，$f''(x_0)\neq 0$，则

(1) 当 $f''(x_0)<0$ 时，函数 $f(x)$ 在 x_0 处取得极大值；

(2) 当 $f''(x_0)>0$ 时，函数 $f(x)$ 在 x_0 处取得极小值.

注 当 $f''(x_0)=0$ 时，则 x_0 可能为极值点，也可能不是极值点，此时利用定

理4无法判断驻点 x_0 是否为极值点，但可改用定理2.6.3来判定.

例6 求函数 $f(x)=x^3+3x^2-24x-20$ 的极值.

解 函数 $f(x)$ 在 $(-\infty, +\infty)$ 内连续，且

$$f'(x)=3x^2+6x-24=3(x+4)(x-2)$$

令 $f'(x)=0$ 得驻点 $x_1=-4$，$x_2=2$.

$$f''(x)=6x+6$$

因为 $f''(-4)=-18<0$，$f''(2)=18>0$，

所以，极大值为 $f(-4)=60$，极小值为 $f(2)=-48$.

求函数的极值一个主要目的是为了求函数的最值，下面我们就来研究函数的最值问题.

2.6.3 函数的最大值、最小值的求法

在日常生活和经济活动中经常遇到求最小的成本、最大利润等问题，这些问题归结到数学上就是求函数的最小值或最大值问题. 通常情况下，最大值、最小值与极大值、极小值是有区别的. 对于在区间 $[a, b]$ 上的连续函数 $f(x)$ 来说，$f(x)$ 在点 x_0 取得最大值或最小值 $f(x_0)$ 是指 $f(x)$ 在整个区间 $[a, b]$ 上最大或最小，而 $f(x)$ 在点 x_0 取得极大值或极小值 $f(x_0)$ 则是指 $f(x)$ 在点 x_0 某一个邻域内最大或最小；另外，极值只能在区间的内部取得，而最值既可在区间的内部取到（则该点必是极值点），也可能在区间的端点取到.

不难理解连续函数的最大值和最小值只能在以下几类点处取得：

(1) 驻点；

(2) 不可导点；

(3) 端点.

因此，求连续函数 $f(x)$ 在闭区间 $[a, b]$ 上的最大值和最小值，只需要分别求出 $f(x)$ 在其驻点、不可导点以及端点 a，b 处的函数值，然后比较大小，这些值中的最大者就是函数在 $[a, b]$ 上的最大值，最小者就是函数在 $[a, b]$ 上的最小值.

例7 求函数 $f(x)=2x^3+3x^2-12x+14$ 在 $[-3, 4]$ 上的最大值与最小值.

解 $f'(x)=6(x+2)(x-1)$，

令 $f'(x)=0$，得驻点，$x_1=-2$，$x_2=1$. 计算 $f(x)$ 在区间端点及驻点 x_1，x_2 处的函数值得

$$f(-3)=23;\ f(-2)=34;\ f(1)=7;\ f(4)=142.$$

所以最大值是 $f(4)=142$，最小值 $f(1)=7$.

注 以下两种情况可以使最值的计算更简便：

（1）若函数$f(x)$在$[a, b]$上为连续单调函数，则函数的最值在端点处取得；

（2）如果连续函数在定义区间内只有唯一的极值点x_0，若$f(x_0)$为极大值，则$f(x_0)$也是最大值；若$f(x_0)$为极小值，则$f(x_0)$也是最小值.

习题2-6

1. 填空题.

（1）若函数$f(x)$在点x_0处可导，且$f(x_0)$为极小值，则极限$\lim\limits_{h\to 0}\dfrac{f(x_0+h)-f(x_0)}{h}$________；

（2）函数$f(x)=\ln(1+x^2)$的驻点为________，在闭区间$[1, 3]$上的最小值等于________；

（3）设函数$y=e^{x^2}$，则其单调增加区间是________，极值点为________，在该点函数取得极______值；

（4）设函数$f(x)$在x_0处的一阶导数$f'(x_0)=0$，二阶导数$f''(x_0)>0$，则$f(x_0)$是$f(x)$的极______值；

（5）已知函数$f(x)=k\sin x+\dfrac{1}{3}\sin 3x$，若点$x=\dfrac{\pi}{3}$是其驻点，则常数$k=$______.

2. 选择题.

（1）函数$y=x-\arctan x$在$(-\infty, +\infty)$内（　　）；

A. 单调增加　　B. 单调减少　　C. 不单调　　D. 不连续

（2）以下结论正确的是（　　）；

A. 函数$f(x)$的导数不存在的点，一定是$f(x)$的极值点

B. 若x_0为$f(x)$的驻点，则x_0必为$f(x)$的极值点

C. 若$f(x)$在点x_0有极值，且$f'(x_0)$存在，则必有$f'(x_0)=0$

D. 若$f(x)$在点x_0连续，则$f'(x_0)$一定存在

（3）函数$y=f(x)$在点$x=0$的二阶导数存在，且$f'(0)=0$，$f''(0)=0$，则下列结论正确的是（　　）；

A. $x=0$不一定是函数$f(x)$的驻点

B. $x=0$一定是函数$f(x)$的极小值点

C. $x=0$不一定是函数$f(x)$的极值点

D. $x=0$ 一定是函数 $f(x)$ 的极大值点

(4) 函数 $f(x)=x^3-12x$ 在区间 $[-3,3]$ 上的最大值点在点（　　）取得；

A. $x=-3$　　B. $x=3$　　C. $x=-2$　　D. $x=2$

(5) 下列函数在 $(-\infty,+\infty)$ 内单调增加的是（　　）；

A. $y=x^3+x$　　B. $y=xe^x$　　C. $y=x^2+x$　　D. $y=\sin x$

(6) 设函数 $y=f(x)$ 的导函数 $y=f'(x)$ 的图像，如图 2－6 所示，则下列结论肯定正确的是（　　）.

A. $x=-1$ 是驻点，但不是极值点　　B. $x=-1$ 不是驻点

C. $x=-1$ 为极小值点　　D. $x=-1$ 为极大值点

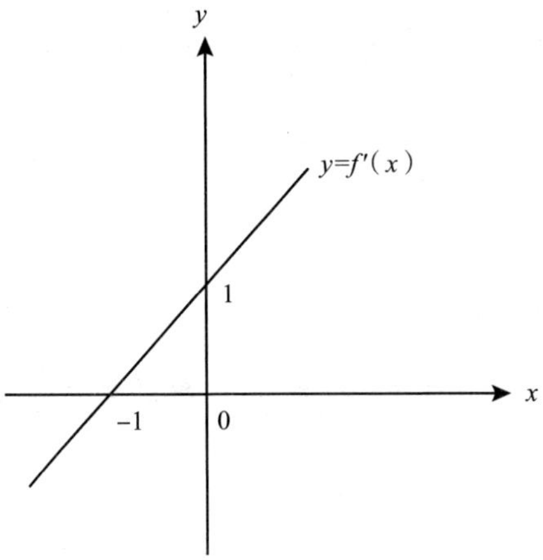

图 2－6

3. 如果函数 $y=f(x)$ 的导数如下，求函数的单调递增区间.

(1) $f'(x)=x(x-2)$；

(2) $f'(x)=(x+1)^2(x+2)$.

4. 求下列函数的单调区间.

(1) $y=\frac{1}{3}x^3-x^2-3x-1$；

(2) $y=\frac{2}{3}x-\sqrt[3]{x^2}$；

(3) $y=(1+\sqrt{x})x$；

(4) $y=2x^2-\ln x$.

5. 求下列函数的极值.

(1) $y=2x^3-6x^2-18x+7$;

(2) $y=x-\ln(1+x)$;

(3) $y=x^2e^{-x}$;

(4) $f(x)=1-\sqrt[3]{(x-2)^2}$.

6. 求下列函数的最大值、最小值.

(1) $y=x^4-8x^2+2$, $x\in[-1, 3]$;

(2) $y=\sin x+\cos x$, $x\in[0, 2\pi]$;

(3) $y=\frac{1}{2}x-\sqrt{x}$, $x\in[0, 9]$.

2.7 导数在研究曲线凹凸性上的应用

上一节，我们研究了函数的单调性和极值，知道了单调性，我们就可以知道函数的图像是上升还是下降，但仅知道这些还不能准确地知道函数图形的走向，图 2-7 中的两条曲线虽然都是上升的，图形却有明显的不同：曲线 ACD 是凸的，曲线 ABD 是凹的，即它们的凹凸性是不同的. 下面我们就来研究曲线的凹凸性.

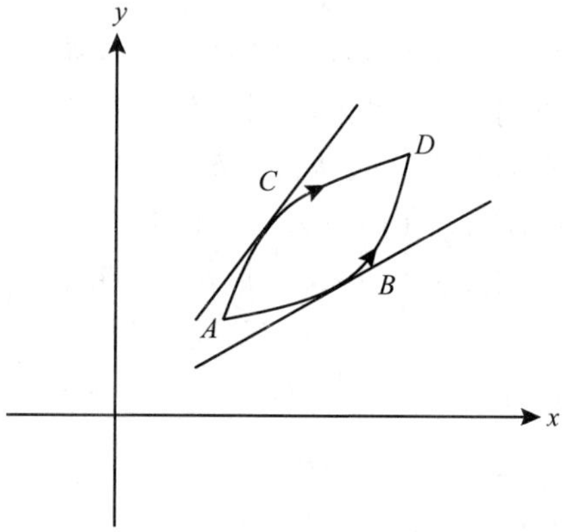

图 2-7

2.7.1 曲线的凹凸性

对于曲线 ACD，我们可以看出它在每个点处的切线都在其上方，而对于曲线

ABD，它在每个点处的切线都在其下方，这正是凸和凹的本质特征.

定义 2.7.1 设函数$f(x)$ 在区间(a, b)内可导，如果曲线$y=f(x)$上任意一点处的切线都在曲线的上方，则称该曲线是**凸**的（用∩表示），并称区间(a, b)为该曲线的**凸区间**；如果曲线$y=f(x)$上任意一点处的切线都在曲线的下方，则称该曲线是**凹**的（用∪表示），并称区间(a, b)为该曲线的**凹区间**. 曲线的凹和凸统称为曲线的**凹凸性**（见图 2-8）.

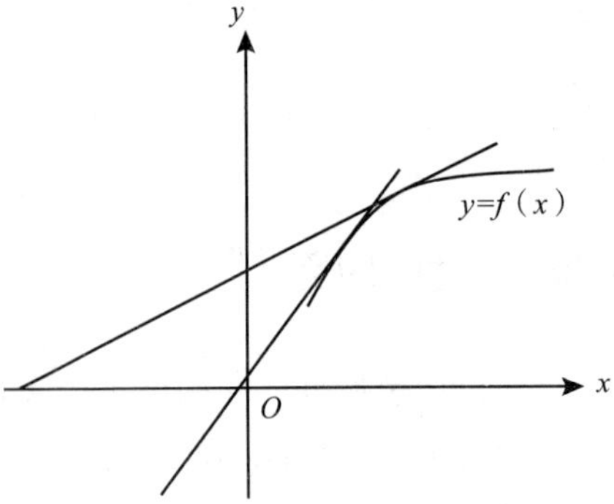

图 2-8 (1)

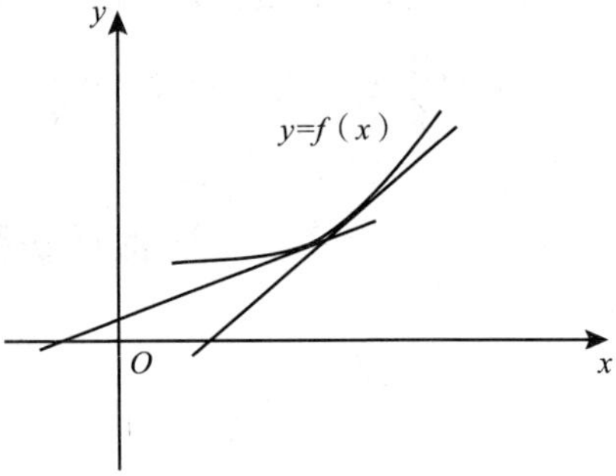

图 2-8 (2)

曲线的凹凸性具有明显的几何意义：当x逐渐增加时，对于凸曲线，其上每一点的切线的斜率是逐渐减小的，即导函数$f'(x)$是单调减少的函数；而对于凹曲线，其上每一点的切线的斜率是逐渐增加的，即导函数$f'(x)$是单调增加的函数. 反之亦成立，于是我们得到曲线凹凸性的判断定理.

定理 2.7.1 设函数$f(x)$在$[a, b]$上连续，在(a, b)内具有二阶导数，则

(1) 若在(a, b)内，$f''(x)>0$，则$f(x)$在$[a, b]$上的图像是凹的；

(2) 若在(a, b)内，$f''(x)<0$，则$f(x)$在$[a, b]$上的图像是凸的.

例 1 判定曲线$y=x-\ln(1+x)$的凹凸性.

解 函数$y=x-\ln(1+x)$的定义域是$(-1, +\infty)$.

因为$y'=1-\dfrac{1}{1+x}$，$y''=\dfrac{1}{(1+x)^2}>0$

所以函数$y=x-\ln(1+x)$在$(-1, +\infty)$内是凹的.

例 2 求函数$y=x^3$的凹、凸区间.

解 函数的定义域为$(-\infty, +\infty)$.

因为$y'=3x^2$，$y''=6x$

当$x<0$时，$y''<0$，所以函的数图像在$(-\infty, 0)$内是凸的；

当 $x>0$ 时，$y''>0$，所以函数的图像在 $(0,+\infty)$ 内是凹的.

2.7.2 曲线的拐点

在例2中，我们注意到点 $(0,0)$ 是使曲线由凸变凹的分界点，此类分界点称为曲线的拐点.

定义 2.7.2 连续曲线上，凸弧与凹弧的分界点称为曲线的**拐点**.

注 拐点是指曲线上的点，是相对于曲线而言，因此只能说点 $(x_0,f(x_0))$ 是拐点，而不能说点 x_0 是拐点.

如何来寻找曲线 $y=f(x)$ 拐点呢?

因为曲线的凹凸性是由二阶导数 $f''(x)$ 的符号来判断的. 因此若 $f''(x)$ 在 x_0 的左、右两侧邻近处异号，则点 $(x_0,f(x_0))$ 就是曲线的一个拐点，所以要寻找拐点，只有找使 $f''(x)$ 符号发生变化的分界点即可. 如果函数 $f(x)$ 在区间 (a,b) 内具有二阶连续导数，则在这样的分界点处必有 $f''(x)=0$；此外 $f(x)$ 的二阶导数不存在的点，也可能是使 $f''(x)$ 的符号发生变化的分界点.

判定曲线的凸性与拐点的一般步骤为：

(1) 求函数的二阶导数 $f''(x)$，找出 $f''(x)=0$ 和二阶导数不存在的点 x_0；

(2) 用 $f''(x)=0$ 和二阶导数不存在的点 x_0 将定义域分成若干个子区间，列表讨论 $f''(x)$ 在各子区间内的符号变化的情况，据此确定曲线的凹、凸区间和拐点.

例 3 求曲线 $y=\frac{1}{3}x^3-x^2+2$ 的凹、凸区间与拐点.

解 (1) 函数 $y=\frac{1}{3}x^3-x^2+2$ 的定义域为 $(-\infty,+\infty)$.

$$y'=x^2-2x,\quad y''=2x-2=2(x-1),$$

令 $y''=0$，得 $x=1$，函数 $y=\frac{1}{3}x^3-x^2+2$ 无二阶不可导点.

(2) 以 $x=1$ 为分界点划分定义域，见表2-4.

曲线的凸区间为 $(-\infty,1)$，凹区间为 $(1,+\infty)$，拐点为 $\left(1,\frac{4}{3}\right)$. 见表2-4.

表 2-4

x	$(-\infty,1)$	1	$(1,+\infty)$
$y''(x)$	−	0	+
y	$\cap$	拐点 $\left(1,\frac{4}{3}\right)$	$\cup$

例 4 求函数 $f(x)=\ln(1+x^2)$ 的单调区间、极值及其图形的凹、凸区间和拐点.

解 函数的定义域为 $(-\infty,+\infty)$ 且

$$f'(x)=\frac{2x}{1+x^2},$$

令 $f'(x)=0$ 得驻点 $x=0$，无一阶不可导点，以 $x=0$ 划分区间，见表 2-5.

表 2-5

x	$(-\infty,0)$	0	$(0,+\infty)$
$f'(x)$	$-$	0	$+$
$f(x)$	↘	极小值	↗

$$f''(x)=\frac{2[(1+x^2)-x\cdot 2x]}{(1+x^2)^2}=\frac{2(1-x^2)}{(1+x^2)^2}$$

令 $f''(x)=0$，得到根 $x=-1$ 与 $x=1$，无二阶不可导点.

以 $x=-1$ 与 $x=1$ 划分区间，见表 2-6.

表 2-6

x	$(-\infty,-1)$	-1	$(-1,1)$	1	$(1,+\infty)$
$f''(x)$	$-$	0	$+$	0	$-$
$f(x)$	$\cap$	拐点 $(-1,\ln 2)$	$\cup$	拐点 $(1,\ln 2)$	$\cap$

由表 2-5 和表 2-6 可知，函数 $f(x)$ 的单调减少区间为 $(-\infty,0)$，单调增加区间为 $(0,+\infty)$；极小值为 $f(0)=0$，函数曲线的凸区间为 $(-\infty,-1)$ 与 $(1,+\infty)$，凹区间为 $(-1,1)$；拐点为 $(-1,\ln 2)$ 和 $(1,\ln 2)$.

习题 2-7

1. 填空题.

(1) 曲线 $y=x^3-3x+1$ 的拐点是________；

(2) 曲线 $y=x^3-6x+2$ 的拐点是________；

(3) 曲线 $y=\dfrac{\ln x}{x}$ 的凸区间是______，凹区间是______，拐点是______；

(4) 曲线 $y=(x-1)^6$ 的凹区间为________.

2. 选择题.

(1) 函数 $y=e^{-x}$ 在定义区间内是严格单调（　　）;

A. 增加且凹的　　B. 增加且凸的

C. 减少且凹的　　D. 减少且凸的

(2) 曲线 $y=6x-24x^2+x^4$ 的凸区间是（　　）;

A. $(-2, 2)$　　B. $(-\infty, 0)$

C. $(0, +\infty)$　　D. $(-\infty, +\infty)$

(3) 曲线 $y=x^3$ 的拐点坐标是（　　）;

A. $(-1, 1)$　　B. $(0, 0)$　　C. $(1, 1)$　　D. $(2, 8)$

(4) 已知函数 $f(x)$ 在区间 (a, b) 内二阶可导，若在区间 (a, b) 内恒有一阶导数 $f'(x)>0$，且二阶导数 $f''(x)<0$，则函数曲线 $y=f(x)$ 在区间 (a, b) 内（　　）;

A. 上升且凹的　　B. 上升且凸的　　C. 下降且凹的　　D. 下降且凸的

(5) 曲线 $y=e^x-e^{-x}$ 在定义域内（　　）;

A. 有极值有拐点　　B. 有极值无拐点

C. 无极值有拐点　　D. 无极值无拐点

(6) 若点 $(1, 4)$ 为曲线 $y=ax^3+bx$ 的拐点，则常数 a, b 的值为（　　）;

A. $a=-6$, $b=2$　　B. $a=6$, $b=-2$

C. $a=-2$, $b=6$　　D. $a=2$, $b=-6$

(7) 设函数 $f(x)$ 的导函数 $f'(x)$ 的图像如图 2-9 所示，则下列结论肯定正确的是（　　）;

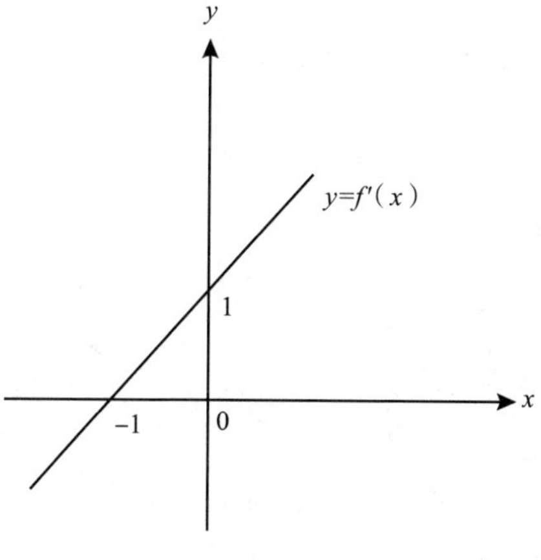

图 2-9

A. 在（$-\infty$，-1）内，曲线 $y=f(x)$ 是凸的

B. 在（$-\infty$，$+\infty$）内，曲线 $y=f(x)$ 是凹的

C. 在（$-\infty$，$+\infty$）内，曲线 $y=f(x)$ 是凸的

D. 在（$-\infty$，$-\infty$）内，曲线 $y=f(x)$ 是直线

（8）设函数 $y=f(x)$ 的二阶导数 y'' 存在，且 $f(x)$ 的导数 $y=f'(x)$ 的图像如图 2-10 所示，则下列结论肯定正确的是（　　）.

A. 点（-1，$f(-1)$）为曲线 $y=f(x)$ 的拐点

B. 点（0，$f(0)$）为曲线 $y=f(x)$ 的拐点

C. 在（$-\infty$，0）内，曲线 $y=f(x)$ 是凸的

D. 在（-1，$+\infty$）内，曲线 $y=f(x)$ 是凹的

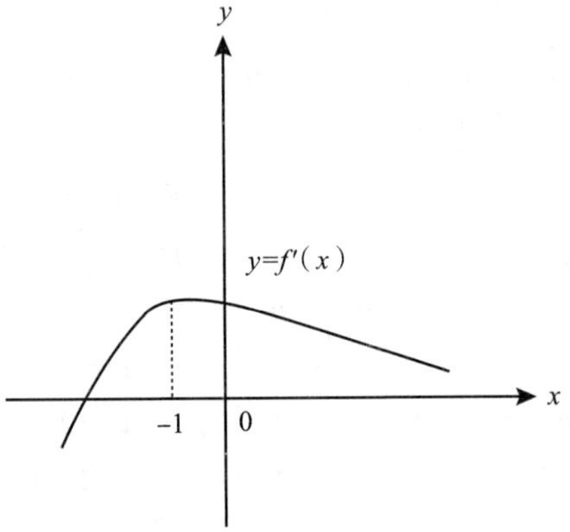

图 2-10

3. 求下列各函数图像的凹、凸区间及拐点.

（1）$y=2x\ln x-x^2$；

（2）$y=x\arctan x$；

（3）$y=(x-2)e^x$；

（4）$y=\dfrac{x}{x^2-1}$.

4. 求下列函数的单调区间、极值、凹、凸区间及拐点.

（1）$f(x)=x^2+\dfrac{1}{x}$；

（2）$f(x)=\dfrac{4(x+1)}{x^2}-2$.

2.8 导数在经济分析中的应用

导数是经济分析的重要数学工具，本节将介绍导数在经济决策中的两个重要应用——边际分析与弹性分析，然后利用导数解决经济管理和经济分析中的最值问题.

2.8.1 边际函数与边际分析

为了了解“边际”的含义，我们先看下面的引例.

假设某金属冶炼厂的日产量为1000吨，在此基础上，如果工厂希望每日再多生产1吨金属，那么他首先要考虑：多生产1吨金属是否会带来利润的增加?

利润的增加与否是由多生产1吨金属所产生的附加成本和附加收入的大小决定的，若附加收入大于附加成本，则会带来利润的增加. 这种多生产1吨金属的附加成本、附加收入及其利润的改变量就分别称为**边际成本**、**边际收入**和**边际利润**.

设金属冶炼厂的总成本函数为 $C(x)$，则产量由1000吨增加到1001吨时的边际成本为 $C(1001)-C(1000)$，由于

$$C(1001)-C(1000)\approx C'(1000)(1001-1000)=C'(1000),$$

因此，$C'(1000)$ 近似等于产量由1000吨增加到1001吨时的边际成本，在经济学中，一般习惯上把 $C'(1000)$ 称为边际成本. 下面给出边际函数的定义.

定义 2.8.1 函数 $y=f(x)$ 的导数 $f'(x)$ 称为**边际函数**.

它表示在点 x 处，当自变量 x 改变1个单位时，因变量 y 近似改变的单位数. 在经济学中解释边际函数值的具体意义时，通常略去“近似”二字.

例如，$f'(2)=3$ 表示在点 $x=2$ 处，当自变量 x 改变1个单位时，因变量 y 近似改变3个单位.

例 1 设某金属冶炼厂的固定成本为5000万元，生产 x 吨金属的可变成本为 $0.0001x^2+0.9x$（万元），如果每吨金属的售价为1万元，问该厂能否决策将日产量从1000吨增加到1001吨? 此时利润改变了多少?

解 根据已知，该厂生产 x 吨金属的总成本函数与总收入函数分别为：

$$C(x)=5000+0.0001x^2+0.9x,\ R(x)=1\cdot x=x$$

边际成本与边际收入分别为：

$$C'(x)=0.0002x+0.9,\ R'(x)=1.$$

当 $x=1000$ 时，有 $C'(1000)=0.92$（万元），$R'(1000)=1$，所以

$$C'(1000) < R'(1000).$$

产量为1000时的边际利润为：

$$L'(1000) = R'(1000) - C'(1000) = 0.08$$

因此，当日产量由1000吨增加到1001吨时带来的附加收入高于附加成本，即利润增加了，增加值为0.08万元，因此可以采取每日增加1吨产量的决策.

例2 设某厂生产x件产品的成本函数是$C(x) = 100 + \frac{1}{100}x^2$，收入函数是$R(x) = 20x - \frac{3}{100}x^2$，试求：

（1）边际成本、边际收入和边际利润；

（2）当产量为200件和300件时的边际利润，并说明其经济意义.

解 （1）边际成本$C'(x) = \frac{1}{50}x$；

边际收入$R'(x) = 20 - \frac{3}{50}x$；

边际利润$L'(x) = R'(x) - C'(x) = 20 - \frac{2}{25}x$.

（2）当产量为200件时的边际利润为：

$$L'(200) = 20 - \frac{2}{25} \times 200 = 4.$$

其经济意义为：当产量为200件时，再多生产一件产品，利润将增加4个单位；

当产量为300件时的边际利润为

$$L'(300) = 20 - \frac{2}{25} \times 300 = -4$$

其经济意义为：当产量为300件时，再多生产一件产品，利润将减少4个单位.

2.8.2 弹性函数与弹性分析

导数$f'(x)$反映了函数在点x处的绝对变化率，即当自变量改变1个单位时，函数大致改变了几个单位数，但它与我们采用的量纲有关，即受到量纲的影响，为了克服这一缺陷，我们需要研究相对变化率，即自变量变化1%时，函数将变化百分之几，这就是下面将要介绍弹性的概念.

1. 弹性概念

定义2.8.2 函数$y = f(x)$在点x_0处的相对改变量$\frac{\Delta y}{y_0}$与自变量的相对改变

量$\frac{\Delta x}{x_0}$之比的极限若存在，则称此极限为函数 $y=f(x)$ 在点 x_0 处的**弹性**，也称**相对变化率**，用$\left.\frac{Ey}{Ex}\right|_{x=x_0}$表示．即

$$\left.\frac{Ey}{Ex}\right|_{x=x_0}=\lim_{\Delta x\to 0}\frac{\frac{\Delta y}{y_0}}{\frac{\Delta x}{x_0}}=\frac{x_0}{y_0}\lim\frac{\Delta y}{\Delta x}=\frac{x_0}{f(x_0)}f'(x_0).$$

若函数 $y=f(x)$ 在 $(a,\ b)$ 内每一点处均有弹性$\frac{x}{f(x)}f'(x)$，则称$\frac{x}{f(x)}f'(x)$ 为$f(x)$ 的**弹性函数**，简称**弹性**，记作$\frac{Ey}{Ex}$．即

$$\frac{Ey}{Ex}=\frac{x}{f(x)}f'(x).$$

注 (1) 函数 $y=f(x)$ 的弹性$\frac{Ey}{Ex}$表示当 x 产生 1% 的改变时，$f(x)$ 近似改变的百分数．

例如 $\left.\frac{Ey}{Ex}\right|_{x=2}=3$ 表示在点 $x=2$ 处，当 x 增加 1% 时，y 近似增加百分之 3%，(我们以后一般省略近似二字)．

(2) 弹性表示函数$f(x)$ 在点 x 处的相对变化率，与所采用的量纲无关，因此不受量纲的限制，与导数相比，这一点是一个很大的进步．

(3) 弹性的数值可以为正值、零或负值．若弹性的数值为正值，则两个变量变化方向相同，若弹性的数值为负值，则两个变量变化方向相反．弹性的绝对值越大，说明因变量对自变量的变化越敏感．

2. 需求价格弹性

弹性概念在经济学中应用非常广泛，下面主要介绍需求对价格的弹性．

定义 2.8.3 设某种商品的市场需求量为 Q，价格为 P，需求函数 $Q(P)$ 可导，则称：

$$\frac{\mathrm{d}Q}{\mathrm{d}P}=\frac{P}{Q(P)}\cdot Q'(P)$$

为该商品的需求价格弹性，简称为**需求弹性**．需求弹性习惯上用 E_P 表示．

需求弹性 E_P 表示某种商品需求量 Q 对价格 P 变化的敏感程度，即表示价格 P 变化 1% (即$\frac{\Delta P}{P}=1\%$) 时，需求量将变化 $E_P\%$ (即$\frac{\Delta Q}{Q}=E_P\%$)．现实生活中

的常识告诉我们，商品价格上涨，需求量将下降价格下降，需求量则上升．即需求量一般为价格的递减函数，所以需求弹性 E_P 一般为负值．因此，需求弹性的经济含义为：当某种商品的价格下降（或上升）1%时，其需求量将增加（或减少）$|E_P|\%$.

当我们比较商品需求弹性的大小时，通常是比较其弹性的绝对值 $|E_P|$ 的大小．

3. 总收入与需求弹性的关系

当 $|E_P|>1$（即 $E_P<-1$）时，称为富有弹性，即商品需求量的变化幅度大于价格的变化幅度，此时价格的变化对需求量的影响较大，换句话说，适当降价会使需求量上升的幅度大于价格下降的幅度，从而增加收入．因此，在富有性时，为增加收入，应适当降低价格．

当 $|E_P|<1$（即 $-1<E_P<0$）时，称为缺乏弹性，即商品需求量的变化幅度小于价格的变化幅度，此时价格的变化对需求量的影响较小，若适当提高价格，需求量下降的幅度小于价格上涨的幅度，从而可以使收入增加．因此，在缺乏弹性时，为增加收入，应适当提高价格．

当 $|E_P|=1$（即 $E_P=-1$）时，称为单位弹性，即商品需求量的相对变化与价格的相对变化基本相等，涨价或降降价对收益基本没有影响，此时收益最大．

综上所述，总收益的变化受需求弹性的制约，应当提价还是降价由商品需求弹性决定．

例 3 设某种商品需求量 Q 与价格 P 的关系为 $Q(p)=1600\mathrm{e}^{-P}$

（1）求需求弹性 E_P.

（2）当商品的价格 $P=3$ 元时的需求弹性，此时为增加销售收入，应提价还是降价？

解 （1）$E_P=\dfrac{P}{Q(P)}\cdot Q'(P)=\dfrac{P}{1600\mathrm{e}^{-P}}\cdot(-1600\mathrm{e}^{-P})=-P.$

（2）当商品的价格 $P=3$ 元时，$E_P=-3$.

说明当价格 $P=3$ 元时，需求弹性为 $|E_P|=|-3|=3>1$，表示这种商品的需求量对价格富有弹性，即当价格下降 1% 时，商品的需求量将增加 3%，所以应降价．

例 4 设商品的需求函数为 $Q=75-p^2$（Q 为需求量，P 为价格）

（1）求 $P=4$ 时的边际需求，并说明其经济意义．

（2）求 $P=4$ 时的需求弹性，并说明其经济意义．

（3）当 $P=4$ 时，若价格上涨 1%，总收益将变化百分之几？是增加还是减少？

（4）当 $P=64$ 时，若价格上涨1%，总收益将变化百分之几？是增加还是减少？

解　因为 $Q=Q(P)=75-P^2$，$Q'(P)=-2P$，

所以 $E_P=\frac{P}{75-P^2}\cdot(-2P)=\frac{-2P^2}{75-P^2}$.

（1）当 $P=4$ 时的边际需求为

$$Q'(4)=-2\times4=-8.$$

它说明当价格 $P=4$ 时，若价格再上涨1个单位，需求量将下降8个单位.

（2）当 $P=4$ 时的需求弹性为

$$E_P\big|_{P=4}=\frac{-2\times4^2}{75-4^2}=-\frac{32}{59}\approx-0.54.$$

它说明当 $P=4$ 时，价格上涨1%，需求将减少0.54%.

（3）下面求总收益 R 增长的百分比，即求 R 的弹性.

总收益为 $R(P)=P\cdot Q=75P-P^3$，

$$R'(P)=75-3P^2,$$
$$R(4)=75\times4-4^3=236,$$
$$R'(4)=75-3\times4^2=27.$$

$P=4$ 时，总收益 R 的弹性为：

$$\frac{EP}{ER}\bigg|_{P=4}=R'(4)\cdot\frac{4}{R(4)}\approx0.46,$$

所以当 $P=4$ 时，价格上涨1%，总收益将增加0.46%.

（4）由（3）可知当 $P=6$ 时的总收益 R 的弹性为：

$$\frac{EP}{ER}\bigg|_{P=6}=R'(6)\cdot\frac{6}{R(6)}\approx-0.85,$$

所以当 $P=6$，价格上涨1%，总收益将减少0.85%.

2.8.3　经济优化分析——经济学中的最值问题

导数是解决优化问题的一种常用工具，下面举例说明其在经济管理和经济决策中的应用.

例5　设某厂每月生产 x 吨产品时，总成本函数为 $C(x)=\frac{1}{4}x^2+8x+4900$（元），问：

（1）最低平均成本是多少？

（2）若产品以每吨108元的价格出售，要使利润最大，每月应生产多少吨

产品?

解 (1) 平均成本为:

$$\bar{C}(x)=\frac{C(x)}{x}=\frac{1}{4}x+8+\frac{4900}{x}$$

则 $\bar{C}'(x)=\frac{1}{4}-\frac{4900}{x^2}$,

令 $\bar{C}'(x)=0$,得 $x=\pm 140$,由题意知将 $x=-140$ 舍去.

又因为 $\bar{C}''(x)=\frac{9800}{x^3}$ 而 $\bar{C}''(140)>0$,所以 $x=140$ 时,$\bar{C}(x)$ 取极小值,由于是唯一的极小值,因此也是最小值,所以每月生产 140 吨产品可使平均成本最小,最小值为 $\bar{C}(140)=\frac{1}{4}\times 140+8+\frac{4900}{140}=78$(元).

(2) 收入函数 $R(x)=108x$.

利润函数 $L(x)=R(x)-C(x)=-\frac{x^2}{4}+100x-4900$,

由 $L'(x)=-\frac{x}{2}+100=0$,得 $x=200$.

又 $L''(x)=-\frac{1}{2}<0$,所以 $x=200$ 时 $L(x)$ 取极大值,由于是唯一的极大值,因此也是最大值. 所以要使利润最大,每月应生产 200 吨产品.

例 6 设某商品的需求函数是 $Q(P)=12000-80P$(P 的单位为元/件),商品的总成本函数 $C=25000+50Q$ 每件商品要纳税 2 元,试求使销售利润最大的商品单价和最大利润额.

解 设商品的销售收入函数

$$R(P)=(12000-80P)(P-2),$$

总成本函数为

$$C(P)=25000+50(12000-80P)=625000-4000P,$$

因此,销售利润函数为

$$\begin{aligned}L(P)&=R(P)-C(P)\\&=(12000-80P)(P-2)-(625000-4000P),\\&=-80P^2+16160P-649000,\end{aligned}$$

由 $L'(P)=-160P+16160=0$ 得 $P=101$.

又 $L''(P)=-160<0$ 所以当 $P=101$ 时,$L(P)$ 取极大值,由于是唯一的极大值,也是最大值. 所以当单价为 101 元时,可使销售利润最大,最大利润为

$L(101) = -80 \times 101^2 + 16160 \times 101 - 649000 = 167080$（元）.

例7　一个能装$500\mathrm{cm}^3$的圆柱形铝罐，在底面半径是多少时，所用材料最省（不考虑厚度）?

解　要使用料最省，只要铝罐的表面积最小即可.

设罐高为h，底半径为r，则表面积为

$$S = 2\pi r^2 + 2\pi rh.$$

又罐的体积为

$$V = \pi r^2 h = 500,$$

将$h = \dfrac{500}{\pi r^2}$代入上式得

$$S = 2\pi r^2 + \frac{1000}{r}$$

由$S' = 4\pi r - \dfrac{1000}{r^2} = 0$，得$r = \left(\dfrac{250}{\pi}\right)^{\frac{1}{3}} \approx 4.30$（cm），且

$$S'' = 4\pi + \frac{2000}{r^3} > 0$$

因此$r \approx 4.30$时，S取极小值，也是最小值. 所以底半径为4.30cm，用料最省.

习题2－8

1. 某产品总成本C为产量x的函数$C(x) = a + bx^2$（$a>0$，$b>0$），则产量为m时的边际成本值为（　　）.

A. $a + bm^2$　　B. bm^2　　C. $\dfrac{a}{m} + bm$　　D. $2bm$

2. 某商品需求量Q为销售价P的函数$Q(P) = 15 - \dfrac{P}{4}$，则售价$P=$（　　）时，才能使商品全部销售后获得的总收益R最高.

A. 15　　B. 30　　C. 45　　D. 60

3. 某商品需求量Q为销售价格P的函数$Q(P) = 75 - P^2$，则在销售价格为5时的需求弹性$E_P =$（　　）.

4. 某产品总成本C(万元)为产量x(kg)的函数$C(x) = 1000 + 7x + 50\sqrt{x}$

求：(1) 在产量为100kg水平上的平均单位成本值.

(2) 在产量为100kg水平上的边际成本值.

5. 某商品需求量 Q 为销售价格 P 的函数 $Q(P)=1600\left(\frac{1}{2}\right)^{P}$ 求：

(1) 边际需求函数；

(2) 需求弹性函数.

6. 生产 x 单位某产品的总成本为 $C(x)=5x+200$（元），总收益为 $R(x)=10x-0.01x^2$（元）. 求边际成本、边际收益、边际利润.

7. 某企业生产的产品的总收入函数为 $R(x)=26x-2x^2-4x^3$，总成本函数为 $C(x)=8x+x^2$（x 的单位为万件，R 与 C 的单位为万元）. 求边际收入函数、边际成本函数以及企业获得最大利润时的产量和最大利润.

8. 欲围一个面积围 150m^2 的矩形场地，沿矩形场地四周建造高度相同的围墙，已知围墙正面材料价格为 60 元/m^2，其余三面材料的价格为 30 元/m^2，问矩形场地正面长 x 与宽 y 各为多少时，才能使得所用材料费用最省？

9. 已知某厂商的短期生产函数为 $Q=20L-0.5L^2-50$，L 表示劳动量，求

(1) 劳动量为 4 时的边际产量，并指出其经济意义；

(2) 总产量达到极大值时的劳动量；

(3) 劳动的平均产量达到极大值时的劳动量.

本章小结

1. 导数反映了因变量相对于自变量的变化快慢程度，而微分则表示当自变量有个微小变化时，因变量的大致改变量，它们在解决实际问题中，有着广泛的应用.

2. 识记、理解基本初等函数的求导公式、导数的四则运算法则和复合函数的求导法则是求函数导数和微分的基础.

3. $\frac{0}{0}$、$\frac{\infty}{\infty}$、$0\cdot\infty$、$\infty-\infty$、1^{∞}、0^0 和 ∞^0 型的极限叫做未定式，洛必达法则是求未定式极限的重要方法.

4. 导数是研究函数单调性、极值、最值和曲线凹凸性的有效手段，是边际分析和弹性分析的基本工具. 掌握函数单调性的判定定理、曲线凹凸性的判定定理、边际函数和弹性函数的概念和有关结论是导数应用的关键.

自测题 2

1. 选择题.

(1) 若极限 $\lim\limits_{\Delta x\to 0}\frac{f(x_0+\Delta x)-f(x_0)}{\Delta x}$ 存在，则其极限值等于（　　）；

A. $f(x_0)$　　B. $f'(x_0)$　　C. $f'(x)$　　D. 0

(2) 若下列极限都存在，其中不正确的是（　　）；

A. $\lim\limits_{x\to 0}\dfrac{f(x)-f(0)}{x}=f'(0)$　　B. $\lim\limits_{x\to x_0}\dfrac{f(x)-f(x_0)}{x-x_0}=f'(x_0)$

C. $\lim\limits_{h\to 0}\dfrac{f(x_0+4h)-f(x_0)}{h}=f'(x_0)$　　D. $\lim\limits_{\Delta x\to 0}\dfrac{f(x_0)-f(x_0-\Delta x)}{\Delta x}=f'(x_0)$

(3) 下列函数中（　　）在点 $x=0$ 处的导数值等于零；

A. $y=x+2x^2$　　B. $y=x-\arctan x$

C. $y=xe^x$　　D. $y=\dfrac{x}{\cos x}$

(4) 已知函数 $f(x)$ 二阶可导，若函数 $y=f(2x)$，则二阶导数 $y''=$（　　）；

A. $f''(2x)$　　B. $2f''(2x)$　　C. $4f''(2x)$　　D. $8f''(2x)$

(5) 下列函数中（　　）在点 $x=0$ 处连续但不可导；

A. $y=\dfrac{1}{x}$　　B. $y=|x|$　　C. $y=e^{-x}$　　D. $y=\ln x$

(6) 直线 l 与 x 轴平行且与曲线 $y=2x-e^{2x}$ 相切，则切点的坐标为（　　）；

A. (1, 1)　　B. (−1, 1)　　C. (0, −1)　　D. (0, 1)

(7) 下列极限中（　　）不能用罗必达法则求解；

A. $\lim\limits_{x\to 0}\dfrac{x^2\sin\frac{1}{x}}{\sin x}$　　B. $\lim\limits_{x\to 0}\dfrac{\sin x}{x^2}$　　C. $\lim\limits_{x\to 0}\dfrac{1-\cos x}{\sin x}$　　D. $\lim\limits_{x\to 0}\dfrac{\tan x}{x}$

(8) 函数 $y=x-\arctan x$ 在 $(-\infty, +\infty)$ 内（　　）；

A. 单调增加　　B. 单调减少　　C. 不单调　　D. 不连续

(9) 函数 $y=6x-24x^2+x^4$ 的凸区间是（　　）；

A. $(-2, 2)$　　B. $(-\infty, 0)$　　C. $(0, +\infty)$　　D. $(-\infty, +\infty)$

(10) 函数 $f(x)=x^3-12x$ 在区间 $[-3, 3]$ 上的最小值点在点（　　）取得.

A. $x=-3$　　B. $x=3$　　C. $x=-2$　　D. $x=2$

2. 填空题.

(1) d(　　) $=\dfrac{1}{1+x^2}dx$；

(2) 设函数 $f(x)=x^5\ln x$，则 $f''(1)=$________；

(3) 曲线 $y=x^3-x$ 在点 (1, 0) 处的切线方程为________；

(4) 设函数 $y=(1+x^2)\arctan x$ 则 $y''=$________；

(5) 设函数 $f(2x)=\ln x$，则 $f'(x)=$________.

3. 解答题（要写出解答过程）.

(1) 设函数 $y=\sqrt{(2x-3)^{15}}$，求 y'；

(2) 设函数 $y=\ln\arcsin\sqrt{x}$，求 y'；

(3) 设函数 $y=\dfrac{xe^x+x^2}{x}$，求 $y'(1)$；

(4) 设函数 $y=x^{\cos x}$，求 y'；

(5) 设函数 $y=x^4\sin x$，求 $\mathrm{d}y$；

(6) 设函数 $y=\ln\frac{2-x}{2+x}$，求 $y''(0)$

(7) 求 $\lim\limits_{x\to 0}\frac{1-\cos x}{x+\sin x}$；

(8) 求 $\lim\limits_{x\to 0}\frac{1+x-\mathrm{e}^x}{x^2}$.

4. 应用题.

(1) 求函数 $y=x^3-3x^2-1$ 的单调区间、极值及其图像的凹、凸区间和拐点.

(2) 某产品的总成本 C 元为日产量 x 的函数 $C(x)=\frac{1}{9}x^2+6x+100$，产品销售价格为 p 元，它与产量 x 的关系为 $p(x)=46-\frac{1}{c}x$. 求

①日产量 x 为多少时，才能使得平均单位成本最低？最低平均单位成本是多少？

②日产量 x 为多少时，才能使得产品全部销售后获得的总利润最大？最大利润是多少？

第3章　一元函数积分学

本章要点

- ✧ 定积分的概念、几何意义和性质
- ✧ 牛顿—莱布尼兹公式，定积分的换元法和分部积分法
- ✧ 不定积分的概念、性质，不定积分的换元法和分部积分法
- ✧ 无穷限广义积分的计算
- ✧ 定积分在几何和经济学方面的应用

在第2章中，我们介绍了一元函数的微分学，本章我们将介绍微积分的另外一个重要组成部分——一元函数积分学．一元函数积分学主要研究一元函数的不定积分、定积分及其应用，其中不定积分是求导的逆运算，是计算定积分的基础，而定积分则在自然科学和社会科学中有着广泛的应用．

3.1　定积分的概念与性质

定积分的概念和思想方法起源于计算曲边梯形的面积，下面我们就从计算曲边梯形的面积入手，引入定积分概念．

3.1.1　引例——曲边梯形的面积

引例　由连续曲线 $y=f(x)$，直线 $x=a$，$x=b$ 及 x 轴所围成的平面图形（称为**曲边梯形**，如图3－1所示）的面积．

下面我们采用极限的方法来求曲边梯形的面积，即先求近似值，再取极限求精确值，分三步进行：

1. 分割

在区间 $[a, b]$ 的内部插入 $n-1$ 个分点 x_1，x_2，…，x_{n-1} 把区间 $[a, b]$ 分为 n 个小区间 $[x_0, x_1]$，$[x_1, x_2]$，…，$[x_1, x_n]$，$(x_0=a,\ x_n=b)$，每个

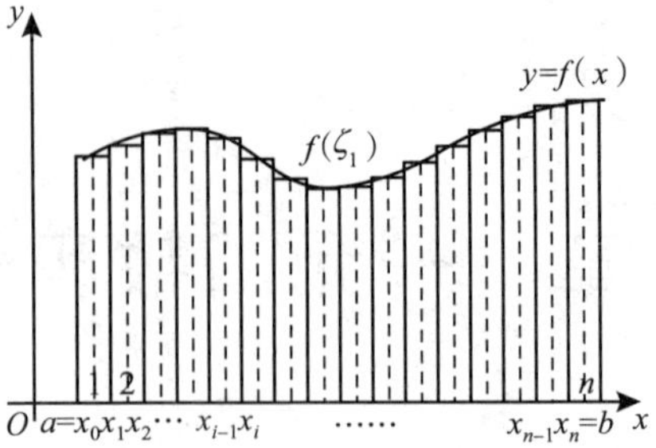

图 3－1

小区间的长度记为：$\Delta x_i = x_i - x_{i-1}(i=1,\ 2,\ 3,\ \cdots,\ n)$，过每个分点 x_i（$i=1,\ 2,\ \cdots,\ n-1$）作 x 轴的垂线，把曲边梯形分割为 n 个小曲边梯形，用 Δs_i 表示第 i 个小曲边梯形的面积，则有

$$S = \Delta s_1 + \Delta s_2 + \cdots + \Delta s_n = \sum_{i=1}^{n} \Delta s_i.$$

2. 近似求和

在每个小区间 $[x_{i-1},\ x_i]$ 上任意取一点 $\xi_i(i=1,\ 2,\ \cdots,\ n)$，以每个小区间的长度为底，$\xi_i$ 处的函数值 $f(\xi_i)$ 为高作小矩形，以每个小矩形的面积作为相应的小曲边梯形的面积的近似值，Δx_i 越小，这种近似越精确，则可得到每个小曲边梯形面积的近似值为

$$\Delta s_i \approx f(\xi_i)\Delta x_i(i=1,\ 2,\ \cdots,\ n).$$

把各个小矩形的面积相加，得到曲边梯形面积 S 的近似值

$$S = \sum_{i=1}^{n} \Delta s_i \approx \sum_{i=1}^{n} f(\xi_i)\Delta x_i.$$

3. 取极限

将 n 个小区间长度 Δx_i 中最大者设为 Δx，即 $\Delta x = \max\{\Delta x_1,\ \Delta x_2,\ \cdots,\ \Delta x_n\}$. 当上述分割越来越细，即分点数 n 无限增多，每个小曲边梯形越来越窄时，Δx 越来越小，$\sum_{i=1}^{n} f(\xi_i)\Delta x_i$ 越来越无限接近于曲边梯形的面积 S，于是当 $\Delta x \to 0$ 时，$\sum_{i=1}^{n} f(\xi_i)\Delta x_i$ 的极限就是曲边梯形的面积 S 的精确值，即

$$S = \lim_{\Delta x \to 0} \sum_{i=1}^{n} f(\xi_i)\Delta x_i.$$

事实上，在自然科学和社会科学中，除了面积问题以外，变速直线运动的路程、弧长等许多问题都归结为求这类特定和式的极限，这种特定形式的极限就是我们将要介绍的定积分.

3.1.2　定积分的定义

定义3.1.1　设函数在区间［a，b］上有定义，用分点 $a=x_0<x_1<x_2<\cdots<x_{n-1}<x_n=b$ 把区间［a，b］任意分成 n 个小区间［x_{i-1}，x_i］$(i=1, 2, \cdots, n)$，其长度为 $\Delta x_i=x_i-x_{i-1}$，在每个小区间［x_{i-1}，x_i］上任取一点 $\xi_i(x_{i-1}\leqslant\xi_i\leqslant x_i)$，作乘积 $f(\xi_i)\Delta x_i(i=1, 2, \cdots, n)$，并作和式 $\sum\limits_{i=1}^{n} f(\xi_i)\Delta x_i$，令 $\Delta x=\max\{\Delta x_1, \Delta x_2, \cdots, \Delta x_n\}$，若 $\Delta x\to 0$ 时，和式的极限存在，且此极限值与区间［a，b］的分割方法及点 ξ_i 的取法无关，则称函数 $f(x)$ 在区间［a，b］上是可积的．并称此极限值为函数 $f(x)$ 在［a，b］上的定积分，记作 $\int_a^b f(x)\mathrm{d}x$，即

$$\int_a^b f(x)\mathrm{d}x=\lim_{\Delta x\to 0}\sum_{i=1}^{n} f(\xi_i)\Delta x_i.$$

其中 $f(x)$ 称为被积函数，$f(x)\mathrm{d}x$ 称为被积表达式，x 称为积分变量，［a，b］称为积分区间，a 称为积分上限，b 称为积分下限，$\int$ 称为积分号，$\sum\limits_{i=1}^{n} f(\xi_i)\Delta x_i$ 称为积分和，$\int_a^b f(x)\mathrm{d}x$ 读作"$f(x)$ 从 a 到 b 的定积分"．

可见，引例中曲边梯形的面积就是函数 $f(x)(f(x)\geqslant 0)$ 在区间［a，b］上的定积分，即 $S=\int_a^b f(x)\mathrm{d}x$.

注　(1) 当 $f(x)$ 在［a，b］上可积时，即积分和的极限存在时，$\int_a^b f(x)\mathrm{d}x$ 是个确定的常数，它只与被积函数 $f(x)$ 以及积分区间［a，b］有关，而与积分变量用什么字母表示无关，即有

$$\int_a^b f(x)\mathrm{d}x=\int_a^b f(u)\mathrm{d}u$$

(2) 可以证明：闭区间［a，b］上的连续函数是可积的，闭区间［a，b］上只有有限个间断点的有界函数是可积的．

(3) 在定义中，我们假设了 $a<b$，如果 $b<a$ 我们规定：$\int_a^b f(x)\mathrm{d}x=-\int_b^a f(x)\mathrm{d}x$；当 $a=b$ 时，规定 $\int_a^b f(x)\mathrm{d}x=\int_a^a f(x)\mathrm{d}x=0$.

3.1.3　定积分的几何意义

当 $f(x)$ 在［a，b］上连续，由引例、极限的性质及定积分的定义可得定积

分 $\int_a^b f(x)\mathrm{d}x$ 的几何意义：

（1）当$f(x)\geqslant 0$ 时，定积分 $\int_a^b f(x)\mathrm{d}x$ 在几何上表示由曲线 $y=f(x)$，直线 $x=a$，$x=b$ 以及 x 轴所围的曲边梯形的面积.

（2）当$f(x)\leqslant 0$ 时，$\int_a^b f(x)\mathrm{d}x\leqslant 0$，定积分 $\int_a^b f(x)\mathrm{d}x$ 在几何上表示由曲线 $y=f(x)$，直线 $x=a$，$x=b$ 以及 x 轴所围的曲边梯形面积的相反数（见图 3－2）.

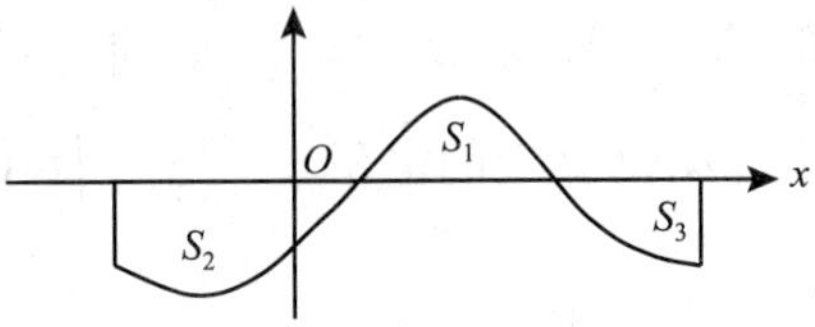

图 3－2

（3）当函数 $f(x)[a, b]$ 既取正值又取负值时，定积分 $\int_a^b f(x)\mathrm{d}x$ 在几何上表示由曲线 $y=f(x)$，直线 $x=a$，$x=b$ 以及 x 轴所围的平面图形在 x 轴上方曲边梯形的面积与 x 轴下方曲边梯形面积的差，即

$$\int_a^b f(x)\mathrm{d}x = S_1 - S_2 - S_3.$$

例 1 利用定积分的几何意义计算定积分.

$$\int_{-1}^1 \sqrt{1-x^2}\mathrm{d}x.$$

解 根据定积分的几何意义，$\int_{-1}^1 \sqrt{1-x^2}\,\mathrm{d}x$ 等于由 $y=\sqrt{1-x^2}$，直线 $x=-1$，$x=1$ 以及 x 轴所围的平面图形的面积，即以原点为圆心，以 1 为半径在 x 轴上方的半圆的面积. 它的面积为$\frac{1}{2}\pi$，所以 $\int_{-1}^1 \sqrt{1-x^2}\mathrm{d}x=\frac{1}{2}\pi$.

3.1.4 定积分的性质

由定积分的定义，可以得到定积分的以下基本性质.

性质 3.1.1 $\int_a^b [f(x)\pm g(x)]\mathrm{d}x=\int_a^b f(x)\mathrm{d}x\pm\int_a^b g(x)\mathrm{d}x.$

性质 3.1.2 $\int_a^b kf(x)\mathrm{d}x=k\int_a^b f(x)\mathrm{d}x$（$k$ 为常数）.

推论 若 $f_1(x)$，$f_2(x)$，…，$f_n(x)$都在 $[a, b]$ 上可积，则

$$\int_a^b [k_1 f_1(x) \pm k_2 f_2(x) \pm \cdots \pm k_n f_n(x)]\mathrm{d}x$$

$$= k_1\int_a^b f_1(x)\mathrm{d}x \pm k_2\int_a^b f_2(x)\mathrm{d}x \pm \cdots k_n\int_a^b f_n(x)\mathrm{d}x\ (k_1,\ k_2,\ \cdots,\ k_n\ \text{为常数}).$$

性质 3.1.3　（积分区间的可加性） 若积分区间 $[a, b]$ 被点 c 分成两个小区间 $[a, c]$ 与 $[c, b]$，则

$$\int_a^b f(x)\mathrm{d}x = \int_a^c f(x)\mathrm{d}x + \int_c^b f(x)\mathrm{d}x.$$

性质 3.1.4　若 $f(x)=1$，则 $\int_a^b \mathrm{d}x = b-a$.

性质 3.1.5　若函数 $f(x)$ 与 $g(x)$ 在区间 $[a, b]$ 上总满足 $f(x)\leqslant g(x)$，则

$$\int_a^b f(x)\mathrm{d}x \leqslant \int_a^b g(x)\mathrm{d}x.$$

性质 3.1.6　（估值定理）若函数 $f(x)$ 在区间 $[a, b]$ 上最大值与最小值分别是 M 与 m，则

$$m(b-a) \leqslant \int_a^b f(x)\mathrm{d}x \leqslant M(b-a).$$

利用此性质可以估计定积分的大小．

性质 3.1.7　（积分中值定理） 若函数 $f(x)$ 在区间 $[a, b]$ 上连续，则在区间 $[a, b]$ 内至少存在一点 ξ，使得下式成立

$$\int_a^b f(x)\mathrm{d}x = f(\xi)(b-a).$$

积分中值定理的几何意义是： 由曲线 $y=f(x)$，直线 $x=a$，$x=b$ 以及 x 轴所围的曲边梯形的面积等于以 $f(\xi)$ 为高、$(b-a)$ 为底的矩形的面积，如图 3－3 所示．其中 $f(\xi) = \dfrac{1}{b-a}\int_a^b f(x)\mathrm{d}x$ 为曲边梯形高的平均值．

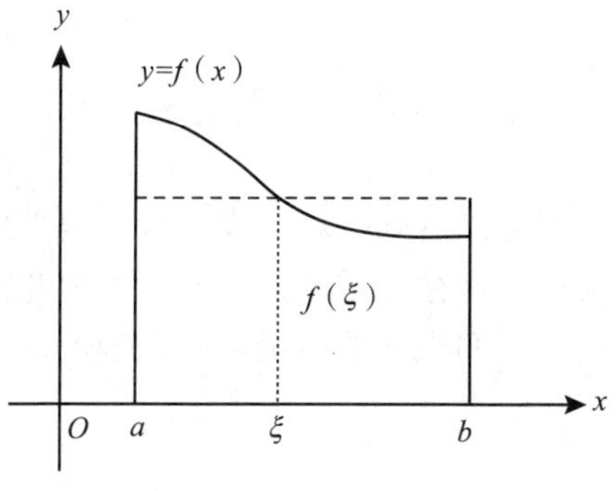

图 3－3

$\frac{1}{b-a}\int_a^b f(x)\mathrm{d}x$ **称为**函数 $f(x)$ 在区间 $[a, b]$ 上的**平均值**.

例 2 比较下列积分的大小.

(1) $\int_0^1 x^2\mathrm{d}x$, $\int_0^1 x^3\mathrm{d}x$;

(2) $\int_3^4 \ln x\mathrm{d}x$, $\int_3^4 (\ln x)^2\mathrm{d}x$.

解 (1) 在区间 $[0, 1]$ 上, $x^2-x^3=x^2(1-x)\geqslant 0$, 所以 $x^2\geqslant x^3$, 由性质 5 得

$$\int_0^1 x^2\mathrm{d}x \geqslant \int_0^1 x^3\mathrm{d}x.$$

(2) 在区间 $[3, 4]$ 上, $\ln x-(\ln x)^2=\ln x(1-\ln x)<0$, 所以 $\ln x<(\ln x)^2$, 由性质 5 得

$$\int_3^4 \ln x\mathrm{d}x < \int_3^4 (\ln x)^2\mathrm{d}x.$$

习题 3-1

1. 比较下列定积分的大小.

(1) $\int_0^1 \frac{1}{x+1}\mathrm{d}x$, $\int_0^1 \frac{1}{x^2+1}\mathrm{d}x$;　　(2) $\int_0^{\frac{\pi}{4}} \sin x\mathrm{d}x$, $\int_0^{\frac{\pi}{4}} \cos x\mathrm{d}x$;

(3) $\int_{\frac{\pi}{2}}^0 x\mathrm{d}x$, $\int_{\frac{\pi}{2}}^0 \sin x\mathrm{d}x$;　　(4) $\int_1^1 \ln x\mathrm{d}x$, $\int_1^1 (\ln x)^2\mathrm{d}x$.

2. 利用定积分的几何意义计算下列定积分.

(1) $\int_0^2 \sqrt{4-x^2}\mathrm{d}x$;　　(2) $\int_0^1 (1-x)\mathrm{d}x$;

(3) $\int_{-\frac{\pi}{2}}^{\frac{\pi}{2}} \sin x\mathrm{d}x$.

3.2 牛顿—莱布尼兹公式

从定积分的定义, 我们可以看到, 利用定积分的定义求定积分的值, 需要计算一个复杂的积分和的极限, 这往往是非常困难的, 因此需要寻求一个简便有效计算定积分的方法. 为此, 我们先介绍原函数和积分上限函数这两个概念.

3.2.1 原函数

定义 3.2.1 如果在某区间 I 上, 函数 $F(x)$ 的导数为 $f(x)$, 即 $F'(x)=$

$f(x)$，则称 $F(x)$ 为$f(x)$ 在区间 I 上的一个原函数.

例如，在$(-\infty, +\infty)$内，$(x^2)'=2x$，所以 x^2 是 $2x$ 在$(-\infty, +\infty)$ 内的一个原函数. 事实上 x^2+C（C 为任意常数）都是 $2x$ 的原函数. 在$(0, +\infty)$内，$(\ln x)'=\frac{1}{x}$，所以 $\ln x$ 是$\frac{1}{x}$在$(0, +\infty)$上的一个原函数，$\ln x+C$（C 为任意常数）也都是$\frac{1}{x}$在$(0, +\infty)$内原函数. 可见，一个函数若存在原函数，其原函数不是唯一的.

那么，函数$f(x)$ 在什么条件下存在原函数呢？若存在原函数，有多少个原函数，这些原函数之间具有怎样的关系？关于这个问题有下面两个结论.

定理 3.2.1 如果函数$f(x)$ 在某区间上连续，则在此区间上$f(x)$ 存在原函数.

定理 3.2.2 若 $F(x)$ 是$f(x)$ 的一个原函数，则 $F(x)+C$（C 为任意常数）也是$f(x)$ 的原函数，且$f(x)$ 所有的原函数都可以表示为 $F(x)+C$ 的形式，即 $f(x)$ 的任何两个原函数仅差一个常数.

由于初等函数在其定义域上是连续的，所以初等函数在其定义域上都有原函数，且有无穷多个原函数，这些原函数之间只相差一个常数.

3.2.2 积分上限函数

设函数$f(x)$ 在$[a, b]$上连续，则对任意 $x\in[a, b]$，定积分 $\int_a^x f(t)\mathrm{d}t$ 存在，并且其值随着 x 的变化而变化，因而 $\int_a^x f(t)\mathrm{d}t$ 是 x 的函数，称为**积分上限函数**，通常记作

$$\Phi(x)=\int_a^x f(t)\mathrm{d}t,\ x\in[a,b].$$

积分上限函数有下面的重要性质：

定理 3.2.3 若函数$f(x)$ 在$[a, b]$上连续，则积分上限函数 $\Phi(x)=\int_a^x f(t)\mathrm{d}t$ 可导，且

$$\Phi'(x)=\frac{\mathrm{d}}{\mathrm{d}x}\int_a^x f(t)\mathrm{d}t=f(x),\ x\in[a,b].$$

定理3.2.3 说明积分上限函数 $\Phi(x)=\int_a^x f(t)\mathrm{d}t$ 是$f(x)$ 在$[a, b]$的一个原函数.

例 1 求 $\frac{\mathrm{d}}{\mathrm{d}x}\int_1^x \sqrt{1+t^2}\mathrm{d}t$.

解 由定理 3.2.3 得

$$\frac{d}{dx}\int_1^x \sqrt{1+t^2}dt = \sqrt{1+x^2}.$$

3.2.3 牛顿—莱布尼兹公式

由定理 3.2.2 和定理 3.2.3 我们就可推出牛顿—莱布尼兹公式：设 $F(x)$ 是 $f(x)$ 的一个原函数，积分上限函数 $\int_a^x f(t)dt$ 也是 $f(x)$ 的一个原函数，所以由定理 3.2.2 可得 $\int_a^x f(t)dt = F(x)+C$，令 $x=a$ 得 $C=-F(a)$，所以 $\int_a^x f(t)dt = F(x)-F(a)$，取 $x=b$ 得 $\int_a^b f(t)dt = F(b)-F(a)$，该式就称为牛顿—莱布尼兹公式.

定理 3.2.4（牛顿—莱布尼兹公式） 设函数 $f(x)$ 在区间 $[a, b]$ 上连续，且 $F(x)$ 是 $f(x)$ 的一个原函数，则

$$\int_a^b f(x)dx = F(x)\big|_a^b = F(b)-F(a).$$

牛顿—莱布尼兹公式是计算定积分的基本公式，它揭示了定积分与原函数之间的关系. 根据牛顿—莱布尼兹公式，计算定积分 $\int_a^b f(x)dx$，只需求出 $f(x)$ 在闭区间 $[a, b]$ 上的一个原函数，然后计算出 $F(x)$ 在 $x=b$ 与 $x=a$ 两点处的函数值的差即可. 这就使得定积分的计算大大简化了，从而使得定积分在各个领域得到了广泛的应用.

例 2 计算下列定积分：

(1) $\int_0^1 2x dx$；　(2) $\int_2^1 \frac{1}{x}dx$；

(3) $\int_{-1}^1 \frac{5}{1+x^2}dx$；　(4) $\int_0^1 (3x^2-2x+1)dx$.

解 (1) 因为 $(x^2)'=2x$，所以 x^2 是 $2x$ 的一个原函数，则

$$\int_0^1 2x dx = x^2\big|_0^1 = 1^2-0 = 1.$$

(2) 因为 $(\ln x)'=\frac{1}{x}$，所以 $\ln x$ 就是 $\frac{1}{x}$ 的一个原函数，则

$$\int_2^1 \frac{1}{x}dx = \ln x\big|_2^1 = \ln 1-\ln 2 = -\ln 2.$$

(3) $\int_{-1}^1 \frac{5}{1+x^2}dx = 5\int_{-1}^1 \frac{1}{1+x^2}dx = 5\arctan x\big|_0^1 = 5\arctan 1-5\arctan(-1)$

$$=\frac{5\pi}{4}-\left(-\frac{5\pi}{4}\right)=\frac{5\pi}{2}.$$

(4) $\int_0^1(3x^2-2x+1)\mathrm{d}x=\int_0^1 3x^2\mathrm{d}x-\int_0^1 2x\mathrm{d}x+\int_0^1\mathrm{d}x=x^3\big|_0^1-x^2\big|_0^1+x\big|_0^1=1.$

例3　设$f(x)=\begin{cases}x, & x\leqslant 0\\ \sin x, & x>0,\end{cases}$求$\int_{-1}^{\frac{\pi}{2}}f(x)\mathrm{d}x.$

解　$\int_{-1}^{\frac{\pi}{2}}f(x)\mathrm{d}x=\int_{-1}^{0}x\mathrm{d}x+\int_0^{\frac{\pi}{2}}\sin x\mathrm{d}x=\frac{x^2}{2}\bigg|_{-1}^{0}-\cos x\big|_0^{\frac{\pi}{2}}=\frac{1}{2}$

例4　计算$y=2x^2+3x+3$在区间[1，4]上的平均值.

解　平均值 $\bar{y}=\frac{1}{4-1}\int_1^4(2x^2+3x+3)\mathrm{d}x$

$$=\frac{1}{3}\left[\frac{2}{3}x^3+\frac{3}{2}x^2+3x\right]\bigg|_1^4=24.5$$

习题 3-2

1. 求下列函数的一个原函数.

(1) $f(x)=1$；　　(2) $f(x)=x^3+x$；

(3) $f(x)=x+\cos x$；　　(4) $f(x)=\mathrm{e}^x+\frac{1}{x}$.

2. 计算下列定积分.

(1) $\int_1^2 0\mathrm{d}x$；　　(2) $\int_{-1}^1(x^2+1)\mathrm{d}x$；

(3) $\int_1^2\mathrm{e}^x\mathrm{d}x$；　　(4) $\int_0^{\frac{\pi}{2}}\cos x\mathrm{d}x$；

(5) $\int_0^4\sqrt{x}(1+\sqrt{x})\mathrm{d}x$；　　(6) $\int_1^2\left(x^2+\frac{1}{x}\right)\mathrm{d}x$；

(7) $\int_2^4\frac{1-x}{x}\mathrm{d}x$；　　(8) $\int_0^1\frac{x^2}{1+x^2}\mathrm{d}x$；

(9) $\int_0^{\frac{\pi}{2}}(\mathrm{e}^x-\sin x)\mathrm{d}x$；　　(10) $\int_0^3|x^2-2x|\mathrm{d}x$.

3. 求函数$\int_0^x t\mathrm{e}^{-t^2}\mathrm{d}x$的极值点.

3.3 不定积分的概念与性质

根据牛顿—莱布尼兹公式，计算定积分 $\int_a^b f(x)\mathrm{d}x$ 的关键是求出 $f(x)$ 的一个原函数，上一节我们给出的被积函数 $f(x)$，其表达式都比较简单，其原函数根据求导公式可直接观察出来，当函数 $f(x)$ 的表达式比较复杂时，仅靠观察来求其原函数就变得非常困难了，因此需要寻求其他方法，为此，我们介绍不定积分的概念及其求法.

3.3.1 不定积分的概念

由上一节我们可以看出，$f(x)$ 的原函数若存在则有无穷多个，而 $f(x)$ 的原函数的全体就称为 $f(x)$ 的不定积分.

定义 3.3.1 函数 $f(x)$ 的全体原函数，称为 $f(x)$ 的**不定积分**. 记作

$$\int f(x)\mathrm{d}x.$$

其中 $\int$ 称为积分符号，x 称为积分变量，$f(x)$ 称为被积函数，$f(x)\mathrm{d}x$ 称为被积表达式.

如果 $F(x)$ 是 $f(x)$ 的一个原函数，则由本章 3.2 节定理 3.2.2 可得：

$$\int f(x)\mathrm{d}x = F(x) + C$$

其中 C 为任意常数.

由此可见，求不定积分 $\int f(x)\mathrm{d}x$，关键是找到被积函数 $f(x)$ 的一个原函数.

例 1 求 $f(x) = x^2$ 的不定积分.

解 因为 $\left(\frac{1}{3}x^3\right)' = x^2$，所以 $\frac{1}{3}x^3$ 是 $f(x) = x^2$ 的一个原函数，所以 x^2 的不定积分为

$$\int x^2\mathrm{d}x = \frac{1}{3}x^3 + C.$$

例 2 求 $\int \cos x\mathrm{d}x$.

解 因为 $(\sin x)' = \cos x$，所以

$$\int \cos x\mathrm{d}x = \sin x + C.$$

例3 求 $\int \frac{1}{x}dx$.

解 因为 $(\ln|x|)' = \frac{1}{x}$，所以

$$\int \frac{1}{x}dx = \ln|x| + C(x \neq 0).$$

类似地，利用基本初等函数的导数公式可得到其余一些基本积分公式，一并列在下面：

(1) $\int 0dx = C$（C 为常数）；

(2) $\int x^{\alpha}dx = \frac{1}{\alpha+1}x^{\alpha+1} + C(\alpha \neq 1)$；

(3) $\int \frac{1}{x}dx = \ln|x| + C$；

(4) $\int a^{x}dx = \frac{1}{\ln a}a^{x} + C$ ($a>0$, $a \neq 1$)；

(5) $\int e^{x}dx = e^{x} + C$；

(6) $\int \sin x dx = -\cos x + C$；

(7) $\int \cos x dx = \sin x + C$；

(8) $\int \sec^{2}x dx = \tan x + C$；

(9) $\int \csc^{2}x dx = -\cot x + C$；

(10) $\int \sec x \tan x dx = \sec x + C$；

(11) $\int \csc x \cot x dx = -\csc x + C$；

(12) $\int \frac{1}{\sqrt{1-x^{2}}}dx = \arcsin x + C$；

(13) $\int \frac{1}{1+x^{2}}dx = \arctan x + C$.

上述积分公式，是以后计算积分的基础，要熟练掌握这些公式.

3.3.2 不定积分的性质

性质3.3.1 求不定积分与求导互逆运算.

(1) $\left[\int f(x)\,dx\right]' = f(x)$;

(2) $\int f'(x)\,dx = f(x) + C$.

性质 3.3.2 两个函数代数和的不定积分等于两个函数不定积分的代数和. 即

$$\int [f(x) \pm g(x)]\,dx = \int f(x)\,dx \pm \int g(x)\,dx.$$

这个公式可以推广到任意有限多个函数的代数和的情况.

性质 3.3.3 被积函数中不为零的常数因子，可以提到积分号外面.

$$\int kf(x)\,dx = k\int f(x)\,dx \quad (\text{常数 } k \neq 0)$$

利用不定积分的性质与基本积分公式，我们可以求出一些比较简单的不定积分.

例 4 求下列不定积分:

(1) $\int (5 - \sqrt{x})\,dx$; (2) $\int 2^x e^x\,dx$;

(3) $\int (e^x + 2\cos x + \sqrt{2}x^3)\,dx$; (4) $\int \frac{2x^2}{1 + x^2}\,dx$.

解 (1) $\int (5 - \sqrt{x})\,dx = \int 5\,dx - \int \sqrt{x}\,dx = 5x - \int x^{\frac{1}{2}}\,dx = 5x - \frac{2}{3}x^{\frac{3}{2}} + C$.

(2) $\int 2^x e^x\,dx = \int (2e)^x\,dx = \frac{1}{\ln(2e)}(2e)^x + C$.

(3)
$$\begin{aligned}\int (e^x + 2\cos x + \sqrt{2}x^3)\,dx &= \int e^x\,dx + \int 2\cos x\,dx + \int \sqrt{2}x^3\,dx \\ &= \int e^x\,dx + 2\int \cos x\,dx + \sqrt{2}\int x^3\,dx \\ &= e^x + 2\sin x + \frac{\sqrt{2}}{4}x^4 + C.\end{aligned}$$

(4)
$$\begin{aligned}\int \frac{2x^2}{1 + x^2}\,dx &= 2\int \frac{x^2}{1 + x^2}\,dx = 2\int \left(1 - \frac{1}{1 + x^2}\right)dx \\ &= 2\int dx - 2\int \frac{1}{1 + x^2}\,dx = 2x - 2\arctan x + C.\end{aligned}$$

例 5 求下列不定积分:

(1) $\int \sin^2 \frac{x}{2}\,dx$; (2) $\int \frac{\cos 2x}{\cos x - \sin x}\,dx$.

解 (1) $\int \sin^2 \frac{x}{2}\,dx = \int \frac{1 - \cos x}{2}\,dx$

$$=\frac{1}{2}\int dx-\frac{1}{2}\int \cos x dx$$

$$=\frac{1}{2}x-\frac{1}{2}\sin x+C.$$

(2) $\int \frac{\cos 2x}{\cos x-\sin x}dx=\int \frac{\cos^2 x-\sin^2 x}{\cos x-\sin x}dx$

$$=\int(\cos x+\sin x)dx$$

$$=\sin x-\cos x+C.$$

例 6　求在点 (x, y) 处切线的斜率为 $2x$ 且过点 $(1, 2)$ 的曲线方程.

解　设所求曲线方程为 $y=F(x)$，由题意知，$y'=F'(x)=2x$，所以 $y=F(x)$ 为 $2x$ 的一个原函数，$y=F(x)=\int 2x dx=x^2+C$，又 $y=F(x)$ 通过点 $(1, 2)$，即 $2=F(1)=1^2+C$，得 $C=1$，所以曲线为 $y=x^2+1$.

习题 3－3

1. 求下列不定积分.

(1) $\int(1-2x^3)dx$;　　(2) $\int x\sqrt{x}dx$;

(3) $\int(3^x+x^2)dx$;　　(4) $\int \frac{1+2x^2}{x^2(1+x^2)}dx$;

(5) $\int\left(\sqrt{x}-\frac{1}{\sqrt[3]{x}}\right)dx$;　　(6) $\int \frac{x^4}{1+x^2}dx$;

(7) $\int \frac{2\times 3^x-5\times 2^x}{3^x}dx$;　　(8) $\int \sqrt{x}(x^2-5)dx$;

(9) $\int(\frac{1}{x}+\frac{1}{x^2}+e^x)dx$.

2. 求下列不定积分.

(1) $\int \tan^2 x dx$;　　(2) $\int \cos^2 \frac{x}{2}dx$;

(3) $\int \frac{\sin^2 x}{1+\cos 2x}dx$;　　(4) $\int \frac{\cos 2x}{\sin^4 x-\sin^2 x}dx$.

3. 一质点作直线作运动，已知其速度为 $v=4t^3+3\cos t+2$，如果 $t=0$ 时 $s=5$，求路程 s 和时间 t 之间的函数关系.

3.4 不定积分的换元法和分部积分法

利用上一节不定积分的性质和基本积分公式能够求一些比较简单的不定积分，但是还有许多函数的积分不能求出，例如，$\int \frac{1}{1+\sqrt{x}}\mathrm{d}x$，$\int \frac{\ln x}{x}\mathrm{d}x$，$\int x\mathrm{e}^x\mathrm{d}x$，$\int \arcsin x\mathrm{d}x$ 等，因此，有必要进一步研究计算不定积分的方法．本节将给出两种求不定积分的常用方法．

3.4.1 换元积分法

我们首先看一个例子：求 $\int \cos 2x\mathrm{d}x$.

根据积分公式 $\int \cos x\mathrm{d}x = \sin x + C$，能否得到 $\int \cos 2x\mathrm{d}x = \sin 2x + C$，很容易验证该结果是错误的，因为 $(\sin 2x + C)' = 2\cos 2x$. 为了利用这个积分公式，令 $u = 2x$，并把原积分作以下变形：

$$\int \cos 2x\mathrm{d}x = \frac{1}{2}\int \cos 2x\mathrm{d}(2x) = \int \cos u\mathrm{d}u = \sin u + C.$$

最后，换回原来的变量，就有

$$\int 2\cos 2x\mathrm{d}x = \sin 2x + C.$$

因为 $(\sin 2x + c)' = 2\cos 2x$，所以上面的计算方法是正确的．这里所采用的方法就是换元法．

定理 3.4.1 如果 $u = \varphi(x)$ 可导，$\varphi'(x)$ 连续，$f(u)$ 具有原函数 $F(u)$，则

$$\int f[\varphi(x)]\varphi'(x)\mathrm{d}x = F[\varphi(x)] + C.$$

上述公式可以这样得到：

$$\begin{aligned}\int f[\varphi(x)]\varphi'(x)\mathrm{d}x &= \int f[\varphi(x)]\mathrm{d}\varphi(x) = \int f(u)\mathrm{d}u \\ &= F(u) + C = F[\varphi(x)] + C.\end{aligned}$$

在使用换元法求不定积分时，关键是把不定积分 $\int f[\varphi(x)]\varphi'(x)\mathrm{d}x$ 凑成 $\int f[\varphi(x)]\mathrm{d}\varphi(x)$ 的形式，即把 $\varphi'(x)\ \mathrm{d}x$ 凑成 $\varphi(x)$ 的微分 $\mathrm{d}\varphi(x)$，因此又叫**凑微分法**．

换元法是把复合函数的求导法则反过来用于求不定积分的一种方法．

例 1　求 $\int(2x+3)^2\mathrm{d}x$.

解　设 $u=2x+3$，则

$$\int(2x+3)^2\mathrm{d}x=\frac{1}{2}\int(2x+3)^2\mathrm{d}(2x+3)=\frac{1}{2}\int u^2\mathrm{d}u$$
$$=\frac{1}{2}\times\frac{1}{3}u^3+C=\frac{1}{6}(2x+3)^3+C.$$

例 2　求 $\int\frac{1}{x+2}\mathrm{d}x$.

解　令 $u=x+2$，则

$$\int\frac{1}{x+2}\mathrm{d}x=\int\frac{1}{x+2}\mathrm{d}(x+2)=\int\frac{1}{u}\mathrm{d}u$$
$$=\ln|u|+c=\ln|x+2|+C.$$

例 3　求 $\int xe^{x^2}\mathrm{d}x$.

解　令 $u=x^2$，则

$$\int xe^{x^2}\mathrm{d}x=\frac{1}{2}\int e^{x^2}\mathrm{d}x^2=\frac{1}{2}\int e^u\mathrm{d}u=\frac{1}{2}e^u+C=\frac{1}{2}e^{x^2}+C.$$

例 4　求 $\int\frac{1}{\sqrt{a^2-x^2}}\mathrm{d}x(a>0)$.

解　$\int\frac{1}{\sqrt{a^2-x^2}}\mathrm{d}x=\int\frac{1}{a\sqrt{1-\left(\frac{x}{a}\right)^2}}\mathrm{d}x=\int\frac{1}{\sqrt{1-\left(\frac{x}{a}\right)^2}}\mathrm{d}\frac{x}{a}=\arcsin\frac{x}{a}+C.$

例 5　求 $\int\tan x\mathrm{d}x$.

解　$\int\tan x\mathrm{d}x=\int\frac{\sin x}{\cos x}\mathrm{d}x=-\int\frac{1}{\cos x}\mathrm{d}\cos x=-\ln|\cos x|+C.$

利用凑微分法还可求得其余三个三角函数的积分公式，一并列在下面，以后可直接使用．

(14) $\int\tan x\mathrm{d}x=-\ln|\cos x|+C$;

(15) $\int\cot x\mathrm{d}x=\ln|\sin x|+C$;

(16) $\int\sec x\mathrm{d}x=\ln|\sec x+\tan x|+C$;

(17) $\int \csc x \mathrm{d}x = \ln|\csc x - \cot x| + C$.

例6 求下列不定积分:

(1) $\int \frac{2x-2}{x^2-2x+5}\mathrm{d}x$;　　(2) $\int \cos^3 x \sin x \mathrm{d}x$;

(3) $\int x\sin(1-x^2)\mathrm{d}x$;　　(4) $\int \frac{1}{1+\mathrm{e}^x}\mathrm{d}x$.

解 (1) $\int \frac{2x-2}{x^2-2x+5}\mathrm{d}x = \int \frac{1}{x^2-2x+5}\mathrm{d}(x^2-2x+5) = \ln(x^2-2x+5) + C$.

(2) $\int \cos^3 x \sin x \mathrm{d}x = -\int \cos^3 x \cdot (-\sin x)\mathrm{d}x = -\int (\cos^3 x)\mathrm{d}\cos x = -\frac{1}{4}\cos^4 x + C$.

(3) $$\begin{aligned}\int x\sin(1-x^2)\mathrm{d}x &= -\frac{1}{2}\int \sin(1-x^2)\cdot(-2x)\mathrm{d}x.\\ &= -\frac{1}{2}\int \sin(1-x^2)\mathrm{d}(1-x^2) = \frac{1}{2}\cos(1-x^2) + C.\end{aligned}$$

(4) $$\begin{aligned}\int \frac{1}{1+\mathrm{e}^x}\mathrm{d}x &= \int \frac{1+\mathrm{e}^x-\mathrm{e}^x}{1+\mathrm{e}^x}\mathrm{d}x = \int\left(1-\frac{\mathrm{e}^x}{1+\mathrm{e}^x}\right)\mathrm{d}x\\ &= \int \mathrm{d}x - \int \frac{\mathrm{e}^x}{1+\mathrm{e}^x}\mathrm{d}x = x - \int \frac{\mathrm{e}^x}{1+\mathrm{e}^x}\mathrm{d}x\\ &= x - \int \frac{1}{1+\mathrm{e}^x}\mathrm{d}(1+\mathrm{e}^x) = x - \ln(1+\mathrm{e}^x) + C.\end{aligned}$$

例7 求下列有理函数的不定积分:

(1) $\int \frac{1}{x^2+x-2}\mathrm{d}x$;　　(2) $\int \frac{1}{x(x^2+1)}\mathrm{d}x$.

解 (1) $$\begin{aligned}\int \frac{1}{x^2+x-2}\mathrm{d}x &= \int \frac{1}{(x-1)(x+2)}\mathrm{d}x = \frac{1}{3}\int\left(\frac{1}{x-1}-\frac{1}{x+2}\right)\mathrm{d}x\\ &= \frac{1}{3}\int \frac{1}{x-1}\mathrm{d}x - \frac{1}{3}\int \frac{1}{x+2}\mathrm{d}x\\ &= \frac{1}{3}\ln|x-1| - \frac{1}{3}\ln|x+2| + c = \frac{1}{3}\ln\left|\frac{x-1}{x+2}\right| + C.\end{aligned}$$

(2) $$\begin{aligned}\int \frac{1}{x(x^2+1)}\mathrm{d}x &= \int\left(\frac{1}{x}-\frac{x}{x^2+1}\right)\mathrm{d}x = \int \frac{1}{x}\mathrm{d}x - \int \frac{x}{x^2+1}\mathrm{d}x\\ &= \int \frac{1}{x}\mathrm{d}x - \frac{1}{2}\int \frac{1}{x^2+1}\mathrm{d}(x^2+1)\\ &= \ln|x| - \frac{1}{2}\ln(x^2+1) + C.\end{aligned}$$

例8 求$\int \frac{1}{x\ln^2 x}\mathrm{d}x$及$\int_{e^2}^{e} \frac{1}{x\ln^2 x}\mathrm{d}x$

解 $\int \frac{1}{x\ln^2 x}\mathrm{d}x = \int \frac{1}{\ln^2 x}\mathrm{d}(\ln x) = -\frac{1}{\ln x} + C.$

$$\int_{e^2}^{e} \frac{1}{x\ln^2 x}\mathrm{d}x = -\frac{1}{\ln x}\Big|_{e^2}^{e} = -1 - \left(-\frac{1}{2}\right) = -\frac{1}{2}.$$

例9 求$\int \frac{1}{1+\sqrt{x}}\mathrm{d}x.$

解 令$t=\sqrt{x}$，则$x=t^2$，所以

$$\int \frac{1}{1+\sqrt{x}}\mathrm{d}x = \int \frac{1}{1+t}\mathrm{d}t^2 = \int \frac{2t}{1+t}\mathrm{d}t = 2\int\left(1-\frac{1}{1+t}\right)\mathrm{d}t$$

$$= 2[t-\ln(1+t)] + C = 2[\sqrt{x}-\ln(1+\sqrt{x})] + C$$

前面几个例子，关键是凑微分，换元并不重要，但对于例9，换元起着关键作用，一般情况下，求被积函数含有根式的不定积分时，可考虑使用换元法.

3.4.2 分部积分法

换元法是把复合函数的求导法则反过来用于求不定积分的一种方法，而分部积分法则是把乘积求导法则逆过来得到的一种积分方法.

定理3.4.2 设$u=u(x)$，$v=(v)$具有连续导数，则有

$$\int u\mathrm{d}v = uv - \int v\mathrm{d}u$$

或者

$$\int uv'\mathrm{d}x = uv - \int v\mathrm{d}u.$$

以上两式称为分部积分公式，利用这两个公式求不定积分的方法叫**分部积分法**.

例10 求$\int \arctan x\mathrm{d}x.$

解 $\int \arctan x\mathrm{d}x = x\arctan x - \int x\mathrm{d}\arctan x = x\arctan x - \int x\frac{1}{1+x^2}\mathrm{d}x$

$$= x\arctan x - \frac{1}{2}\int\frac{1}{1+x^2}\mathrm{d}(1+x^2)$$

$$= x\arctan x - \frac{1}{2}\ln(1+x^2) + C.$$

例11 求$\int x\ln x\mathrm{d}x.$

解 $\int x\ln x\mathrm{d}x = \int \ln x\mathrm{d}\frac{x^2}{2} = \frac{x^2}{2}\ln x - \int \frac{x^2}{2}\mathrm{d}\ln x$

$$= \frac{x^2}{2}\ln x - \int \frac{x^2}{2}\cdot\frac{1}{x}\mathrm{d}x = \frac{x^2}{2}\ln x - \frac{x^2}{4} + c.$$

例 12 求 $\int x\cos x\mathrm{d}x$.

解 $\int x\cos x\mathrm{d}x = \int x\mathrm{d}\sin x = x\sin x - \int \sin x\mathrm{d}x = x\sin x + \cos x + c.$

例 13 求 $\int x\mathrm{e}^x\mathrm{d}x$.

解 $\int x\mathrm{e}^x\mathrm{d}x = x\mathrm{e}^x - \int \mathrm{e}^x\mathrm{d}x = x\mathrm{e}^x - \mathrm{e}^x + C.$

上式是令 $u = x$，$\mathrm{d}v = \mathrm{e}^x\mathrm{d}x$，若令 $u = \mathrm{e}^x$，$\mathrm{d}v = x\mathrm{d}x$，则

$$\int x\mathrm{e}^x\mathrm{d}x = \int \mathrm{e}^x\mathrm{d}\frac{x^2}{2} = \frac{1}{2}x^2\mathrm{e}^x - \frac{1}{2}\int x^2\mathrm{e}^x\mathrm{d}x.$$

这时，上式右端的积分比原来的积分更复杂了，因此 u 与 $\mathrm{d}v$ 的选择要得当，一般 u 与 $\mathrm{d}v$ 的选择考虑以下两点

（1）v 要容易求出；

（2）要使 $\int v\mathrm{d}u$ 比 $\int u\mathrm{d}v$ 容易求.

一般的，求被积函数是幂函数、指数函数、对数函数、三角函数和反三角函数这五类函数中的某两类函数乘积形式的积分时，可考虑采用分部积分法，在采用分部积分法时，可按照“反对幂三指”的口诀顺序确定函数 u，即当被积函数是以上五类函数中的某两类函数的乘积时，按照“反对幂三指”的顺序，排位靠前的函数看作 u. 比如例 10 中的被积函数是幂函数 x 与对数函数 $\ln x$ 的乘积，因为在口诀中“对”排在“幂”的前面，所以应把对数函数 $\ln x$ 看作 u 而把幂函数 x 看作 v' 来进行分部积分. 而例 9 中的被积函数 $\arctan x$ 可看作 $x^0\arctan x$，相当于幂函数 x^0 与反三角函数 $\arctan x$ 的乘积，根据上面的口诀顺序，则应把 $\arctan x$ 看作 u.

例 14 求 $\int \mathrm{e}^x\cos x\mathrm{d}x$.

解 $\int \mathrm{e}^x\cos x\mathrm{d}x = \int \mathrm{e}^x\mathrm{d}\sin x = \mathrm{e}^x\sin x - \int \mathrm{e}^x\sin x\mathrm{d}x$

$$= \mathrm{e}^x\sin x - \int \mathrm{e}^x\mathrm{d}(-\cos x)$$

$$= \mathrm{e}^x\sin x - \left[\mathrm{e}^x(-\cos x) - \int \mathrm{e}^x(-\cos x)\mathrm{d}x\right]$$

$$= e^x\sin x + e^x\cos x - \int e^x\cos x dx,$$

所以

$$\int e^x\cos x dx = \frac{1}{2}e^x(\sin x + \cos x) + C.$$

这里注意，两次使用分部积分公式时，第一次设某类函数为 u，第二次仍要设这类函数为 u，才能求出结果.

积分的运算非常灵活，在很大程度上依赖解题的经验，因此，应当在多做练习题的基础上，注意总结解题方法和技巧.

习题 3-4

1. 选择题.

(1) 函数 $\sin 4x$ 的一个原函数 $F(x) =$ (　　)；

A. $\cos 4x$　　B. $\frac{1}{4}\cos 4x$　　C. $-\frac{1}{4}\cos 4x$　　D. $-\frac{1}{4}\sin 4x$

(2) 如果 $\int f(x)dx = 2^x + x + c$，则 $f(x) =$ (　　)；

A. $\frac{1}{\ln 2}2^x + \frac{1}{2}x^2 + x$　　B. $2^x\ln 2 + 1$

C. $2^{x+1} + 1$　　D. $2^x + 1$

(3) $\int \frac{1}{x^2+2}dx =$ (　　)；

A. $\arctan x + C$　　B. $\frac{1}{2}\arctan x + C$

C. $\frac{1}{\sqrt{2}}\arctan\frac{x}{\sqrt{2}} + C$　　D. $\arctan\frac{x}{\sqrt{2}} + C$

(4) 已知 $\int f(x)dx = x^2 + C$，则 $\int xf(1-x^2)dx =$ (　　)；

A. $\frac{1}{2}(1-x^2)^2 + C$　　B. $\frac{1}{4}(1-x^2)^2 + C$

C. $-\frac{1}{4}(1-x^2)^2 + C$　　D. $-\frac{1}{2}(1-x^2)^2 + C$

2. 用换元法求下列不定积分.

(1) $\int \frac{1}{3x-2}dx$；　　(2) $\int \frac{2x-1}{x^2-x+5}dx$；

(3) $\int \sin(2x+1)\mathrm{d}x$;

(4) $\int \frac{1}{\sqrt{1-x}}\mathrm{d}x$;

(5) $\int \frac{1}{\sqrt{9-x^2}}\mathrm{d}x$;

(6) $\int \sin^3 x\mathrm{d}x$;

(7) $\int \frac{\mathrm{e}^{-\frac{1}{x}}}{x^2}\mathrm{d}x$;

(8) $\int x^2\sqrt{1-x^3}\mathrm{d}x$;

(9) $\int \frac{(\ln x)^2}{x}\mathrm{d}x$;

(10) $\int \mathrm{e}^x\sqrt{3+2\mathrm{e}^x}\mathrm{d}x$;

(11) $\int \frac{1}{1-\mathrm{e}^x}\mathrm{d}x$;

(12) $\int t\mathrm{e}^{-t^2}\mathrm{d}t$;

(13) $\int \frac{1}{x^2-3x+2}\mathrm{d}x$;

(14) $\int \frac{1}{x^2+4x+4}\mathrm{d}x$.

3. 用分部积分法求下列不定积分.

(1) $\int x^2\ln x\mathrm{d}x$;

(2) $\int x\mathrm{e}^{-x}\mathrm{d}x$;

(3) $\int x\arctan x\mathrm{d}x$;

(4) $\int x\sin x\mathrm{d}x$;

(5) $\int x\ln(1+x)\mathrm{d}x$;

(6) $\int \frac{x}{\cos^2 x}\mathrm{d}x$;

(7) $\int (x+1)\mathrm{e}^x\mathrm{d}x$;

(8) $\int \arctan\sqrt{x}\mathrm{d}x$;

(9) $\int \arcsin x\mathrm{d}x$;

(10) $\int x^5\mathrm{e}^{x^3}\mathrm{d}x$.

4. 计算下列定积分.

(1) $\int_0^1 \frac{\arctan x}{1+x^2}\mathrm{d}x$;

(2) $\int_1^2 \frac{1}{2x-1}\mathrm{d}x$;

(3) $\int_0^{\frac{\pi}{2}} \cos^2\frac{x}{2}\mathrm{d}x$;

(4) $\int_1^2 \frac{1}{x(x+1)}\mathrm{d}x$;

(5) $\int_0^1 \arctan\sqrt{x}\mathrm{d}x$;

(6) $\int_0^1 x\mathrm{e}^{2x}\mathrm{d}x$.

3.5 定积分的换元法和分部积分法

学习了不定积分的换元法和分部积分法后，我们可以求出更多的不定积分，即被积函数的原函数了，因此根据牛顿—莱布尼兹公式，就可以求出更多的定积分了．而本节将要介绍的定积分换元法和定积分的分部积分法，则使得定积分的计算更加简便灵活．下面我们就来介绍这两种方法．

3.5.1 定积分换元法

定理 3.5.1 设函数 $f(x)$ 在区间 $[a, b]$ 上连续，函数 $x=\varphi(t)$ 满足下列条件：

(1) $\varphi(t)$ 在区间 $[\alpha, \beta]$ 上有连续的导数 $\varphi'(t)$；

(2) 当 t 从 α 变到 β 时，$\varphi(t)$ 从 $\varphi(\alpha)=a$ 单调地变到 $\varphi(\beta)=b$，则有：

$$\int_a^b f(x)\mathrm{d}x = \int_\alpha^\beta f[\varphi(t)]\varphi'(t)\mathrm{d}t$$

利用换元法计算定积分时，应注意在作变量替换的同时，必须相应替换定积分的上限、下限．当被积函数含有根式时，通常可考虑采用换元法．

例 1 计算 $\int_0^4 \frac{1}{1+\sqrt{x}}\mathrm{d}x$.

解 令 $\sqrt{x}=t$，即 $x=t^2$，则

$$\begin{aligned}\int_0^4 \frac{1}{1+\sqrt{x}}\mathrm{d}x &= \int_0^2 \frac{1}{1+t}\mathrm{d}t^2 = \int_0^2 \frac{2t}{1+t}\mathrm{d}t = 2\int_0^1\left(1-\frac{1}{1+t}\right)\mathrm{d}t \\ &= 2\int_0^2 \mathrm{d}t - 2\int_0^2 \frac{1}{1+t}\mathrm{d}t = 2t\big|_0^2 - 2\ln(1+t)\big|_0^2 \\ &= 4-2\ln 3.\end{aligned}$$

例 2 计算 $\int_0^{\ln 2}\sqrt{\mathrm{e}^x-1}\mathrm{d}x$.

解 令 $\sqrt{\mathrm{e}^x-1}=t$，即 $x=\ln(1+t^2)$，则

$$\begin{aligned}\int_0^{\ln 2}\sqrt{\mathrm{e}^x-1}\mathrm{d}x &= \int_0^1 t\cdot\frac{2t}{1+t^2}\mathrm{d}t = 2\int_0^1 \frac{t^2+1-1}{1+t^2}\mathrm{d}t \\ &= 2\int_0^1 \mathrm{d}t - 2\int_0^1 \frac{1}{1+t^2}\mathrm{d}t = 2t\big|_0^1 - 2\arctan t\big|_0^1 \\ &= 2-\frac{\pi}{2}.\end{aligned}$$

例 3 计算下列定积分：

(1) $\int_0^1 \sqrt{1-x^2}\mathrm{d}x$； (2) $\int_0^1 \frac{1}{\sqrt{1+x^2}}\mathrm{d}x$.

解 (1) 令 $x=\sin t$，则

$$\int_0^1 \sqrt{1-x^2}\mathrm{d}x = \int_0^{\frac{\pi}{2}}\sqrt{1-(\sin t)^2}\mathrm{d}\sin t = \int_0^{\frac{\pi}{2}}\cos^2 t\mathrm{d}t = \int_0^{\frac{\pi}{2}}\frac{1+\cos 2t}{2}\mathrm{d}t$$

$$= \left(\frac{t}{2} + \frac{\sin 2t}{4}\right)\Bigg|_0^{\frac{\pi}{2}} = \frac{\pi}{4}.$$

（2）令 $x = \tan t$，则

$$\int_0^1 \frac{1}{\sqrt{1+x^2}}\,dx = \int_0^{\frac{\pi}{4}} \frac{1}{\sqrt{1+(\tan t)^2}}\,d\tan t = \int_0^{\frac{\pi}{4}} \frac{1}{\sec t}\sec^2 t\,dt$$

$$= \int_0^{\frac{\pi}{4}} \sec t\,dt = \ln|\sec t + \tan t|\,\Big|_0^{\frac{\pi}{4}} = \ln(\sqrt{2}+1).$$

例 4 证明：若函数 $f(x)$ 在 $[a, b]$ 上连续，则

（1）当 $f(x)$ 为偶函数时，$\int_{-a}^{a} f(x)\,dx = 2\int_0^a f(x)\,dx$；

（2）当 $f(x)$ 为奇函数时，$\int_{-a}^{a} f(x)\,dx = 0$.

证明 因为

$$\int_{-a}^{a} f(x)\,dx = \int_{-a}^{0} f(x)\,dx + \int_0^a f(x)\,dx,$$

对于 $\int_{-a}^{0} f(x)\,dx$ 作代换，令 $x = -t$，则

$$\int_{-a}^{0} f(x)\,dx = -\int_a^0 f(-t)\,dt = \int_0^a f(-t)\,dt = \int_0^a f(-x)\,dx.$$

于是

$$\int_{-a}^{a} f(x)\,dx = \int_0^a f(x)\,dx + \int_0^a f(-x)\,dx.$$

（1）当 $f(x)$ 为偶函数时，$f(-x) = f(x)$，则

$$\int_{-a}^{a} f(x)\,dx = 2\int_0^a f(x)\,dx.$$

（2）当 $f(x)$ 为奇函数时 $f(-x) = -f(x)$，则

$$\int_{-a}^{a} f(x)\,dx = \int_0^a f(x)\,dx - \int_0^a f(x)\,dx = 0.$$

利用本例题结论，可简化适合这类条件的定积分的计算 .

例 5 计算 $\int_{-1}^{1}\left(x^2|x| + \frac{x^3}{1+x^2}\right)dx$.

解 $\int_{-1}^{1}\left(x^2|x| + \frac{x^3}{1+x^2}\right)dx = \int_{-1}^{1} x^2|x|\,dx + \int_{-1}^{1}\frac{x^3}{1+x^2}\,dx$

$$= 2\int_0^1 x^3\,dx + 0 = \frac{2x^4}{4}\Bigg|_0^1 = \frac{1}{2}.$$

3.5.2　定积分的分部积分法

定理 3.5.2　设函数 $u(x)$，$v(x)$ 在区间 $[a, b]$ 上有连续的导函数，则

$$\int_a^b uv'\mathrm{d}x = (uv)\big|_a^h - \int_a^b vu'\mathrm{d}x$$

或

$$\int_a^b u\mathrm{d}v = (uv)\big|_a^h - \int_a^b v\mathrm{d}u.$$

上面这两个公式就称为定积分的分部积分公式.

例 6　计算 $\int_1^2 \ln x\mathrm{d}x$.

解　$\int_1^2 \ln x\mathrm{d}x = x\ln x\big|_1^2 - \int_1^2 x \cdot \frac{1}{x}\mathrm{d}x = 2\ln 2 - x\big|_1^2 = 2\ln 2 - 1.$

例 7　计算下列定积分：

(1) $\int_0^{\pi} x\cos x\mathrm{d}x$；　(2) $\int_0^1 x\mathrm{e}^x\mathrm{d}x$.

解　(1) $\int_0^{\pi} x\cos x\mathrm{d}x = x\sin x\big|_0^{\pi} - \int_0^{\pi}\sin x\mathrm{d}x = \cos x\big|_0^{\pi} = -2.$

(2) $\int_0^1 x\mathrm{e}^x\mathrm{d}x = \int_0^1 x\mathrm{d}\mathrm{e}^x = x\mathrm{e}^x\big|_0^1 - \int_0^1 \mathrm{e}^x\mathrm{d}x = \mathrm{e} - \mathrm{e}^x\big|_0^1 = \mathrm{e} - \mathrm{e} + 1 = 1.$

例 8　计算下列定积分：

(1) $\int_0^1 \mathrm{e}^{\sqrt{x}}\mathrm{d}x$；　(2) $\int_0^{\frac{1}{2}} \arcsin x\mathrm{d}x$.

解　(1) 令 $\sqrt{x} = t$，$x = t^2$ 则

$$\int_0^1 \mathrm{e}^{\sqrt{x}}\mathrm{d}x = \int_0^1 \mathrm{e}^t\mathrm{d}t^2 = 2\int_0^1 \mathrm{e}^t t\mathrm{d}t = 2t\mathrm{e}^t\big|_0^1 - 2\int_0^1 \mathrm{e}^t\mathrm{d}t = 2\mathrm{e} - 2\mathrm{e}^t\big|_0^1 = 2.$$

(2)
$$\begin{aligned}\int_0^{\frac{1}{2}} \arcsin x\mathrm{d}x &= x\arcsin x\big|_0^{\frac{1}{2}} - \int_0^{\frac{1}{2}} \frac{x}{\sqrt{1-x^2}}\mathrm{d}x \\ &= x\arcsin x\big|_0^{\frac{1}{2}} + \frac{1}{2}\int_0^{\frac{1}{2}} \frac{1}{\sqrt{1-x^2}}\mathrm{d}(1-x^2) \\ &= \frac{1}{2} \times \frac{\pi}{6} + \sqrt{1-x^2}\big|_0^{\frac{1}{2}} = \frac{\pi}{12} + \frac{\sqrt{3}}{2} - 1.\end{aligned}$$

习题3-5

1. 选择题.

(1) $\int_1^2 \frac{1}{2x-1}\mathrm{d}x = (\quad)$;

A. $\frac{1}{2}\ln 3$　　B. $-\frac{1}{2}\ln 3$　　C. $\ln 2$　　D. $2\ln 3$

(2) $\int_0^1 \frac{x^3}{1+x^4}\mathrm{d}x = (\quad)$;

A. 2　　B. 1　　C. $\frac{\ln 2}{4}$　　D. 4

(3) $\int_{-1}^1 \frac{1+x\cos x}{1+x^2}\mathrm{d}x = (\quad)$;

A. 0　　B. $2\int_0^1 \frac{1+x\cos x}{1+x^2}\mathrm{d}x$　　C. $\frac{\pi}{2}$　　D. $\frac{\pi}{4}$

(4) $\int_{-\pi}^{\pi} x^2\sin x\mathrm{d}x(\quad)$;

A. 1　　B. π　　C. $\frac{\pi}{2}$　　D. 0

(5) 曲线 $f''(x)$ 在 $[a, b]$ 上连续, 且 $f'(a)=1$, $f'(b)=4$, 则 $\int_a^b f'(x)f''(x)\mathrm{d}x = (\quad)$.

A. 1　　B. $\frac{15}{2}$　　C. 2　　D. $\frac{5}{2}$

2. 用定积分的换元法计算下列定积分.

(1) $\int_1^8 \frac{1}{x+\sqrt[3]{x}}\mathrm{d}x$;　　(2) $\int_0^2 \sqrt{4-x^2}\mathrm{d}x$;

(3) $\int_1^5 \frac{\sqrt{x-1}}{x}\mathrm{d}x$;　　(4) $\int_0^{\frac{1}{2}\ln 2} \sqrt{\mathrm{e}^{2x}-1}\mathrm{d}x$;

(5) $\int_0^4 \frac{x+2}{\sqrt{2x+1}}\mathrm{d}x$;　　(6) $\int_0^1 x\sqrt{1+x}\mathrm{d}x$

3. 用分部积分法计算下列定积分.

(1) $\int_0^{\pi} x\sin x\mathrm{d}x$;　　(2) $\int_0^1 \ln(1+x^2)\mathrm{d}x$;

(3) $\int_1^2 \sqrt{x}\ln x\mathrm{d}x$;　　(4) $\int_1^{\mathrm{e}} \ln^2 x\mathrm{d}x$;

(5) $\int_0^1 x\arctan x\mathrm{d}x$;　　(6) $\int_{\frac{1}{\mathrm{e}}}^1 \ln|x|\mathrm{d}x$.

3.6　无穷限广义积分

3.6.1　无穷限积分

前面讨论的定积分，积分区间都是有限区间，但是在实际应用中经常遇到积分区间为无限区间的情形，这类积分称为无穷限积分.

定义 3.6.1　设函数 $f(x)$ 在区间 $[a, +\infty)$ 有定义，且对任意实数 $b(b>a)$，$f(x)$ 在 $[a, b]$ 上可积，称记号 $\int_a^{+\infty} f(x)\mathrm{d}x$ 为 $f(x)$ 在区间 $[a, +\infty)$ 上的**无穷限广义积分**. 若极限

$$\lim_{b\to+\infty}\int_a^b f(x)\mathrm{d}x$$

存在，则称广义积分 $\int_a^{+\infty} f(x)\mathrm{d}x$ **收敛**，并把此极限称为积分 $\int_a^{+\infty} f(x)\mathrm{d}x$ 的值，即有

$$\int_a^{+\infty} f(x)\mathrm{d}x = \lim_{b\to+\infty}\int_a^b f(x)\mathrm{d}x \tag{3-1}$$

如果 $\lim\limits_{b\to+\infty}\int_a^b f(x)\mathrm{d}x$ 不存在，就称广义积分 $\int_a^{+\infty} f(x)\mathrm{d}x$ **发散**.

类似地，可定义 $f(x)$ 在区间 $(-\infty, b]$ 上的**无穷限广义积分如下：**

设函数 $f(x)$ 在区间 $(-\infty, b]$ 有定义，且对任意实数 $a(a<b)$，$f(x)$ 在 $[a, b]$ 上可积，称记号 $\int_{-\infty}^b f(x)\mathrm{d}x$ 为 $f(x)$ 在区间 $(-\infty, b]$ 上的**无穷限广义积分**. 若极限

$$\lim_{a\to-\infty}\int_a^b f(x)\mathrm{d}x$$

存在，则称广义积分 $\int_{-\infty}^b f(x)\mathrm{d}x$ **收敛**，并把此极限称为积分 $\int_{-\infty}^b f(x)\mathrm{d}x$ 的值，即有

$$\int_{-\infty}^b f(x)\mathrm{d}x = \lim_{a\to-\infty}\int_a^b f(x)\mathrm{d}x \tag{3-2}$$

如果 $\lim\limits_{a\to-\infty}\int_a^b f(x)\,dx$ 不存在，就称广义积分 $\int_{-\infty}^b f(x)\,dx$ **发散**.

而 $f(x)$ 在区间 $(-\infty, +\infty]$ 上的无穷限广义积分则定义如下：

$$\int_{-\infty}^{+\infty} f(x)\,dx = \int_{-\infty}^{c} f(x)\,dx + \int_{c}^{+\infty} f(x)\,dx,\ 其中\ c \in (-\infty, +\infty) \qquad (3-3)$$

当 $\int_{-\infty}^{c} f(x)\,dx$ 与 $\int_{c}^{+\infty} f(x)\,dx$ 都收敛时，称 $\int_{-\infty}^{+\infty} f(x)\,dx$ 收敛；若 $\int_{-\infty}^{c} f(x)\,dx$ 与 $\int_{c}^{+\infty} f(x)\,dx$ 中至少有一个发散，则称 $\int_{-\infty}^{+\infty} f(x)\,dx$ 发散.

注　在实际解题时，式（3－3）中通常取 $c=0$.

例 1　计算 $\int_1^{+\infty}\frac{1}{x^3}dx$.

解　$\int_1^{+\infty}\frac{1}{x^3}dx = \lim\limits_{b\to+\infty}\int_1^b x^{-3}dx = \lim\limits_{b\to+\infty}\left(-\frac{1}{2}x^{-2}\right)\Big|_1^b = \lim\limits_{b\to+\infty}\left(-\frac{1}{2}b^{-2}+\frac{1}{2}\right) = \frac{1}{2}$.

$\int_1^{+\infty}\frac{1}{x^3}dx$ 的几何意义是表示由 $y=\frac{1}{x^3}$ 及直线 $x=1$，和 x 轴所围成的位于第一象限的阴影部分（见图 3－4）的面积，尽管图形可以无限延伸，但其面积是常数 $\frac{1}{2}$.

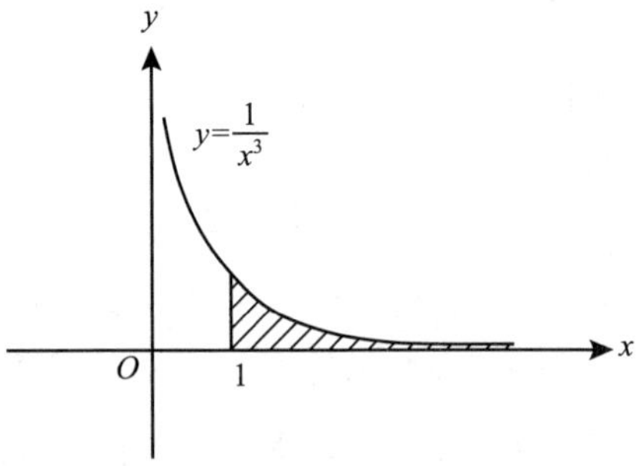

图 3－4

例 2　计算 $\int_0^{+\infty} xe^{-x}dx$.

解　$\int_0^{+\infty} xe^{-x}dx = \lim\limits_{b\to+\infty}\int_0^b xe^{-x}dx$

$$= \lim_{b\to+\infty}\int_0^b x\,d(-e^{-x}) = \lim_{b\to+\infty}\left(-xe^{-x}\Big|_0^b + \int_0^b e^{-x}dx\right)$$

$$= \lim_{b\to\infty}\left(-xe^{-x}\Big|_0^b - e^{-x}\Big|_0^b\right) = \lim_{b\to+\infty}\left(-be^{-b} - e^{-b} + 1\right)$$
$$=1.$$

例 3　计 $\int_{-\infty}^{+\infty}\frac{1}{1+x^2}dx$.

解　$$\int_{-\infty}^{+\infty}\frac{1}{1+x^2}dx = \int_{-\infty}^{0}\frac{dx}{1+x^2} + \int_{0}^{+\infty}\frac{dx}{1+x^2} = \lim_{a\to-\infty}\int_a^0\frac{dx}{1+x^2} + \lim_{b\to+\infty}\int_0^b\frac{dx}{1+x^2}$$
$$= \lim_{a\to-\infty}\arctan x\Big|_0^b + \lim_{b\to+\infty}\arctan x\Big|_0^b = 0-\left(-\frac{\pi}{2}\right)+\frac{\pi}{2}-0=\pi$$

例 4　设 $f(x)=\begin{cases}0, x\leqslant 0\\ 2e^{-2x}, x>0\end{cases}$，求 $\int_{-\infty}^{x}f(t)dt$.

解　当 $x\leqslant 0$ 时，$\int_{-\infty}^{x}f(t)dt = \int_{-\infty}^{x}0dt = 0$；

当 $x>0$ 时，$\int_{-\infty}^{x}f(t)dt = \int_{-\infty}^{0}f(t)dt + \int_0^x f(t)dt$；
$$= \int_{-\infty}^{0}0dt + \int_0^x 2e^{-2t}dx$$
$$= -e^{-2t}\Big|_0^x = 1-e^{-2x}.$$

3.6.2　Γ 函数

Γ 函数是一类特殊的无穷限广义积分，它在理论上和应用上都有着重要意义.

定义 3.6.2　无穷限积分 $\Gamma(t) = \int_0^{+\infty}x^{t-1}e^{-x}dx$，($t>0$) 是参变量 t 的函数，称为 Γ 函数.

在应用上，Γ 函数常以下面的形式出现：
$$\Gamma(t) = 2\int_0^{+\infty}x^{2t-1}e^{-x^2}dx.$$

Γ 函数有以下两个重要性质：

(1)（递推公式）$\Gamma(t+1)=t\Gamma(t)$；

(2)（余元公式）$\Gamma(t)\Gamma(1-t)=\frac{\pi}{\sin\pi t}$ $(0<t<1)$.

例 5　求 $\Gamma(1)$.

解　$\Gamma(1) = \int_0^{+\infty}e^{-x}dx = \lim_{b\to+\infty}\left(-e^{-x}\right)\Big|_0^b = \lim_{b\to+\infty}\left(1-e^{-b}\right) = 1.$

当 $t=n$（n 为正整数）时，由 $\Gamma(1)=1$ 及 $\Gamma(t+1)=t\Gamma(t)$ 可得：
$$\Gamma(n+1)=n!\ .$$

例 6 求 $\Gamma\left(\frac{1}{2}\right)$及 $\int_0^{+\infty} e^{-x^2}dx$.

解 在余元公式中，令 $t=\frac{1}{2}$得

$$\Gamma\left(\frac{1}{2}\right)\cdot\Gamma\left(\frac{1}{2}\right)=\frac{\pi}{\sin\frac{\pi}{2}}=\pi\text{，所以 }\Gamma\left(\frac{1}{2}\right)=\sqrt{\pi}.$$

由 Γ 函数的第二种形式得 $\Gamma\left(\frac{1}{2}\right)=2\int_0^{+\infty} e^{-x^2}dx$，所以

$$\int_0^{+\infty} e^{-x^2}dx=\frac{\sqrt{\pi}}{2}.$$

上式就是概率论中常用的泊松积分.

例 7 求 $\frac{\Gamma(3.2)}{\Gamma(0.2)}$.

解 $\frac{\Gamma(3.2)}{\Gamma(0.2)}=\frac{\Gamma(2.2+1)}{\Gamma(0.2)}=\frac{2.2\Gamma(2.2)}{\Gamma(0.2)}=\frac{2.2\times1.2\times0.2\Gamma(0.2)}{\Gamma(0.2)}=0.528$

例 8 计算 $\int_0^{+\infty} x^3e^{-x}dx$.

解 $\int_0^{+\infty} x^3e^{-x}dx=\int_0^{+\infty} x^{4-1}e^{-x}dx=\Gamma(4)=3!=6.$

例 9 计算 $\int_0^{+\infty} x^3e^{-x^2}dx$

解 $\int_0^{+\infty} x^3e^{-x^2}dx=\frac{1}{2}(2\int_0^{+\infty} x^{2\times2-1}e^{-x^2}dx)=\frac{1}{2}\Gamma(2)=\frac{1}{2}.$

例 10 求证 $\int_{-\infty}^{+\infty}\frac{1}{\sqrt{2\pi}}e^{-\frac{x^2}{2}}dx=1.$

证明 令 $y=\frac{x}{\sqrt{2}}$，则

$$\int_{-\infty}^{+\infty}\frac{1}{\sqrt{2\pi}}e^{-\frac{x^2}{2}}dx=\int_{-\infty}^{+\infty}\frac{1}{\sqrt{2\pi}}e^{-y^2}d(\sqrt{2}y)=2\int_0^{+\infty}\frac{1}{\sqrt{\pi}}e^{-y^2}dy$$

$$=\frac{1}{\sqrt{\pi}}2\int_0^{+\infty}e^{-x^2}dx=\frac{1}{\sqrt{\pi}}\cdot\sqrt{\pi}=1.$$

习题 3－6

1. 讨论下列广义积分的敛散性，若收敛，求出其值．

(1) $\int_{1}^{+\infty}\frac{1}{x}dx$；　　(2) $\int_{1}^{+\infty}\frac{1}{x^4}dx$；

(3) $\int_{0}^{+\infty}xe^{-x^2}dx$；　　(4) $\int_{1}^{+\infty}\frac{dx}{\sqrt{x}}$；

(5) $\int_{-\infty}^{+\infty}\frac{2xdx}{1+x^2}$；　　(6) $\int_{e}^{+\infty}\frac{dx}{x\ln x}$；

(7) $\int_{-\infty}^{1}x^{-5}dx$；　　(8) $\int_{0}^{+\infty}e^{-2x}dx$.

2. 利用 Γ 函数计算下列各题．

(1) $\dfrac{\Gamma(4)\Gamma\left(\frac{1}{2}\right)}{\Gamma\left(\frac{7}{2}\right)}$；　　(2) $\int_{0}^{+\infty}x^7e^{-x}dx$；

(3) $\int_{0}^{+\infty}x^7e^{-x^2}dx$；　　(4) $\int_{0}^{+\infty}x^3e^{-2x}dx$.

3. 设$f(x)=\begin{cases}5e^{-5x}, & x\geq 0\\ 0, & x<0\end{cases}$，求$\int_{-\infty}^{+\infty}f(x)dx$.

3.7 定积分在几何中的应用

无论是自然科学还是在社会科学中，积分尤其是定积分都有着广泛的应用，本节主要介绍积分在几何方面的应用．

3.7.1 平面图形的面积

1. 由曲线 $y=f(x)$ 及直线 $x=a$，$x=b$ 与 x 轴所围成的曲边梯形的面积

由定积分的几何意义可知，由曲线 $y=f(x)$ 及直线 $x=a$，$x=b$ 与 x 轴所围成的曲边梯形的面积可概括为

$$S=\int_{a}^{b}|f(x)|dx \tag{3-4}$$

(1) 如果在 $[a, b]$ 上，$f(x)\geq 0$（见图 3－5），式（3－4）可化为 $S=\int_{a}^{b}f(x)dx$；

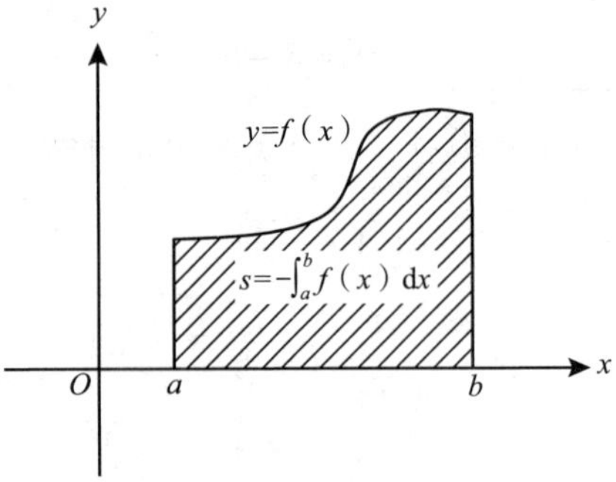

图 3 - 5

(2) 如果在 $[a,\ b]$ 上 $f(x) \leqslant 0$ (见图 3 - 6), 式 (3 - 4) 可化为 $S = -\int_a^b f(x)\,\mathrm{d}x$;

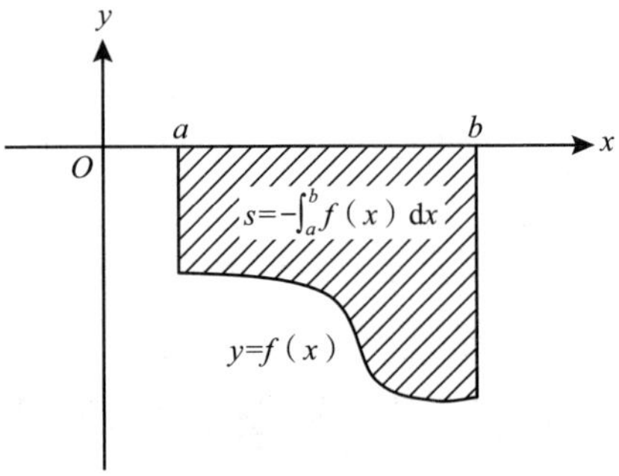

图 3 - 6

(3) 如果在 $[a,\ b]$ 上, 函数 $y = f(x)$ 有时取正值, 有时取负值 (见图 3 - 7), 式 (3 - 4) 可化为

$$S = \int_a^{c_1} f(x)\,\mathrm{d}x - \int_{c_1}^{c_2} f(x)\,\mathrm{d}x + \int_{c_2}^{b} f(x)\,\mathrm{d}x.$$

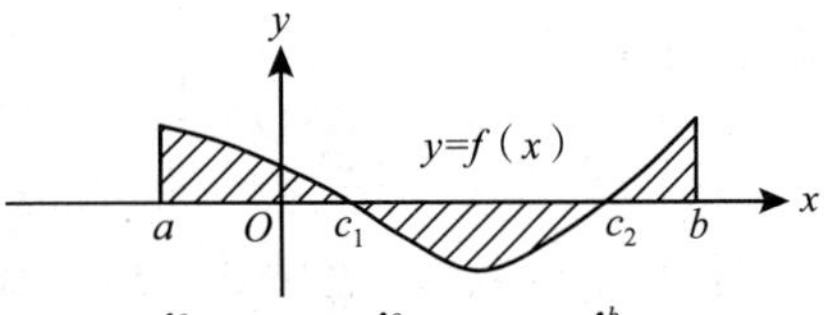

$s=-\int_a^{c_1} f(x)\,\mathrm{d}x-\int_{c_1}^{c_2} f(x)\,\mathrm{d}x+\int_{c_2}^{b} f(x)\,\mathrm{d}x$

图 3 - 7

例1 计算椭圆$\frac{x^2}{a^2}+\frac{y^2}{b^2}=1$的面积$S$，如图3－8所示.

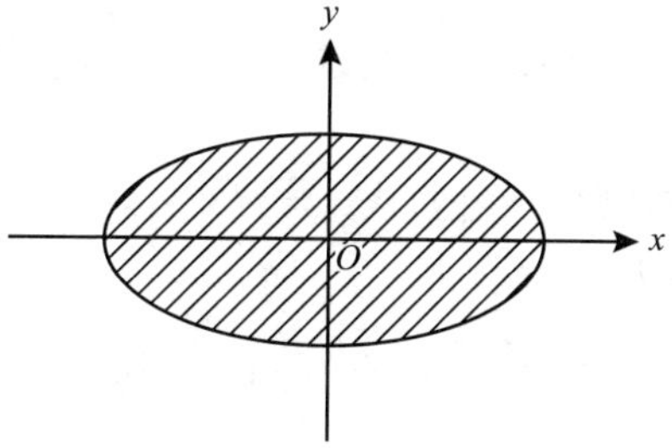

图3－8

解 根据对称性，椭圆面的面积等于它在第一象限内的面积的4倍，所以

$$S = 4\int_0^a \frac{b}{a}\sqrt{a^2 - x^2}\mathrm{d}x = \frac{4b}{a}\int_0^a \sqrt{a^2 - x^2}\mathrm{d}x,$$

令$x=a\sin t$，上式可化为

$$S = \frac{4b}{a}\int_0^{\frac{\pi}{2}} a^2\cos^2 t\mathrm{d}t = 4ab\int_0^{\frac{\pi}{2}} \frac{1+\cos 2t}{2}\mathrm{d}t = 4ab\left(\frac{t}{2}+\frac{\sin 2t}{4}\right)\bigg|_0^{\frac{\pi}{2}} = \pi ab.$$

例2 求由曲线$y=\cos x$、x轴、直线$x=0$和直线$x=\pi$所围的平面图形面积.

解 由曲线$y=\cos x$、x轴、直线$x=0$和直线$x=\pi$所围的平面图为图3－9中的阴影部分. 由于在$\left[0,\ \frac{\pi}{2}\right]$上，$\cos x\geqslant 0$，在$\left[\frac{\pi}{2},\ \pi\right]$上，$\cos\leqslant 0$，所以图形面积为

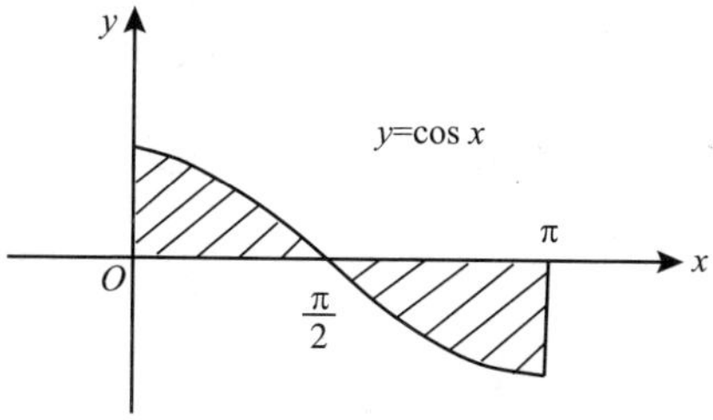

图3－9

$$S = \int_0^{\pi} |\cos x| dx = \int_0^{\frac{\pi}{2}} \cos x dx - \int_{\frac{\pi}{2}}^{\pi} \cos x dx$$

$$= \sin x |_0^{\frac{\pi}{2}} - \sin x |_{\frac{\pi}{2}}^{\pi} = 1 - (-1) = 2$$

2. 由曲线 $y=f(x)$、$y=g(x)$ 和直线 $x=a$，$x=b$ 所围平面图形（称为 x 型平面图形）的面积

由定积分的几何意义可得，由曲线 $y=f(x)$、$y=g(x)$ 和直线 $x=a$，$x=b$ 所围平面图形（见图 3－11）面积为

$$S = \int_a^b |f(x) - g(x)| dx. \tag{3-5}$$

类似地，根据具体情况绝对值符号可以去掉.

(1) 如果在 $[a, b]$ 上，$f(x) \geqslant g(x)$，（见图 3－10），

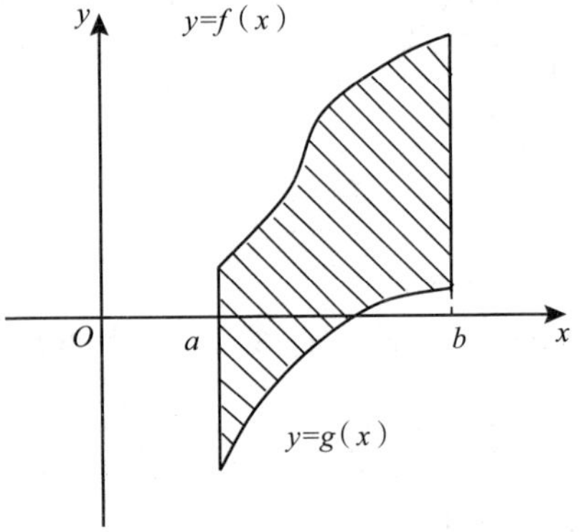

图 3－10

式（3－5）可化为

$$S = \int_a^b f(x) - g(x) dx.$$

(2) 如果在 $[a, b]$ 上，$f(x) \leqslant g(x)$，（见图 3－11），式（3－5）可化为 $S = \int_a^b [g(x) - f(x)] dx$.

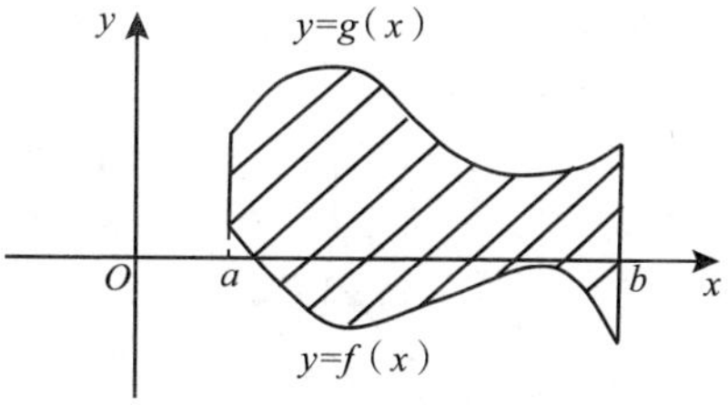

图 3－11

（3）如果在［a，b］上的某些区间内$f(x) \leqslant g(x)$，在另外一些区间内$f(x) \geqslant g(x)$，如图 3－12 所示，

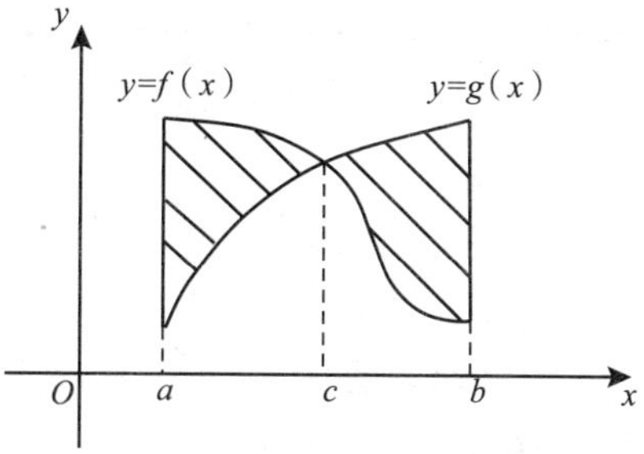

图 3－12

式（3－5）可化为

$$S = \int_a^c [f(x) - g(x)]\mathrm{d}x + \int_c^d [g(x) - f(x)]\mathrm{d}x.$$

事实上，当$g(x)=0$时，式（3－5）可化为式（3－4），所以式（3－4）为式（3－5）的特殊情况．

综上所述，计算x形平面图形面积，最终都是以“上、下曲线之差作为被积函数”的．类似地我们可以得到：

3. 由曲线$x=\phi(y)$，y轴，直线$y=c$和$y=d$围成的曲边梯形（见图3－13）的面积为

$$S = \int_c^d |\varphi(y)|\mathrm{d}y. \tag{3-6}$$

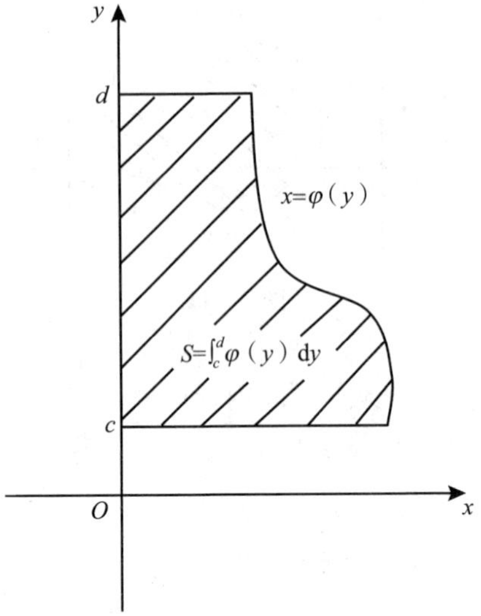

图 3 – 13

4. 由曲线 $x=\phi(y)$，$x=\psi(y)$，直线 $y=c$ 和 $y=d$ 围成的平面图形（称为 y 型平面图形，见图 3 – 14）的面积为

$$S=\int_c^d|\varphi(y)-\psi(y)|\mathrm{d}y. \tag{3-7}$$

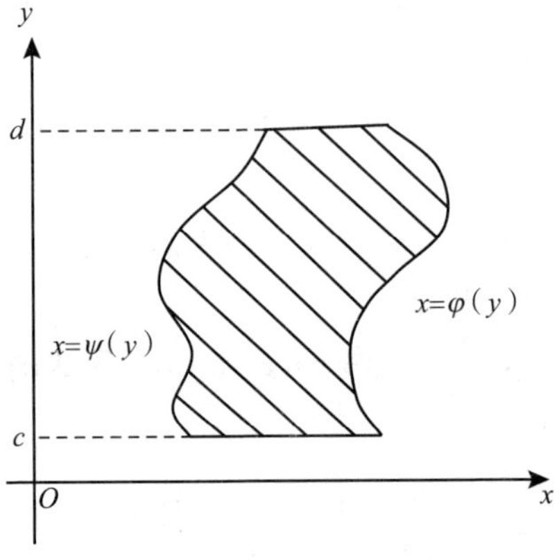

图 3 – 14

在解具体问题时，式（3 – 6）、式（3 – 7）中的绝对值符号可以去掉．因此，计算 y 形平面图形面积，最终都是以“右、左曲线之差作为被积函数”的．

例 3　求由直线 $x+y=3$ 与曲线 $xy=3$ 所围成的平面图形面积.

解　由直线 $x+y=3$ 与曲线 $xy=3$ 所围成的平面图形如图 3－15 所示，将方程 $x+y=3$ 和 $xy=3$ 联立可得交点坐标分别为（1，3），（3，1），将方程 $x+y=3$ 和 $xy=3$ 化成显函数的形式分别为：$y=3-x$ 和 $y=\frac{3}{x}$，所以根据式（3－5）可得

$$S=\int_1^3\left[(4-x)-\frac{3}{x}\right]dx=\left(4x-\frac{x^2}{2}-3\ln x\right)\Big|_1^3=4-3\ln 3.$$

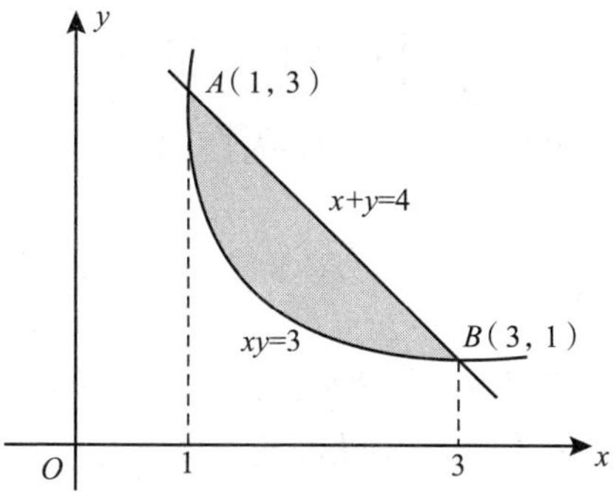

图 3－15

例 4　求由抛物 $y^2=2x$ 与直线 $y=x-4$ 围成的平面图形的面积.

解　由抛物 $y^2=2x$ 与直线 $y=x-4$ 围成的平面图形如图 3－16 所示，将方程 $y^2=2x$ 和 $y=x-4$ 联立可得交点坐标为：A（8，4），B（2，－2）.

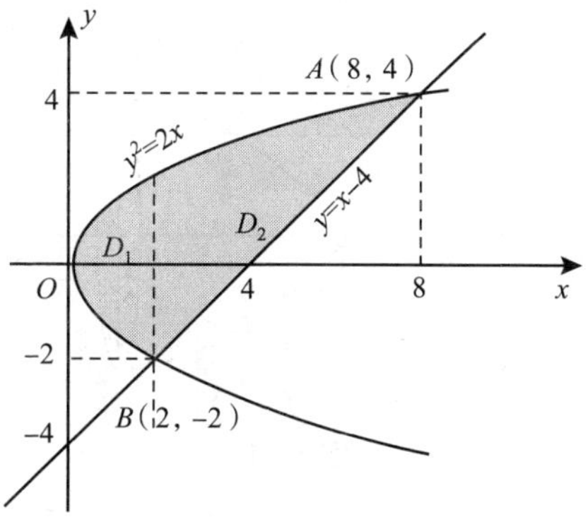

图 3－16

解法1：选取 x 为积分变量．过 B 点做 y 轴的平行线，将平面图形分为左、右两个区域 D_1，D_2，设其面积分别 S_1，S_2，根据式（3－5）可得：

$$S = S_1 + S_2 = \int_0^2 (\sqrt{2x} + \sqrt{2x})\,\mathrm{d}x + \int_2^8 (\sqrt{2x} - x + 4)\,\mathrm{d}x$$

$$= \frac{4\sqrt{2}}{3}x^{\frac{3}{2}}\Big|_0^2 + \left(\frac{2\sqrt{2}}{3}x^{\frac{3}{2}} - \frac{x^2}{2} + 4x\right)\Big|_0^2 = 18$$

解法2：选取 y 为积分变量．将函数 $y^2 = 2x$ 和 $y = x - 4$ 化为以 y 作为自变量的形式分别为 $x = \frac{y^2}{2}$ 和 $x = y + 4$，根据公式（3－7）可得：

$$S = \int_{-2}^4 \left[(y + 4) - \frac{1}{2}y^2\right]\mathrm{d}y = \left(\frac{y^2}{2} + 4y - \frac{y^3}{6} + 4x\right)\Big|_{-2}^4 = 18$$

第一种解法显然比较麻烦，可见在计算平面图形的面积时，恰当的选择积分公式或积分变量是比较重要的．

3.7.2 旋转体的体积

旋转体就是由一个平面图形绕这个平面内一条直线旋转一周形成的立体图形．圆柱、圆锥、圆台和球体都是一些特殊的旋转体，在中学阶段我们已经学习了这些旋转体体积的计算公式，但是对于一般的旋转体体积的计算则需利用定积分来求，关于一般旋转体的体积有以下计算公式：

（1）由曲线 $y = f(x)$，直线 $x = a$，$x = b$ 和 x 轴围成的曲边梯形绕 x 轴旋转而成的旋转体（见图3－17）的体积为

$$V_x = \pi\int_a^b [f^2(x)]\,\mathrm{d}x. \tag{3-8}$$

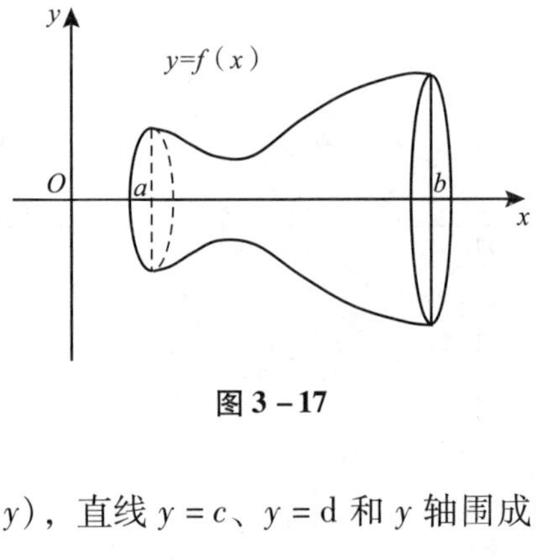

图3－17

（2）由曲线 $x = \varphi(y)$，直线 $y = c$、$y = \mathrm{d}$ 和 y 轴围成的曲边梯形，绕 y 轴旋

转形成的旋转体（见图 3－18）的体积为

$$V_y = \pi\int_c^d [\varphi(y)]^2 \mathrm{d}y. \tag{3-9}$$

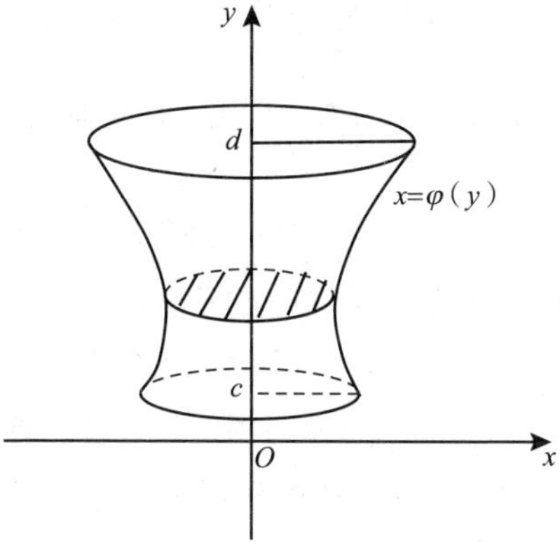

图 3－18

例 5　计算由抛物线 $y=x^2$ 及直线 $x=1$，$x=2$，x 轴所围成的图形绕 x 轴旋转形成旋转体的体积.

解　由旋转体的体积公式（5－8）可得

$$V_x = \int_1^2 \pi(x^2)^2 \mathrm{d}x = \pi\int_1^2 x^4 \mathrm{d}x = \pi \frac{x^5}{5}\bigg|_1^2 = \frac{31\pi}{5}.$$

例 6　求椭圆 $\frac{x^2}{a^2}+\frac{y^2}{b^2}=1$ 分别绕 x 轴和 y 轴旋转所得椭球体的体积.

解　根据椭圆的对称性，整个椭球体的体积为第一象限内的椭圆面绕坐标轴旋转形成的旋转体体积的 2 倍. 因此，根据式（3－8）可得绕 x 轴旋转形成的椭球体的体积为

$$V_x = 2\int_0^a \pi y^2 \mathrm{d}x = 2\pi\int_0^a b^2\left(1-\frac{x^2}{a^2}\right)\mathrm{d}x = 2\pi\frac{b^2}{a^2}\left(a^2x-\frac{x^3}{3}\right)\bigg|_0^a = \frac{4}{3}\pi ab^2.$$

根据式（3－9）同理可得绕 y 轴旋转形成的椭球体的体积为

$$V_y = 2\int_0^b \pi x^2 \mathrm{d}y = 2\pi\int_0^b a^2\left(1-\frac{y^2}{b^2}\right)\mathrm{d}y = \frac{4}{3}\pi a^2 b.$$

当 $a=b$ 时，即得半径为 a 的球体的体积公式为

$$V_{球} = \frac{4}{3}\pi a^3.$$

习题 3－7

1. 求由 $y=x^2$ 和 $x+y=2$ 围成的平面图形的面积.

2. 求由曲线 $y=\cos x$ 与直线 $y=2$，$x=\frac{\pi}{2}$与 y 轴所围成的平面图形的面积.

3. 由抛物线 $y=\frac{x^2}{2}$与直线 $x-y+4=0$ 围成的平面图形面积.

4. 求由曲线 $y=\frac{1}{x}$，直线 $y=x$，$y=2$ 围成的平面图形的面积.

5. 求由 $y=4-x^2$ 和 $y=0$ 围成的平面图形的面积.

6. 若 $y=\ln x$，x 轴，$x=1$，$x=a(a>1)$ 围成平面图形的面积为 1，求 a 的值.

7. 求由 $y=\sqrt{x}$，$x=2$，$y=0$ 围成的平面图形绕 x 轴旋转形成的旋转体的体积.

8. 由 $x+2y-2=0$，$y=0$ 和 $x=0$ 围成的平面图形绕 x 轴旋转形成的旋转体的体积.

9. 求由抛物线 $y=\sqrt{x}$与直线 $y=0$，$y=1$ 围成的平面图形分别绕 x 轴和 y 轴旋转形成的旋转体的体积.

3.8 定积分在经济分析中的应用

3.8.1 已知边际函数求总量函数

在经济领域中，经常会遇到已知边际成本、边际收入，边际产量等求总成本、总收入、总产量等的问题，即知道经济总量函数 $f(x)$ 的变化率或边际函数 $f'(x)$，求总量函数 $f(x)$ 的问题，这时，若还知道 $f(x)$ 在某一点处的函数值 $f(x_0)$，则根据牛顿—莱布尼兹公式可得到求经济总量函数 $f(x)$ 的公式

$$f(x)=f(x_0)+\int_{x_0}^{x} f'(t)\,dt. \tag{3-10}$$

而且容易看出当自变量 x 从 a 改变到 b 时，经济总量的改变量为：

$$f(b)-f(a)=\int_{a}^{b} f'(t)\,dt. \tag{3-11}$$

例 1 已知某产品在时刻 x 小时总产量变化率为 $Q'(x)=100+12x-0.6x^2$（吨/小时），设 0 时刻的产量为 0，求

（1）总产量函数；

（2）生产 2 小时的产量；

(3) 从 $x=2$ 小时到 $x=10$ 小时这段时间内产量的增加量.

解 解法1 (1) $Q(x) = Q(0) + \int_0^x (100 + 12t - 0.6t^2)\,dt$

$$= 100x + 6x^2 - 0.2x^3.$$

(2) $Q(2) = \int_0^2 (100 + 12x - 0.6x^2)\,dx$

$$= (100x + 6x^2 - 0.2x^3)\big|_0^2 = 222.4.$$

(3) 从 $x=2$ 到 $x=10$ 小时产量的增加量就是 $Q'(x)$ 从 2 到 10 的定积分，即

$$\Delta Q = \int_2^{10} (10 + 12x - 0.6x^2)\,dx = (100x + 6x^2 - 0.2x^3)\big|_2^{10} = 1177.6.$$

解法2 (1) 由 $Q'(x) = 100 + 12x - 0.6x^2$ 得

$$Q(x) = \int (100 + 12x - 0.6x^2)\,dx = 100x + 6x^2 - 0.2x^3 + C,$$

由 $Q(0)=0$ 得，$C=0$，所以

$$Q(x) = 100x + 6x^2 - 0.2x^3.$$

(2) $Q(2) = 100\times 2 + 6\times 2^2 - 0.2\times 2^3 = 222.4.$

(3) $\Delta Q = Q(10) - Q(2) = 1177.6.$

例2 已知某产品生产 x 单位时的边际成本 $C'(x) = 2 + 0.4x$，固定成本 $C(0)=5$ 万元，若该产品的销售价 $P = 10 - \dfrac{x}{5}$，且产品可以全部售出，试求：

(1) 总成本函数.

(2) 产量为多少时，总利润最大？最大利润为多少？

解 (1) 总成本函数 $C(x) = C(0) + \int_0^x (2 + 0.4t)\,dt$

$$= 5 + 2x + 0.2x^2.$$

(2) 总收入函数

$$R(x) = Px = x\left(10 - \frac{x}{5}\right) = 10x - \frac{x^2}{5},$$

总利润函数为

$$L(x) = R(x) - C(x) = 10x - \frac{x^2}{5} - (5 + 2x + 0.2x^2)$$

$$= -0.4x^2 + 8x - 5,$$

所以 $L'(x) = -0.8x + 8$，令 $L'(x)=0$，得 $x=10$，因为 $L''(x) = -0.8 < 0$，所以 $L(10)$ 是利润的最大值，且

$L(10) = -0.4\times 10^2 + 8\times 10 - 5 = 35$ (万元).

所以，当产量为 10 个单位时，利润最大为 35 万元.

3.8.2 已知贴现率求现金流量的贴现值

由于资金具有时间价值，所以在投资分析时不同时期的资金不能直接相加、减，那么如何处理呢，最常用的一种方法．就是现值法．所谓现值法就是把不同时期的资金都换算成现在的价值，通常有两种换算法：离散型和连续性．

1. 离散型

设时间 t 离散取值，$t=0, 1, 2, \cdots$，一般以年作为时间单位，假设投资额为 P，年利率为 r，按照复利计算，则 t 年后的货币额为

$$P(t)=P(1+r)^t,\ t=1,\ 2,\ \cdots \tag{3-12}$$

反过来有

$$P=P(t)(1+r)^{-t},\ t=1,\ 2,\ \cdots \tag{3-13}$$

由式（3－12）可以看出现在的 P 元钱，t 年后将增加为 $P(1+r)^t$ 元，即现在的 P 元钱的价值相当于 t 年后的 $P(1+r)^t$ 元钱的价值，所以 P 就称为 t 年后的货币值 $P(1+r)^t$ 的**现值**，而公式（3－13）就是计算 t 年后的资金 $P(t)$ 的现值公式．

设第一年末，第二年末，…，第 n 年末的收益流量分别为 $R_1, R_2, \cdots, R_n$，年利率为 r，则 $R_1, R_2, \cdots, R_n$ 的现值分别为

$$R_1(1+r)^{-1},\ R_2(1+r)^{-2},\ \cdots,\ R_n(1+r)^{-n}$$

n 年末的总收益现值为

$$R=\sum_{i=1}^{n}\frac{R_i}{(1+r)^i} \tag{3-14}$$

特别地，当 $R_1=R_2=\cdots=R_n=a$ 时，则式（3－14）可化为

$$R=\frac{a[(1+r)^n-1]}{r(1+r)^n} \tag{3-15}$$

2. 连续型

设 t 时刻的收益流量为 $R(t)$，若按年利率为 r 的连续复利计算，根据定积分的思想方法可得 n 年末的总收益现值为

$$R=\int_0^n R(t)\mathrm{e}^{-rt}\mathrm{d}t \tag{3-16}$$

特别地，当收益流量为常量 a 时，即 $R(t)=a$ 时，称为均匀收益率，这时式（3－16）化为

$$R=a\int_0^n \mathrm{e}^{-rt}\mathrm{d}t=\frac{a}{r}(1-\mathrm{e}^{-rn}) \tag{3-17}$$

例 3 有一投资项目，投资额为 $C=1000$ 万元，投资期间年利率为 5%，项目每年的均匀收益流量为 200 万元，若按照连续复利计算，求该投资在 20 年末纯收入的现值．

解 由题设可知 $R(t)=200$（万元），为常量，$r=5\%$，根据式（3－17）可得 20 年末的总收益现值为

$$R=\frac{200}{5\%}\left(1-e^{-0.005\times 20}\right)\approx 2529\text{（万元）}$$

所以纯收益现值为

$$L=R-C=2529-1000=1529\text{（万元）}$$

例 4 若某商品房售价为 100 万元，张某首付了 30%，剩下的分期付款，20 年付清，每月还款数相同，若年利率为 4%，

（1）按复利计算，张某每月应还款多少元？每年应还多少元？

（2）按连续复利计算，张某每年应还多少元？

解 由题设可知年利率为 $r=4\%$，还款年数为 $n=20$，贷款为 $R=70$ 万元，要想还清贷款，应使得还款的现值之和等于 70 万元．

（1）由月利率 $r_0=r/12=4\%/12\approx 0.33\%$，还款月数 $n_0=12n=240$，根据式（3－15）可得每月的还款数为

$$a=\frac{Rr_0(1+r_0)^{n_0}}{(1+r_0)^{n_0}-1}=\frac{700000\times 0.33\%(1+0.33\%)^{240}}{(1+0.33\%)^{240}-1}\approx 4227\text{（元）}.$$

每年的还款数为 $12a=50725$（元）

（2）根据公式（3－17）可得每年的还款数为

$$a=\frac{Rr}{1-e^{-rn}}=\frac{700000\times 4\%}{1-e^{-4\%\times 20}}\approx 50847\text{（元）}.$$

3.8.3 消费者剩余，生产者剩余和基尼系数

在经济学中，很多经济变量最终归结为计算平面图形的面积，因此利用定积分可以计算某些经济变量，如消费者剩余，生产者剩余和基尼系数等．

1. 消费者剩余

根据边际效用递减理论，消费者购买产品时愿意付出的费用与实际付出的费用并不相等，**消费者剩余**是指消费者消费一定数量的产品所愿意付出的费用与实际付出的费用之差，消费者剩余可以衡量消费者消费某种产品的满意程度．如图 3－19 所示，阴影部分的面积即为消费者购买 Q_1 个单位产品所获得的消费者剩余．假设需求函数为 $P=f(Q)$，则由定积分的几何意义不难求得消费者剩余为

$$CS = \int_0^{Q_1} f(Q)\,\mathrm{d}Q - P_1Q_1 \tag{3-18}$$

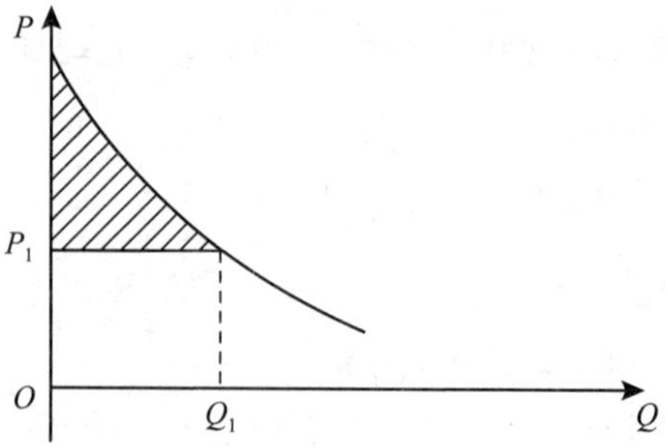

图 3－19

2. 生产者剩余

生产者剩余是指生产者生产一定数量的某种产品实际接受的总支付和愿意接受的最小支付之间的差额，生产者剩余可以衡量生产者销售一定数量产品获得的福利．如图 3－20 所示，阴影部分的面积即为生产者销售 Q_1 个单位产品所获得的生产者剩余．假设供给函数为 $P=f(Q)$，则由定积分的几何意义不难求得消费者剩余为

$$PS = P_1Q_1 - \int_0^{Q_1} f(Q)\,\mathrm{d}Q \tag{3-19}$$

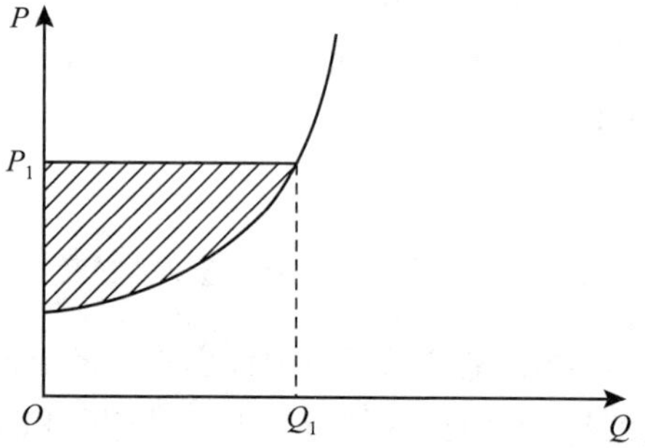

图 3－20

例 5 设某商品需求函数为 $P=1000-Q-0.03Q^2$，供给函数为 $P=400+2Q$，求市场均衡时的消费者剩余和生产者剩余．

解 将方程 $P=1000-Q-0.03Q^2$ 和 $P=400+2Q$ 联立得均衡数量和均衡价格分别为 $Q_1=100$，$P_1=600$，所以消费者剩余为

$$CS = \int_0^{100} (1000 - Q - 0.03Q^2)\,\mathrm{d}Q - 600 \times 100 = 25000.$$

生产者剩余为

$$PS = 600 \times 100 - \int_0^{100} (400 + 2Q)\,\mathrm{d}Q = 10000.$$

3. 基尼系数

贫富差距是各国关心的普遍问题，那么贫富差距是用什么衡量的呢？其中一个重要指标是基尼系数．基尼系数又是什么呢？如图 3－21，横轴 OH 表示按照收入由低到高排列的人口累计百分比，纵轴 OM 表示收入累计百分比，曲线 ODL 称为**洛仑兹曲线**，表示任意人口的累计百分比与与其所对应的收入累计百分比的关系，不难理解，当 ODL 与直线 OL 完全重合时，表示社会收入分配完全平等，称直线 OL 为**完全平等线**．当 ODL 与折线 OHL 完全重合时，这时全社会 1% 的人口占有了社会的全部的收入，而剩下的 99% 的人口一无所有，表示社会收入分配完全不平等，因而把三角形 OHL 的面积称为**完全不平等面积**$\left(\text{其值为}\frac{1}{2}\right)$，这是两种极端情况，一般情况下洛仑兹曲线 ODL 位于直线 OL 和折线 OHL 之间．洛仑兹曲线与完全平等线 OL 之间的阴影部分的面积称为**不平等面积**，用 $A\left(=\frac{1}{2}-B\right)$ 表示．不平等面积与完全不平等面积的比值

$$\frac{A}{A+B} = \frac{A}{\frac{1}{2}} = 2A$$

就称为**基尼系数，**A 越大，即基尼系数 $2A$ 越大，收入分配越不平等，因此可以用基尼系数衡量社会收入的差距情况．联合国有关组织规定：若基尼系数低于 0.2，表示社会收入分配绝对平均，0.2～0.3 表示社会收入分配比较平均，0.3～0.4 表示社会收入分配相对合理，0.4～0.5 表示社会收入分配差距较大，0.6 以上表示社会收入分配悬殊．

例 6 通过调查分析，某国的洛仑兹曲线为 $y = 0.9x^2 + 0.1x$，分析该国的社会贫富差距情况．

解 由已知条件可得不平等面积

$$\begin{aligned} A &= \frac{1}{2} - B = \frac{1}{2} - \int_0^1 [0.9x^2 + 0.1x]\,\mathrm{d}x \\ &= \frac{1}{2} - \left(\frac{0.9}{3}x^3 + 0.05x^2\right)\Big|_0^1 \\ &= 0.15 \end{aligned}$$

所以基尼系数 $2A=0.3$，因此该国收入分配相对合理.

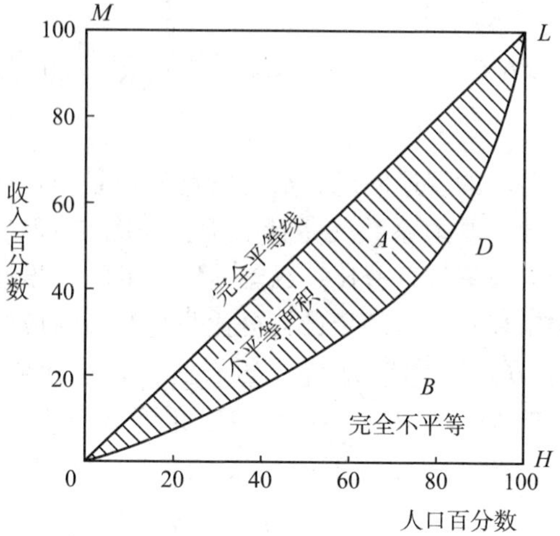

图 3－21

习题 3－8

1. 产品生产 x 个单位时总收入的变化率 $R'(x)=200-\frac{x}{10}$，$(x\geqslant 0)$，

(1) 求生产 50 个单位时的总收入；

(2) 如果已经生产了 100 个单位，求再生产 100 个单位时的总收入的增加量.

2. 设某产品总量的变化率为 $Q'(t)=2t+6$，$(t\geqslant 0)$，求第一个五年和第二个五年的总产量各为多少？(t 的单位为年，Q 的单位为万件)

3. 某产品的产量为 x 单位时，边际成本函数 $C'(x)=1+4x$，固定成本为 3 千元，产品的售价为 $P=10-x$（千元）且产品可全部售出，求：(1) 总成本函数；(2) 产量为多少时，总利润最大？最大利润是多少？

4. 生产某商品 x 件时，总收入的变化率 $R'(x)=100-\frac{x}{20}$（元/件）

求：(1) 总收入函数；

(2) 生产 100 件时的总收入；

（3）从生产100件后到生产200件的平均收入．

5．某投资项目的成本为100万元，在10年中每年可收益25万元，投资率为5%，求10年末该项投资纯收入的贴现值．

6．一位居民购买一栋价值300万元的别墅，如果以分期付款的方式，要求每年付款21万元，且20年付清，而银行的贷款年利率为4%，按连续复利计息，请你帮助这位购房者作一决策，是采用一次付款合算还是分期付款合算？

7．若某国的洛仑兹曲线为 $y=x^2$，求基尼系数，并分析该国的社会贫富差距情况．

8．设某商品需求函数为 $P=\sqrt{49-6Q}$，供给函数为 $P=Q+1$，求市场均衡时的消费者剩余和生产者剩余之和．

本章小结

1．$f(x)$ 在区间 $[a,\ b]$ 上的定积分 $\int_a^b f(x)\ \mathrm{d}x$ 是在分割、近似求和、取极限的基础上得到的以下特定形式的极限：

$$\int_a^b f(x)\mathrm{d}x = \lim_{\Delta x\to 0}\sum_{i=1}^{n} f(\xi_i)\Delta x_i$$

2．在 $f(x)\geqslant 0$ 的条件下，$\int_a^b f(x)\mathrm{d}x$ 在几何上表示由曲线 $y=f(x)$，$x=a$，$x=b$ 与 x 轴围成的曲边梯形的面积．

3．牛顿—莱布尼兹公式是计算定积分的基本公式：

$$\int_a^b f(x)\mathrm{d}x = F(x)\big|_a^b = F(b) - F(a)$$

从牛顿—莱布尼兹公式可以看出，计算定积分的关键是求出被积函数的某一原函数 $F(x)$．

4．函数 $f(x)$ 的的全体原函数称为 $f(x)$ 的不定积分，记作 $\int f(x)\mathrm{d}x$，假设 $F(x)$ 是 $f(x)$ 的某一原函数，则

$$\int f(x)\mathrm{d}x = F(x) + c$$

5．求不定积分是计算定积分的基础，求不定积分的主要方法有换元法和分部积分法．相应的计算定积分的方法也主要有换元法和分部积分法．

6．积分区间为无限区间的定积分称为无穷限广义积分，无穷限广义积分可能收敛，也可能发散．Γ 函数是一类特殊的无穷限广义积分，它在理论上和应用上都有着重要作用．

7．定积分在几何上可以用来计算平面图形的面积和旋转体的体积等，在经济上主要用来计算一些经济总量问题．

自测题 3

1. 选择题.

(1) $\int f'(x)\mathrm{d}x = ($　　$)$;

A. $f(x)$　　B. $f'(x)$　　C. $f(x)+C$　　D. $Cf(x)$

(2) $\int \sec^2 x\mathrm{d}x = ($　　$)$;

A. $\tan x$　　B. $-\tan x$　　C. $\tan x + C$　　D. $-\tan x + C$

(3) $\int \frac{1}{1+\mathrm{e}^{2x}}\mathrm{d}x($　　$) = \ln(1+\mathrm{e}^{2x}) + C$;

A. x　　B. $2x$　　C. $\frac{1}{2}\mathrm{e}^{2x}$　　D. $1+\mathrm{e}^{2x}$

(4) 如果$\int f(x)\mathrm{d}x = F(x)+C$，则$\int xf(1+x^2)\mathrm{d}x = ($　　$)$;

A. $F(1+x^2)$　　B. $F(1+x^2)+C$

C. $\frac{1}{2}F(1+x^2)+C$　　D. $\frac{1}{2}F(1+x^2)$

(5) 下列定积分为零的是（　　）;

A. $\int_{-1}^{1}|\cos x|\mathrm{d}x$　　B. $\int_{-1}^{1}(x+\sin x)\mathrm{d}x$

C. $\int_{-1}^{1}x\sin x\mathrm{d}x$　　D. $\int_{-1}^{1}(\mathrm{e}^x+\cos x)\mathrm{d}x$

(6) $\frac{\mathrm{d}}{\mathrm{d}x}\int_a^b \frac{1}{\sqrt{1-x^2}}\mathrm{d}x = ($　　$)$;

A. $\frac{1}{\sqrt{1-x^2}}$　　B. $\arcsin x + C$　　C. $\arcsin b - \arcsin a$　　D. 0

(7) $\int_a^b \mathrm{d}x = ($　　$)$;

A. 0　　B. 1　　C. $b-a$　　D. $-\frac{1}{2}(b^2-a^2)$

(8) 令 $t=\mathrm{e}^{-x}$则 $\int_0^1 \mathrm{e}^{-x}f(\mathrm{e}^{-x})\mathrm{d}x = ($　　$)$;

A. $\int_0^1 f(t)\mathrm{d}t$　　B. $\int_1^{\frac{1}{\mathrm{e}}} f(t)\mathrm{d}t$　　C. $-\int_0^1 f(t)\mathrm{d}t$　　D. $-\int_1^{\frac{1}{\mathrm{e}}} f(t)\mathrm{d}t$

(9) 设边际成本为 $C'(x)=x^2+x$，固定成本为 5，则 $C(3)=($　　$)$;

A. 13.5　　B. 18.5　　C. 6　　D. 2

(10) 积分上限函数 $\int_a^x f(t)\mathrm{d}t$ 是(　　);

A. $f(x)$的一个原函数　　B. $f(x)$的全体原函数

C. $f'(x)$的一个原函数　　D. $f'(x)$的全体原函数

2. 填空题.

(1) $\int(x^2-\sec^2x)\,dx=$________;

(2) $\int\frac{f'(x)}{f(x)}\,dx=$________;

(3) $\int_0^2|1-x|\,dx=$________;

(4) $\int_{-\frac{\pi}{2}}^{\frac{\pi}{2}}\frac{\sin x\cos x}{1+\cos^2x}\,dx=$________;

(5) 经过点 (1, 2), 且切线的斜率为 x^2 的曲线方程为________.

3. 计算下列积分.

(1) $\int(2^x+x\sqrt{x})\,dx$;　　(2) $\int\frac{1}{x\sqrt{1-\ln^2x}}\,dx$;

(3) $\int\frac{2}{x(x-2)}\,dx$;　　(4) $\int\frac{\arctan x}{1+x^2}\,dx$;

(5) $\int_{-1}^{2}\frac{1}{2x+3}\,dx$;　　(6) $\int_0^{+\infty}x^3e^{-x}\,dx$;

(7) $\int_0^1 xe^{-x}\,dx$;　　(8) $\int_0^{\sqrt{\frac{\pi}{2}}}x\sin x^2\,dx$.

4. 求由 $y=e$, $y=e^x$ 及 y 轴围成的平面图形的面积.

5. 求由 $y=x^3$, $x=2$ 和 $y=0$ 围成的平面图形分别绕 x 轴和 y 轴旋转所形成的旋转体的体积.

6. 设某商品的需求函数为 $Q=4(19-P)$, 设生产此种商品的边际成本函数为 $C'(Q)=3+\frac{1}{2}Q$, 且产品全部售出, 试求:

(1) 若 $Q=0$ 时, 成本为8元, 求总成本函数;

(2) 产量为多少时, 总利润最大, 最大总利润为多少?

第 4 章　多元函数微积分学

前面各章讨论的函数只限于一个自变量的函数，称为一元函数．但在许多实际问题中所遇到的往往是两个和多于两个自变量的函数，即多元函数．多元函数微积分是一元函数微积分的推广，因此，二者具有许多类似性质，但也有本质上的差别．但从二元函数向 $n(n>2)$ 元函数推广则一般无本质差别，本章着重讨论二元函数．

4.1　空间解析几何简介

为了有助于理解二元函数微积分中的有关概念，在学习二元函数之前，先介绍空间解析几何的一些基本知识．

4.1.1　空间直角坐标系

为了确定平面上任意一点的位置，我们建立了平面直角坐标系，同样，为了确定空间上任意一点的位置，需要引进空间直角坐标系．

1. 空间直角坐标系

在空间取定一点 O，过点 O 作三条互相垂直的有向直线 Ox、Oy、Oz. 则由点 O 和这三条有向直线就构成了空间直角坐标系．若按右手系规定 Ox、Oy、Oz 的正方向，即将右手伸直，拇指朝上为 Oz 的正方向，其余四指的指向为 Ox 的正方向，四指弯曲 90° 后的指向为 Oy 的正方向（见图 4－1），则该坐标系称为右手坐标系．其中点 O 称为坐标原点，Ox、Oy、Oz 轴简称为 x 轴、y 轴、z 轴，又分别称为**横轴**、**纵轴**、**竖轴**，统称为**坐标轴**．每两个坐标轴确定一个平面，称为**坐标平面**．由 x 轴和 y 轴确定的平面称为 xOy 面，由 y 轴和 z 轴确定的平面称为 yOz 面，由 z 轴和 x 轴确定的平面称为 xOz 平面．三个坐标平面将空间分成八个部分，称为八个卦限，其中八个卦限的分布如图 4－2 所示．

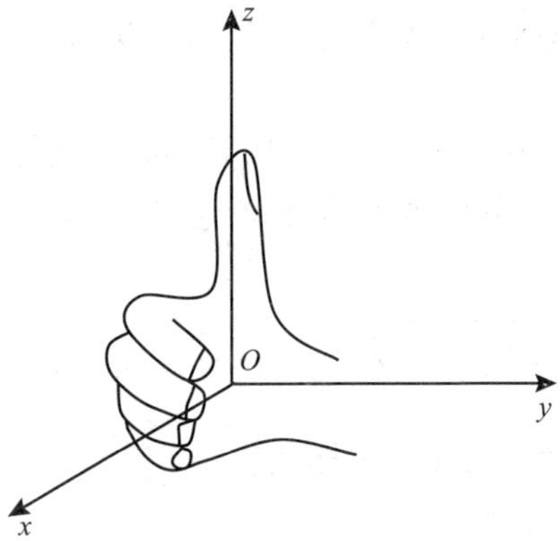

图 4－1

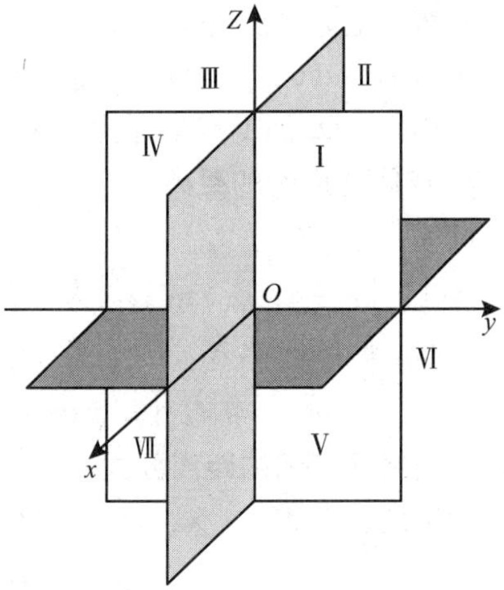

图 4－2

建立了空间直角坐标系 $Oxyz$ 后，空间中的任意一点 M 与有序的三个数组成的数组 (x, y, z) 就建立了一一对应关系．事实上，过点 M 作三个平面分别垂直于 x 轴、y 轴、z 轴，它们与各轴的交点依次为 P，Q，R，这三点在 x 轴、y 轴、z 轴上的坐标依次为 x，y，z，于是，空间一点 M 就唯一确定了有序数组 (x, y, z)，这个有序数组称为点 M 的坐标，记作 $M(x, y, z)$，x，y，z 分别称为点 M 的**横坐标**、**纵坐标**、**竖坐标**．反之，已知 M 的坐标 (x, y, z)，可在空间直角坐标系中找到点 M，方法是在 x 轴上取坐标为 x 的点 P，在 y 轴上取坐标为 y 的点 Q，在 z 轴上取坐标为 z 的点 R，然后过点 P，Q，R 分别作 x 轴、y 轴、z 轴的垂直平面，这三个平面唯一的交点即为点 M（见图 4－3）．

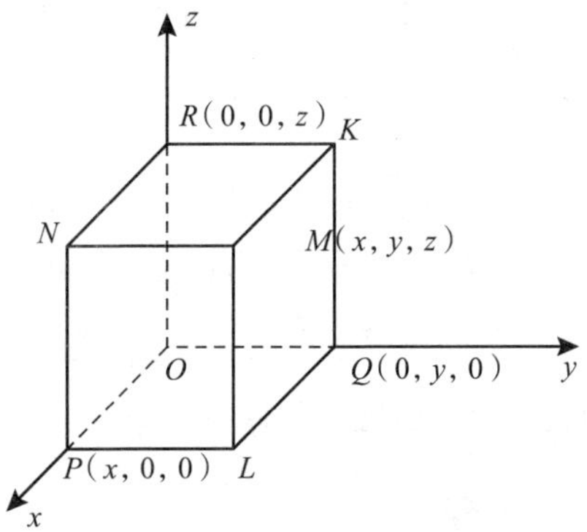

图 4－3

显然，坐标原点的坐标为（0，0，0）；x 轴上点的坐标为（x，0，0）；y 轴上点的坐标为（0，y，0）；z 轴上点的坐标为（0，0，z）；xOy 面上点的坐标为（x，y，0）；yOz 面上点坐标为（0，y，z）；xOz 面上点的坐标为（x，0，z）.

2. 空间两点间的距离

设 $M_1(x_1, y_1, z_1)$、$M_2(x_2, y_2, z_2)$ 为空间两点，M_1M_2 可看成是由 $|x_2-x_1|$，$|y_2-y_1|$，$|z_2-z_1|$ 为三条棱长的长方体的对角线（见图 4－4）. 因此，这两点间的距离为：

$$d=|M_1M_2|=\sqrt{(x_2-x_1)^2+(y_2-y_1)^2+(z_2-z_1)^2},$$

这就是**空间两点间的距离公式**.

特别地，点 $M(x, y, z)$ 与坐标原点 $O(0, 0, 0)$ 的距离为：

$$d=|OM|=\sqrt{x^2+y^2+z^2}.$$

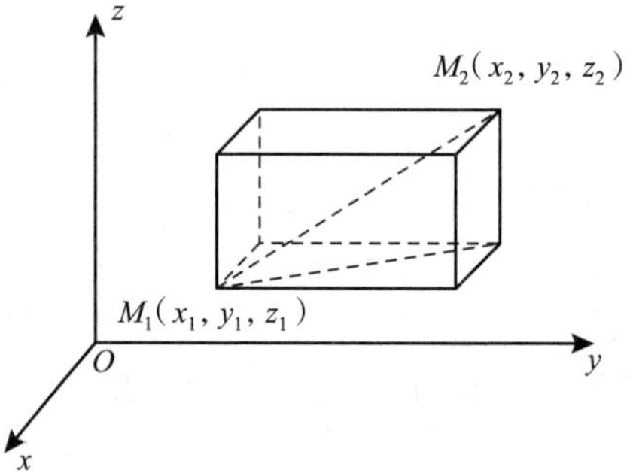

图 4－4

例 1 求证以 $O(0, 0, 0)$，$A(1, 1, 0)$，$B(0, 1, 1)$ 为顶点的三角形是等边三角形.

证明 因为

$$|OA|=\sqrt{(1-0)^2+(1-0)^2+(0-0)^2}=\sqrt{2},$$

$$|OB|=\sqrt{(0-0)^2+(1-0)^2+(1-0)^2}=\sqrt{2},$$

$$|AB|=\sqrt{(0-1)^2+(1-1)^2+(1-0)^2}=\sqrt{2}$$

$|OA|=|OB|=|AB|$，所以 ΔOAB 为等边三角形.

4.1.2 空间曲面与方程

正如平面曲线与二元方程的定义一样，空间曲面与三元方程也有类似地定义.

定义 4.1.1　如果曲面 S 与方程 $F(x, y, z)=0$ 有下述关系：

（1）曲面 S 上的点的坐标 x、y 及 z 都满足方程 $F(x, y, z)=0$；

（2）以方程 $F(x, y, z)=0$ 的解 x、y 及 z 为坐标的点 (x, y, z) 都在曲面上.

那么称方程 $F(x, y, z)=0$ 为曲面 S 的方程，曲面 S 称为方程 $F(x, y, z)=0$ 的曲面，如图 4－5 所示．

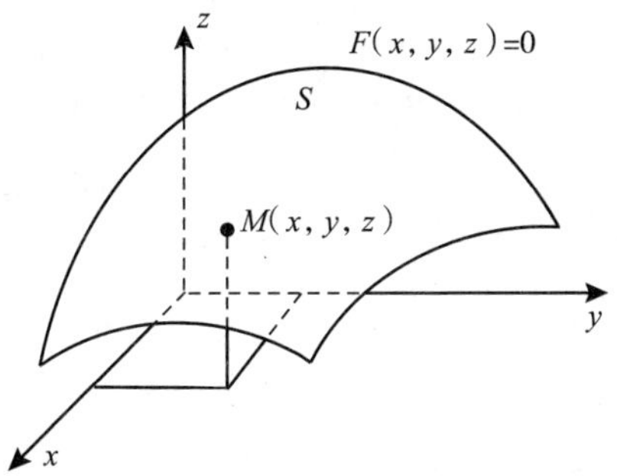

图 4－5

例如，球面可以看成是在空间中到一定点 $A(a, b, c)$ 的距离等于常数 R 的点的轨迹．设点 $M(x, y, z)$ 为此轨迹上的任意一点，则因 $|AM|=R$，故

$$\sqrt{(x-a)^2+(y-b)^2+(z-c)^2}=R,$$

两边平方得

$$(x-a)^2+(y-b)^2+(z-c)^2=R^2.$$

这就是以点 $A(a, b, c)$ 为球心，R 为半径的球面方程．

例 2　判断方程 $x^2+y^2+z^2-4x+2y=0$ 的曲面的形状．

解　用配方法将方程写为

$$(x^2-4x+4)+(y^2+2y+1)+z^2-5=0,$$

即

$$(x-2)^2+(y+1)^2+z^2=5,$$

所以，该方程的图像是以 $(2, -1, 0)$ 为球心，以 $\sqrt{5}$ 为半径的球面．

显然，当球心在坐标原点 O 时，球面方程则化为

$$x^2+y^2+z^2=R^2,$$

其图形如图 4－6 所示．

例 3　作 $z=c$（c 为常数）的图像．

解　方程 $z=c$ 中不含 x、y，这意味着 x、y 取任意值时总有 $z=c$，因此其图

像是平行于 xy 平面的平面．可由 xy 平面向上（$c>0$）或向下（$c<0$）移动 $|c|$ 个单位得到（见图4－7）.

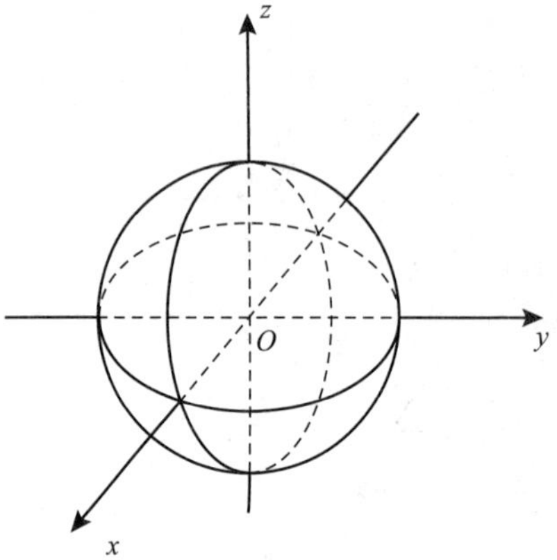

图4－6

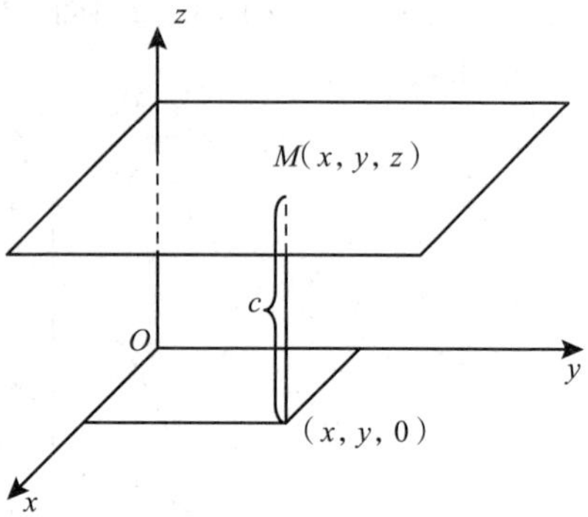

图4－7

例4 一动点 $M(x,y,z)$ 与两定点 $M_1(1,-1,0)$、$M_2(2,0,-2)$ 的距离相等，求此动点 M 的轨迹方程.

解 依题意有

$$|MM_1|=|MM_2|,$$

所以

$$\sqrt{(x-1)^2+(y+1)^2+z^2}=\sqrt{(x-2)^2+y^2+(z+2)^2},$$

化简得点 M 的轨迹方程为

$$x+y-2z-3=0.$$

容易想到，动点 M 的轨迹是线段 M_1M_2 的垂直平分面，此平面的方程为上面的三元一次方程.

可以证明空间中任意一个平面的方程均为三元一次方程

$$Ax+By+Cz+D=0,$$

其中 A，B，C，D 均为常数，且 A，B，C 不全为零，反之也成立.

例5 作 $x+y+z=3$ 的图像.

解 因为三元一次方程的图像是一个平面，而不在同一直线上的三点决定一个平面，故不妨取平面 $x+y+z=3$ 与 x 轴、y 轴、z 轴的三个交点 $A(3,0,0)$、$B(0,3,0)$、$C(0,0,3)$. 那么过 A、B、C 三点的平面既是方程 $x+y+z=3$ 的图像（见图4－8）.

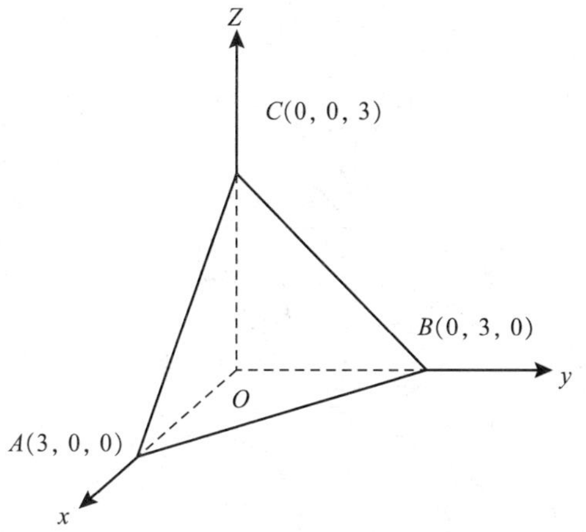

图 4-8

例 6　作 $x^2+y^2=R^2$ 的图像.

解　方程 $x^2+y^2=R^2$ 在 xy 平面上表示以原点为圆心，半径为 R 的圆. 由于方程中不含 z，这说明只需 x 与 y 满足 $x^2+y^2=R^2$ 即可，而 z 可取任意值. 因此，空间中这个方程所表示的曲面是由平行于 z 轴的直线沿 xOy 平面上的圆 $x^2+y^2=R^2$ 平行移动而形成的**圆柱面**. $x^2+y^2=R^2$ 叫它的准线，平行于 z 轴的直线叫它的母线（图 4-9）. 一般地，直线 L 沿曲线 C 平行移动所形成的曲面称为**柱面**. 直线 L 称为柱面的**母线**，曲线 C 称为柱面的**准线**.

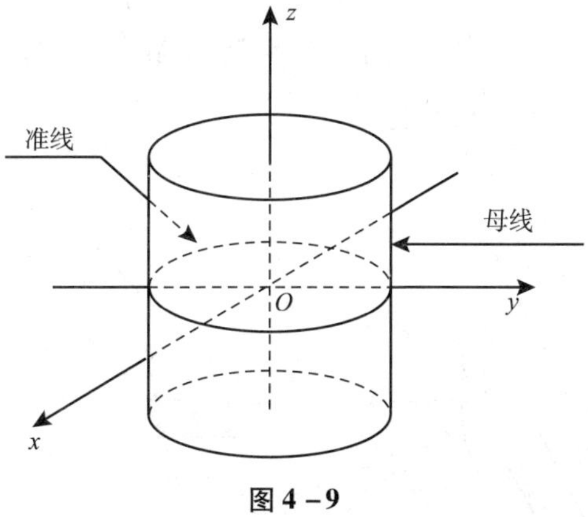

图 4-9

例 7　方程 $z=x^2+y^2$ 的图像是一个旋转抛物面（见图 4-10）.

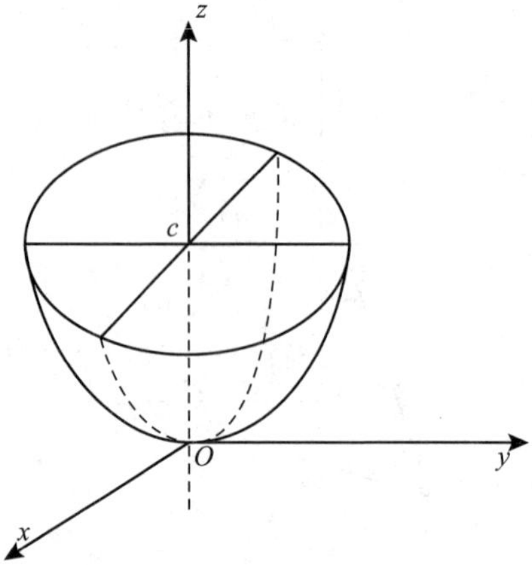

图 4-10

4.1.3 平面区域

整个平面或由一条或几条平面曲线围成的部分平面叫做**平面区域**. 这些曲线叫做区域的**边界**，包括边界的区域叫做**闭区域**，不包括边界的区域叫做**开区域**. 能包含在以原点为圆心的某个圆内的区域叫做**有界区域**，否则叫做**无界区域**. 以点 $P_0(x_0, y_0)$ 为圆心，δ 为半径的开区域叫做点 P_0 的 δ **邻域**，即

$$\left\{(x, y) \,\middle|\, \sqrt{(x-x_0)^2+(y-y_0)^2}<\delta\right\}.$$

不包含点 P_0 的邻域叫做去心邻域，即

$$\left\{(x, y) \,\middle|\, 0<\sqrt{(x-x_0)^2+(y-y_0)^2}<\delta\right\}.$$

例如，$\{(x, y) \mid x^2+y^2\leqslant 1\}$ 是有界闭区域（见图 4-11）；$\{(x, y) \mid x+y>0\}$ 是无界开区域（见图 4-12）.

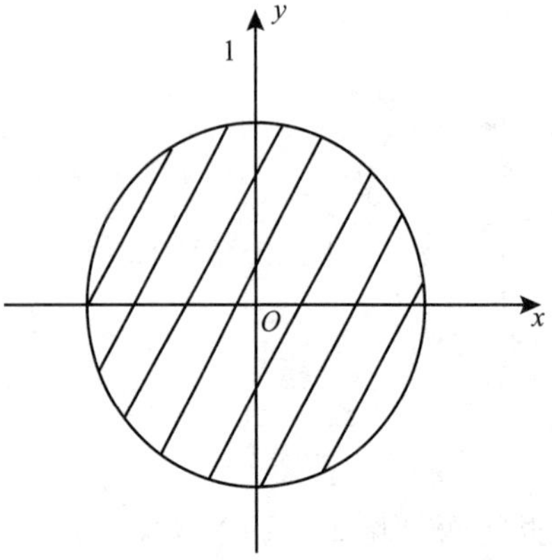

图 4-11

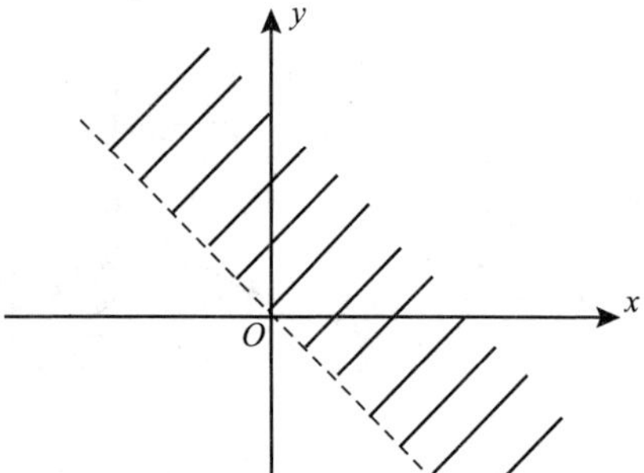

图 4-12

习题 4 - 1

1. 过点 $M(2, 1, 3)$ 作三个平行于坐标面的平面，它们与坐标面围成一个长方体.

(1) 写出长方体各顶点的坐标；

(2) 求长方体的对角线长（参见图 4 - 2).

2. 写出点 $M(x, y, z)$ 对称于各坐标平面、坐标轴、坐标原点的对称点的坐标.

3. 已知点 $A(3, a, 7)$，$B(2, -1, 5)$，且 $|AB| = 3$. 求 a 的值.

4. 证明点 $A_1(1, 2, 1)$，$A_2(0, 0, 1)$ 均在方程 $x^2 - \frac{y^2}{4} + z^2 = 1$ 的图像上，而点 $B_1(1, 1, 1)$，$B_2(1, 2, 0)$ 均不在其图像上.

5. 画出下列区域的图形.

(1) $D = \{(x, y) | 2 \leqslant x \leqslant 3, 1 \leqslant y \leqslant 5\}$；

(2) $D = \{(x, y) | x < 0, y < 0, x + y > -1\}$；

(3) $D = \{(x, y) | x^2 + y^2 \leqslant 2x\}$.

6. 在空间直角坐标系下，下列方程各表示什么图形?

(1) $x + y + z - 1 = 0$；

(2) $x^2 + y^2 + z^2 - 2x - 2y - 2z = 0$；

(3) $y = x^2$.

4.2 多元函数

4.2.1 二元函数及多元函数的概念

在实际问题中，一个量的变化，往往涉及多个因素，因此产生了一个变量与多个变量之间的依赖关系. 例如，矩形的面积公式 $A = xy$，描述了面积 A 与其长 x 和宽 y 这两个变量之间确定的关系. 当长 x、宽 $y(x > 0, y > 0)$ 取定一对值时，面积 A 的值就随之确定.

定义 4.2.1 设 x、y、z 是某一变化过程中的三个变量. 如果对于变量 x、y 在某一变化范围内的每一对确定的值，按照某一法则 f，变量 z 都有唯一确定的数值与之对应，那么称变量 z 为变量 x、y 的二元函数. 记为 $z = f(x, y)$，其中 x、y 叫**自变量**，z 叫**因变量**. 自变量 x、y 的取值范围叫做函数的**定义域**. 二元函数的定义域一般来说是一个平面区域. 二元函数的图像，一般是空间中的某一曲面. 该曲面在 xOy 面内的投影就是定义域所对应的平面区域，如图 4-13 所示。

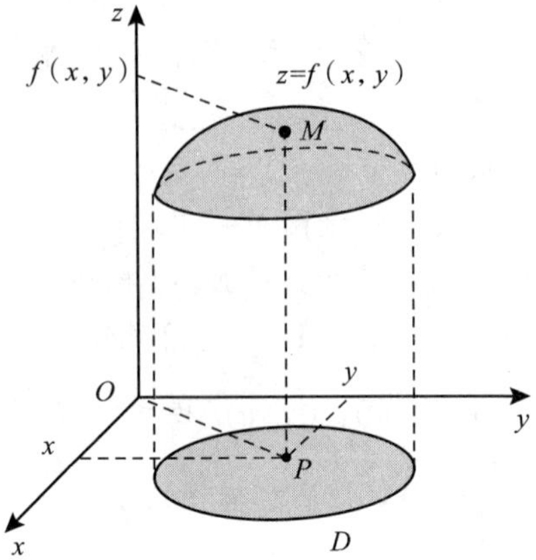

图 4-13

类似地，可以定义三元函数 $z=f(x, y, z)$ 以及三元以上的函数. 二元及二元以上的函数统称为**多元函数**.

例 1 求函数 $z=\sqrt{1-x^2-y^2}$ 的定义域，并指出其图像的形状.

解 定义域为所有适合 $1-x^2-y^2\geqslant 0$ 的点 (x, y) 的集合，即 $\{(x, y)\mid x^2+y^2\leqslant 1\}$（见图 4-11），函数的图像是以 (0, 0, 0) 为球心，以 1 为半径的 xOy 面上方的半球面. 不难想象，该半球面在 xOy 面上的投影即为圆面 4-11.

例 2 求函数 $z=\ln(x+y)$ 的定义域.

解 定义域为所有适合 $x+y>0$ 的点 (x, y) 的集合，即 $\{(x, y)\mid x+y>0\}$（见图 4-11).

4.2.2 二元函数的极限与连续

定义 4.2.2 设二元函数 $z=f(x, y)$ 在点 $P_0(x_0, y_0)$ 的某一去心邻域内有定义. 如果当点 $P(x, y)$ 沿任意路径趋近于点 $P_0(x_0, y_0)$ 时，$f(x, y)$ 无限趋近于一个确定的常数 A，那么就称 A 为二元函数 $f(x, y)$ 当 $P(x, y)$ 趋向 $P_0(x_0, y_0)$ 时的极限，二元函数的这种极限也叫二重极限，记为

$$\lim_{\substack{x\to x_0\\ y\to y_0}} f(x, y)=A \quad 或 \quad \lim_{(x,y)\to(x_0,y_0)} f(x, y)=A.$$

由二重极限的定义可以看出，当点 $P(x, y)$ 以某两种不同的方式趋近于 $P_0(x_0, y_0)$ 时，$f(x, y)$ 趋于不同的值，或当点 $P(x, y)$ 以某种方式趋近于 $P_0(x_0, y_0)$ 时，$f(x, y)$ 的极限不存在，则可断定 $\lim\limits_{\substack{x\to x_0\\ y\to y_0}} f(x, y)$ 不存在.

例 3　求极限$\lim\limits_{\substack{x\to 0\\ y\to 5}}\dfrac{\sin xy}{x}$.

解

$$\lim_{\substack{x\to 0\\ y\to 5}}\frac{\sin xy}{x}=\lim_{\substack{x\to 0\\ y\to 5}}\left(\frac{\sin xy}{xy}\cdot y\right)=1\times 5=5.$$

例 4　设$f(x, y)=\begin{cases}\dfrac{xy}{x^2+y^2}, & x^2+y^2\neq 0;\\ 0, & x^2+y^2=0.\end{cases}$　判断极限$\lim\limits_{\substack{x\to 0\\ y\to 0}}f(x, y)$是否存在.

解　当点 (x, y) 沿 $y=x$ 趋于点 (0, 0) 时，$\lim\limits_{\substack{x\to 0\\ y\to 0}}f(x, y)=\lim\limits_{\substack{x\to 0\\ y\to 0}}\dfrac{x^2}{2x^2}=\dfrac{1}{2}$；

当点 (x, y) 沿 $y=2x$ 趋于点 (0, 0) 时，$\lim\limits_{\substack{x\to 0\\ y\to 0}}f(x, y)=\lim\limits_{\substack{x\to 0\\ y\to 0}}\dfrac{x^2}{5x^2}=\dfrac{1}{5}$；

因为，$\dfrac{1}{2}\neq\dfrac{1}{5}$，所以$\lim\limits_{\substack{x\to 0\\ y\to 0}}f(x, y)$不存在.

定义 4.2.3　如果$\lim\limits_{\substack{x\to x_0\\ y\to y_0}}f(x, y)=f(x_0, y_0)$，则称 $z=f(x, y)$ 在点 $P_0(x_0, y_0)$ 处连续. 如果$f(x, y)$ 在区域 D 内的每一点都连续，那么称$f(x, y)$ 在区域 D 上连续.

与一元函数一样，函数 $z=f(x, y)$ 在点 $P_0(x_0, y_0)$ 处连续也必须满足三个条件：

(1) 在该点有定义；

(2) 在该点有极限；

(3) 极限值等于函数值.

例 5　判断函数$f(x, y)=(x^2+y^2)$ 在点 (0, 1) 处是否连续?

解　因为

$$\lim_{\substack{x\to 0\\ y\to 1}}f(x, y)=\lim_{\substack{x\to 0\\ y\to 1}}(x^2+y^2)=\lim_{\substack{x\to 0\\ y\to 1}}x^2+\lim_{\substack{x\to 0\\ y\to 1}}y^2=0^2+1^2=1=f(0, 1)$$

所以函数$f(x, y)=(x^2+y^2)$ 在点 (0, 1) 处连续.

事实上，$f(x, y)=(x^2+y^2)$ 在 xOy 面上任意一个点处均连续，所以$f(x, y)$ 在整个 xOy 面上连续. 其图像是一张连续的曲面，如图 4－10 所示.

例 6　判断例 2 中的函数在点 (0, 0) 处是否连续?

解　因为$\lim\limits_{\substack{x\to 0\\ y\to 0}}f(x, y)$ 不存在，所以函数在该点不连续.

与一元函数一样，二元连续函数的和、差、积、商（分母不为零）及复合函数在其定义域内仍是连续的；有界闭区域上的二元连续函数，一定能取得最大值和最小值.

习题 4 - 2

1. 填空题.

(1) 已知 $z=f(x, y)=\arcsin(x^2+y^2)$，则 $f\left(\frac{1}{2}, \frac{1}{2}\right)=$ ______；

(2) $\lim\limits_{\substack{x\to 0\\ y\to 0}} \frac{xy}{\sqrt{1+xy}-1}=$ ______；

(3) 已知 $f(x, y)=\frac{x+y}{xy}$，则 $f(x+y, x-y)=$ ________；

(4) 已知 $f(x+y, x-y)=x^2-y^2$，则 $f(x, y)=$ ________.

2. 求下列函数的定义域.

(1) $f(x, y)=\frac{a^2}{x^2-y^2}$；

(2) $f(x, y)=\sqrt{x^2+y^2-9}+\sqrt{25-x^2-y^2}$；

(3) $f(x, y)=\ln x+\ln y-\sqrt{1-x-y}$；

(4) $f(x, y)=\ln(x^2-y)$；

(5) $f(x, y)=\sqrt{x-\sqrt{y}}$.

4.3 偏导数与全微分

4.3.1 偏导数

多元函数往往也需要计算在其他变量不变的条件下，函数对某一个自变量的变化率. 对于多元函数来说，这种变化率称为偏导数.

定义 4.3.1 设函数 $z=f(x, y)$ 在点 (x_0, y_0) 的某邻域内有定义，当固定 $y=y_0$ 而 x 在 x_0 有增量 Δx 时，相应地函数有增量 $f(x_0+\Delta x)-f(x_0, y_0)$，

如果

$$\lim_{\Delta x\to 0}\frac{f(x_0+\Delta x, y_0)-f(x_0, y_0)}{\Delta x}$$

存在，那么称该极限为函数 $f(x, y)$ 在点 (x_0, y_0) 处对 x 的**偏导数**，记作

$$f'_x(x_0, y_0), \quad z'_x\Big|_{(x_0,y_0)}, \quad \frac{\partial f}{\partial x}\Big|_{(x_0,y_0)}, \quad \frac{\partial z}{\partial x}\Big|_{(x_0,y_0)}.$$

同样，如果极限

$$\lim_{\Delta y \to 0} \frac{f(x_0, y_0+\Delta y)-f(x_0, y_0)}{\Delta y}$$

存在，那么称此极限值为函数$f(x, y)$在点(x_0, y_0)处对y的**偏导数**，记为

$$f'_y(x_0, y_0), z'_y\Big|_{(x_0,y_0)}, \frac{\partial f}{\partial y}\Big|_{(x_0,y_0)}, \frac{\partial z}{\partial y}\Big|_{(x_0,y_0)}.$$

若函数$z=f(x, y)$在区域D内每一点(x, y)都有对x、对y的偏导数，这就得到了函数$z=f(x, y)$在D内对x、对y的**偏导函数**，记为

$$f'_x(x, y), z'_x, \frac{\partial f}{\partial x}, \frac{\partial z}{\partial x}.$$

$$f'_y(x, y), z'_y, \frac{\partial f}{\partial y}, \frac{\partial z}{\partial y}.$$

偏导函数是x，y的函数，简称偏导数，而$f'_x(x_0, y_0)$，$f'_y(x_0, y_0)$则分别为$f'_x(x, y)$，$f'_y(x, y)$在点(x_0, y_0)处的函数值，为常数.

由函数$f(x, y)$的偏导数定义知，求$f'_x(x, y)$时，是将y看作常量（此时$f(x, y)$变为关于x的一元函数）对x求导数；求$f'_y(x, y)$时，是将x视为常量，对y求导数，所以其计算方法与一元函数的求导方法一样.

例 1 求函数$f(x, y)=x^3+2x^2y-y^3$在点$(1, 3)$处的偏导数.

解法 1：先求偏导函数. 视y为常量，对x求导

$$f'_x(x, y)=3x^2+4xy.$$

视x为常量，对y求导

$$f'_y(x, y)=2x^2-3y^2.$$

将$x=1$，$y=3$代入以上两式得

$$f'_x(1, 3)=(3x^2+4xy)\big|_{(1,3)}=15,$$

$$f'_y(1.3)=(2x^2-3y^2)\big|_{(1,3)}=-25.$$

解法 2：

$$f(x, 3)=x^3+6x^2-27$$

$$f'_x(x, 3)=3x^2+12x$$

$$f'_x(1, 3)=3\times1^2+12\times1=15$$

$$f(1, y)=1+2y-y^3$$

$$f'_y(1, y)=2-3y^2$$

$$f'_y(1, y)=2-3\times3^2=-25.$$

例 2 求函数$f(x, y)=\begin{cases}\dfrac{xy}{x^2+y^2}, & x^2+y^2\neq0\\ 0, & x^2+y^2\neq0\end{cases}$在点$(0, 0)$处的偏导数.

解 $f'_x(0,0)=\lim\limits_{\Delta x\to 0}\dfrac{f(0+\Delta x,0)-f(0,0)}{\Delta x}=\lim\limits_{\Delta x\to 0}\dfrac{0-0}{\Delta x}=0$；

$f'_y(0,0)=\lim\limits_{\Delta x\to 0}\dfrac{f(0,0+\Delta y)-f(0,0)}{\Delta y}=\lim\limits_{\Delta x\to 0}\dfrac{0-0}{\Delta y}=0.$

由4.2节例4知该函数在点（0，0）处不连续，可见对于二元函数来说，偏导数存在不一定连续，这一点与一元函数不同，对于一元函数来说，可导必连续.

例3 求函数 $z=x^y(x>0)$ 的偏导数.

解 对 x 求偏导数时，视 y 为常量，这时 x^y 是幂函数，有

$$\frac{\partial z}{\partial x}=yx^{y-1}.$$

对 y 求偏导数时，视 x 为常量，这时 x^y 是指数函数，有

$$\frac{\partial z}{\partial y}=x^y\ln x.$$

例4 设 $z=x\ln(x^2+y^2)$，求$\dfrac{\partial z}{\partial x}$，$\dfrac{\partial z}{\partial y}$.

解 视 y 为常量，对 x 求偏导数

$$\begin{aligned}\frac{\partial z}{\partial x}&=(x)'_x\ln(x^2+y^2)+x[\ln(x^2+y^2)]'_x\\&=1\cdot\ln(x^2+y^2)+x\cdot\frac{2x}{x^2+y^2}\\&=\ln(x^2+y^2)+\frac{2x^2}{x^2+y^2}.\end{aligned}$$

视 x 为常量，对 y 求偏导数

$$\frac{\partial z}{\partial y}=x\cdot\frac{2y}{x^2+y^2}=\frac{2xy}{x^2+y^2}.$$

偏导数的概念可推广到二元以上的函数.

例5 求三元函数 $u=x^2y^3\ln z$ 的偏导数.

解 把 y，z 看作常量得

$$\frac{\partial u}{\partial x}=2xy^3\ln z,$$

把 x，z 看作常量得.

$$\frac{\partial u}{\partial y}=3x^2y^2\ln z,$$

把 x，y 看作常量得

$$\frac{\partial u}{\partial z}=\frac{x^2y^3}{z}.$$

4.3.2　高阶偏导数

定义 4.3.2　二元函数的偏导数$\frac{\partial z}{\partial x}$，$\frac{\partial z}{\partial y}$，仍然是 x，y 的函数，如果$\frac{\partial z}{\partial x}$，$\frac{\partial z}{\partial y}$的偏导数存在，那么，这两个偏导数的偏导数称为函数 $z=f(x, y)$ 的**二阶偏导数**，记为

$$\frac{\partial}{\partial x}\left(\frac{\partial z}{\partial x}\right)=\frac{\partial^2 z}{\partial x^2}=f''_{xx}(x, y)=z''_{xx},$$

$$\frac{\partial}{\partial y}\left(\frac{\partial z}{\partial x}\right)=\frac{\partial^2 z}{\partial x\partial y}=f''_{xy}(x, y)=z''_{xy},$$

$$\frac{\partial}{\partial x}\left(\frac{\partial z}{\partial y}\right)=\frac{\partial^2 z}{\partial y\partial x}=f''_{yx}(x, y)=z''_{yx},$$

$$\frac{\partial}{\partial y}\left(\frac{\partial z}{\partial y}\right)=\frac{\partial^2 z}{\partial y^2}=f''_{yy}(x, y)=z''_{yy}.$$

其中中间两个称为二阶混合偏导数.

类似地可定义三阶、四阶……n 阶偏导数.

例 6　求函数 $z=e^{xy^2}+3xy$ 的二阶偏导数.

解　$\frac{\partial z}{\partial x}=y^2e^{xy^2}+3y$，$\frac{\partial z}{\partial y}=2xye^{xy^2}+3x.$

$$\frac{\partial^2 z}{\partial x^2}=\frac{\partial}{\partial x}\left(\frac{\partial z}{\partial x}\right)=y^4e^{xy^2},$$

$$\frac{\partial^2 z}{\partial x\partial y}=\frac{\partial}{\partial y}\left(\frac{\partial z}{\partial x}\right)=2ye^{xy^2}+2xy^3e^{xy^2}+3,$$

$$\frac{\partial^2 z}{\partial y\partial x}=\frac{\partial}{\partial x}\left(\frac{\partial z}{\partial y}\right)=2ye^{xy^2}+2xy^3e^{xy^2}+3,$$

$$\frac{\partial^2 z}{\partial y^2}=\frac{\partial}{\partial y}\left(\frac{\partial z}{\partial y}\right)=2xe^{xy^2}+4x^2y^2e^{xy^2}.$$

由以上计算结果看到，两个二阶混合偏导数相等. 这并非个例，关于二阶混合偏导数，有下述结论：

如果两个二阶混合偏导数在点 (x, y) 处连续，那么在该点有：

$$f''_{xy}(x, y)=f''_{yx}(x, y).$$

例 7　求函数 $z=\ln(x+y)+\arctan xy$ 的二阶偏导数.

解　因为

$$\frac{\partial z}{\partial x}=\frac{1}{x+y}+\frac{y}{1+x^2y^2},$$

$$\frac{\partial z}{\partial y}=\frac{1}{x+y}+\frac{x}{1+x^2y^2},$$

所以

$$\frac{\partial^2 z}{\partial x^2}=-\frac{1}{(x+y)^2}-\frac{2xy^3}{(1+x^2y^2)^2},$$

$$\frac{\partial^2 z}{\partial x\partial y}=-\frac{1}{(x+y)^2}+\frac{1-2x^2y^2}{(1+x^2y^2)^2},$$

$$\frac{\partial^2 z}{\partial y\partial x}=-\frac{1}{(x+y)^2}+\frac{1-2x^2y^2}{(1+x^2y^2)^2},$$

$$\frac{\partial^2 z}{\partial y^2}=-\frac{1}{(x+y)^2}-\frac{2xy^3}{(1+x^2y^2)^2}.$$

4.3.3 全微分

定义 4.3.3 设函数 $z=f(x, y)$ 在点 (x_0, y_0) 的某邻域内有定义，如果函数 $z=f(x, y)$ 在点 (x_0, y_0) 的全增量

$$\Delta z=f(x_0+\Delta x, y_0+\Delta y)-f(x_0, y_0)$$

可表示为 $\Delta z=A\Delta x+B\Delta y+o(\rho)$，

其中 A，B 仅与点 (x_0, y_0) 有关，而与 Δx，Δy 无关，$\rho=\sqrt{\Delta x^2+\Delta y^2}$，则称函数 $z=f(x, y)$ 在点 (x_0, y_0) 可微；并称 $A\Delta x+B\Delta y$ 为函数 $f(x, y)$ 在点 (x_0, y_0) 处的**全微分**. 记为 $\mathrm{d}z$，即

$$\mathrm{d}z=A\Delta x+B\Delta y. \tag{4-1}$$

那么式（4-1）中的 A、B 等于多少呢，即怎样求全微分呢？我们给出下面定理：

定理 4.3.1 如果 $z=f(x, y)$ 在点 (x_0, y_0) 处可微，那么该函数在点 (x_0, y_0) 处的偏导数存在，且有

$$A=f'_x(x_0, y_0), \quad B=f'_y(x_0, y_0).$$

于是，$\mathrm{d}z=f'_x(x_0, y_0)\Delta x+f'_y(x_0, y_0)\Delta y$.

对一元函数 $y=f(x)$，为近似计算函数的改变量

$$\Delta y=f(x_0+\Delta x)-f(x_0),$$

我们引进了微分 $\mathrm{d}y=f'(x_0)\Delta x$. 当 $|\Delta x|$ 较小时，用 $\mathrm{d}y$ 近似代替 Δy，计算简单且近似程度较好.

对二元函数也有类似的结论，当 $|\Delta x|$、$|\Delta y|$ 都很小时，全微分 $\mathrm{d}z$ 和函数值的改变量 Δz 也近似相等，因此我们可以用全微分来近似计算函数值的改变量，这也是全微分的一个主要作用.

例 8　求函数 $z=xy$ 在点（1，2）处

（1）当 $\Delta x=0.1$，$\Delta y=0.1$ 时的全增量与全微分；

（2）当 $\Delta x=0.01$，$\Delta y=0.01$ 时的全增量与全微分.

解　（1）$\Delta z=f(1+0.1,\ 2+0.1)-f(1,\ 2)=1.1\times2.1-1\times2=0.31$

又 $\frac{\partial z}{\partial x}=y$，$\frac{\partial z}{\partial y}=x$，于是

$$\mathrm{d}z=y\Delta x+x\Delta y$$

在点（1，2）处，当 $\Delta x=0.1$，$\Delta y=0.1$ 时，对应的全微分为

$$\mathrm{d}z=2\times0.1+1\times0.1=0.3$$

此时 $|\mathrm{d}z-\Delta z|=0.01$.

（2）$\Delta z=f(1+0.01,\ 2+0.01)-f(1,\ 2)=1.01\times2.01-1\times2=0.0301$

在点（1，2）处，当 $\Delta x=0.1$，$\Delta y=0.1$ 时，对应的全微分为

$$\mathrm{d}z=2\times0.01+1\times0.01=0.03$$

此时 $|\mathrm{d}z-\Delta z|=0.0001$.

从例 8 可以看出，自变量的改变量 $|\Delta x|$ 和 $|\Delta y|$ 越小，微分和函数值的改变量越接近，即用微分代替函数值的改变量产生的误差越小. 在解决实际问题时，如果计算函数值改变量比较困难，可考虑用全微分近似表示函数值的改变量.

例 9　要造一个无盖的圆柱形水桶，其内径为 2 米，高为 4 米，厚度均为 0.01 米，求需用材料多少立方米.

解　圆柱的体积 $V=\pi r^2h$（r 为底半径，h 为高）因为

$$\frac{\partial V}{\partial r}=2\pi rh,\ \frac{\partial V}{\partial h}=\pi r^2$$

所以 $$\mathrm{d}V=2\pi rh\Delta r+\pi r^2\Delta h$$

又因为 $$\Delta V\approx\mathrm{d}V$$

所以 $$\Delta V\approx2\pi rh\Delta r+\pi r^2\Delta h$$

由于 $r=2$，$h=4$，$\Delta r=\Delta h=0.01$，所以

$$\Delta V\approx2\pi\times2\times4\times0.01+\pi\times2^2\times0.01=0.2\pi.$$

所以需用材料约为 0.2π 立方米. 这与直接计算 ΔV 的值 0.200801π 立方米相当接近.

如果函数 $z=f(x,\ y)$ 在区域 D 内每一点 $(x,\ y)$ 处都可微，那么称函数 $z=f(x,\ y)$ 为区域 D 内的可微函数. 函数 $z=f(x,\ y)$ 在任意点 $(x,\ y)$ 处的全微分为

$$\mathrm{d}z=\frac{\partial z}{\partial x}\Delta x+\frac{\partial z}{\partial y}\Delta y.$$

一般地，记 $\Delta x = \mathrm{d}x$，$\Delta y = \mathrm{d}y$，则函数的全微分可写为

$$\mathrm{d}z = \frac{\partial z}{\partial x}\mathrm{d}x + \frac{\partial z}{\partial y}\mathrm{d}y. \tag{4-2}$$

以后求全微分时，通常写成式（4-2）的形式，式（4-2）可推广到三元及三元以上的函数，例如三元函数 $u = f(x, y, z)$ 的全微分的计算公式为：

$$\mathrm{d}u = \frac{\partial u}{\partial x}\mathrm{d}x + \frac{\partial u}{\partial y}\mathrm{d}y + \frac{\partial u}{\partial z}\mathrm{d}z.$$

例 10 求 $z = x^2 + y^2$ 的全微分

解 因为 $\frac{\partial z}{\partial x} = 2x$，$\frac{\partial z}{\partial y} = 2y$，所以

$$\mathrm{d}z = 2x\mathrm{d}x + 2y\mathrm{d}y.$$

关于二元函数的可微、连续和偏导数之间还有下面两个结论：

定理 4.3.2 如果 $z = f(x, y)$ 在点 (x, y) 处可微，那么它在该点一定连续.

定理 4.3.3 如果函数 $z = f(x, y)$ 在点 (x, y) 处的两个偏导数连续，那么它在该点一定可微.

由本节三个定理，可得二元函数可微、偏导数存在与连续之间的如下关系：

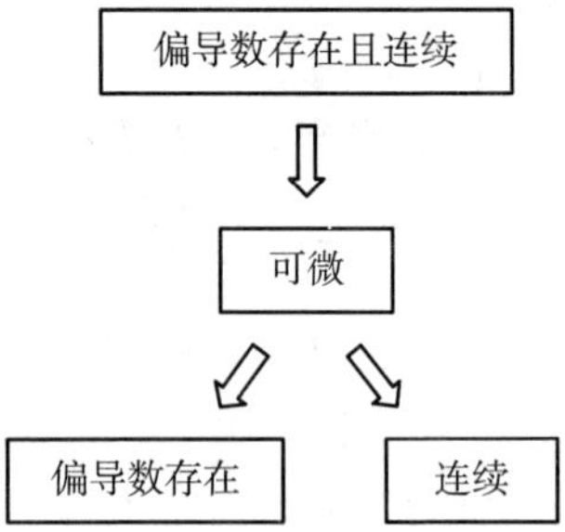

反之不一定成立.

习题 4-3

1. 判断题.

(1) 若二元函数 $z = f(x, y)$ 在点 (x_0, y_0) 的偏导数存在，则在此点函数一定连续； (　　)

(2) 若二元函数 $z = f(x, y)$ 在点 (x_0, y_0) 的偏导数存在且连续，则在此点函数一定连续； (　　)

(3) 若多元函数在某点不连续，则在此点偏导数一定不存在；　(　　)

(4) 若多元函数在某点可微，则在此点函数一定连续；　(　　)

(5) 若多元函数在某点可微，则在此点偏导数一定连续．　(　　)

2. 求下列函数在指定点的偏导数．

(1) $z=e^{xy}$，求 $z'_x(1,1)$，$z'_y(1,0)$；

(2) $z=x^3+y^3-3xy$，求 $z'_x(1,2)$，$z'_y(1,2)$；

(3) $f(x,y)=\dfrac{x}{\sqrt{x^2+y^2}}$，求 $f'_x(-1,0)$，$f'_y(-1,0)$；

(4) $f(x,y)=x+(y-1)\arcsin\sqrt{\dfrac{x}{y}}$，求 $f'_x(2,1)$；

(5) $f(x,y,z)=\ln(xy+z)$，求 $f'_x(2,1,0)$．

3. 求下列函数的偏导数．

(1) $z=y\cos x$；

(2) $z=xy+\dfrac{x}{y}$；

(3) $z=x^3y^3-y^3x$；

(4) $z=\arctan\dfrac{y}{x}$；

(5) $z=\sqrt{xy}$；

(6) $z=x\ln\dfrac{y}{x}$；

(7) $z=\ln(x+\ln y)$；

(8) $z=\left(\dfrac{1}{3}\right)^{\frac{y}{x}}$；

(9) $z=\sin^2(x+y)-\sin^2x-\sin^2y$；

(10) $u=\dfrac{y}{x}+\dfrac{z}{y}-\dfrac{x}{z}$．

4. 求下列函数的所有二阶偏导数．

(1) $z=x^4+y^4-4x^2y^2$；(2) $z=\ln(e^x+e^y)$；(3) $z=\sin^2(ax+by)$．

5. 求下列函数的全微分．

(1) $z=x^2+y^3-2xy$，求 $dz|_{(1,2)}$；

(2) $z=\arctan\dfrac{y}{x}$，求 dz；

(3) $u=x^3+y^3+z^3-3xyz$，求 du．

6. 求 $z=\dfrac{y}{x}$ 在 $x=2$，$y=1$，$\Delta x=0.1$，$\Delta y=0.2$ 时的全改变量及全微分．

7. 设 $f(x,y,z)=e^{xyz}$，求 $\dfrac{\partial^3 f}{\partial x\partial y\partial z}$．

4.4 多元复合函数求导法则和隐函数求导公式

4.4.1 多元复合函数求导法则

设$z=f(u, v)$是自变量u和v的二元函数，而$u=u(x, y)$，$v=v(x, y)$是自变量x，y的二元函数，将三者复合可得二元复合函数$z=f[u(x, y), v(x, y)]$，其中x，y是自变量．u，v是**中间变量**．关于复合函数$z=f[u(x, y), v(x, y)]$的偏导数的求法有下面结论：

定理4.4.1 如果函数$u=u(x, y)$，$v=v(x, y)$在点(x, y)可微，函数$z=f(u, v)$在对应点(u, v)上有连续的偏导数，则复合函数

$$z=f[u(x, y), v(x, y)]$$

在点(x, y)处的偏导数存在，且

$$\frac{\partial z}{\partial x}=\frac{\partial z}{\partial u}\cdot\frac{\partial u}{\partial x}+\frac{\partial z}{\partial v}\cdot\frac{\partial v}{\partial x}, \tag{4-3}$$

$$\frac{\partial z}{\partial y}=\frac{\partial z}{\partial u}\cdot\frac{\partial u}{\partial y}+\frac{\partial z}{\partial v}\cdot\frac{\partial v}{\partial y}. \tag{4-4}$$

例1 设$z=e^u\sin v$，其中$u=x+y$，$v=x-y$，求$\frac{\partial z}{\partial x}$，$\frac{\partial z}{\partial y}$．

解法1 $\frac{\partial z}{\partial u}=e^u\sin v$，$\frac{\partial z}{\partial v}=e^u\cos v$，$\frac{\partial u}{\partial x}=1$，$\frac{\partial u}{\partial y}=1$，$\frac{\partial v}{\partial x}=1$，$\frac{\partial v}{\partial y}=-1$，

由式（4-3）、式（4-4）得

$$\begin{aligned}\frac{\partial z}{\partial x}&=e^u\sin v\cdot 1+e^u\cos v\cdot 1\\&=e^{x+y}[\sin(x-y)+\cos(x-y)]\end{aligned}$$

$$\begin{aligned}\frac{\partial z}{\partial y}&=e^u\sin v\cdot 1+e^u\cos v\cdot(-1)\\&=e^{x+y}[\sin(x-y)-\cos(x-y)].\end{aligned}$$

解法2 将函数$z=e^u\sin v$，$u=x+y$和$v=x-y$复合可得$z=e^{x+y}\sin(x-y)$，所以

$$\frac{\partial z}{\partial x}=(e^{x+y})'_x\sin(x-y)+e^{x+y}[\sin(x-y)]'_x=e^{x+y}\sin(x-y)+e^{x+y}\cos(x-y)$$

$$\frac{\partial z}{\partial y}=(e^{x+y})'_y\sin(x-y)-e^{x+y}[\sin(x-y)]'_y=e^{x+y}\sin(x-y)-e^{x+y}\cos(x-y).$$

例2 求$z=(x^2+y^2)^{xy}$的偏导数．

解　引进中间变量 $u=x^2+y^2$，$v=xy$，则 $z=u^v$，z 是 x，y 的复合函数.
而

$$\frac{\partial z}{\partial u}=v\cdot u^{v-1},\ \frac{\partial z}{\partial v}=u^v\cdot \ln u,$$

$$\frac{\partial u}{\partial x}=2x,\ \frac{\partial u}{\partial y}=2y,\ \frac{\partial v}{\partial x}=y,\ \frac{\partial v}{\partial y}=x,$$

所以

$$\begin{aligned}\frac{\partial z}{\partial x}&=vu^{v-1}2x+u^v\ln u\cdot y=u^v(2xv\cdot u^{-1}+y\ln u)\\&=(x^2+y^2)^{xy}\left[\frac{2x^2y}{x^2+y^2}+y\ln(x^2+y^2)\right],\end{aligned}$$

$$\begin{aligned}\frac{\partial z}{\partial y}&=vu^{v-1}2y+u^v\ln u\cdot x\\&=(x^2+y^2)^{xy}\left[\frac{2xy^2}{x^2+y^2}+x\ln(x^2+y^2)\right].\end{aligned}$$

在定理 4.4.1 中，如果 u，v 都是 x 的一元函数，即 $u=u(x)$，$v=v(x)$，则有如下**全导数**公式：

$$\frac{\mathrm{d}z}{\mathrm{d}x}=\frac{\partial z}{\partial u}\cdot\frac{\mathrm{d}u}{\mathrm{d}x}+\frac{\partial z}{\partial v}\cdot\frac{\mathrm{d}v}{\mathrm{d}x}.\tag{4-5}$$

例 3　设 $z=u^2+uv+v^2$，$u=x^2$，$v=\cos x$，求$\frac{\mathrm{d}z}{\mathrm{d}x}$.

解　$$\begin{aligned}\frac{\mathrm{d}z}{\mathrm{d}x}&=\frac{\partial z}{\partial u}\cdot\frac{\mathrm{d}u}{\mathrm{d}x}+\frac{\partial z}{\partial v}\cdot\frac{\mathrm{d}v}{\mathrm{d}x}\\&=(2u+v)\cdot 2x+(u+2v)(-\sin x)\\&=(2x^2+\cos x)\cdot 2x-(x^2+2\cos x)\sin x\\&=4x^3+2x\cos x-x^2\sin x-\sin 2x.\end{aligned}$$

例 4　设 $z=uv+\sin t$，而 $u=\mathrm{e}^t$，$v=\cos t$，求$\frac{\mathrm{d}z}{\mathrm{d}t}$.

解　$$\begin{aligned}\frac{\mathrm{d}z}{\mathrm{d}t}&=\frac{\partial z}{\partial t}+\frac{\partial z}{\partial u}\cdot\frac{\mathrm{d}u}{\mathrm{d}t}+\frac{\partial z}{\partial v}\cdot\frac{\mathrm{d}v}{\mathrm{d}t}\\&=\cos t+v\cdot\mathrm{e}^t+u(-\sin t)\\&=\cos t+\mathrm{e}^t(\cos t-\sin t).\end{aligned}$$

4.4.2　隐函数的求导公式

一般地，如果变量 y 与 x 的函数关系可直接由 $y=f(x)$ 表示，则称这样的函数为**显函数**，例如 $y=x^2$，$y=2x+\sin^3 x$ 等；如果变量 y 与 x 的函数关系是由方程 $F(x, y)=0$ 所确定，则称这样的函数为**隐函数**，例如 $3x-y+1=0$，$e^y=xy^3$ 等均是隐函数 .

要求隐函数的导数，一个很自然的想法是：从 $F(x, y)=0$ 中解出 y 化为显函数 $y=f(x)$，再进行求导 . 但在很多情况下很难甚至不可能从 $F(x, y)=0$ 中解出 $y=f(x)$，例如 $e^y=xy^3$，因此需要寻找求隐函数导数的其他方法 .

关于由方程 $F(x, y)=0$ 所确定隐函数，利用复合函数的微分法可得到下面的求导公式：

若 $\frac{\partial F}{\partial y}\neq 0$，则由方程 $F(x, y)=0$ 确定隐函数的导数 $\frac{dy}{dx}$ 为

$$\frac{dy}{dx}=-\frac{\frac{\partial F}{\partial x}}{\frac{\partial F}{\partial y}}-\frac{F'_x}{F'_y} \tag{4-6}$$

公式（4-6）就是由方程 $F(x, y)=0$ 确定函数 $y=f(x)$ 的求导公式 .

例 5 求由方程 $y-xe^y+x=0$ 所确定的隐函数 $y=f(x)$ 的导数 .

解 设 $F(x, y)=y-xe^y+x$，

$$\frac{\partial F}{\partial x}=-e^y+1,\quad \frac{\partial F}{\partial y}=1-xe^y,$$

所以

$$\frac{dy}{dx}=-\frac{-e^y+1}{1-xe^y}=\frac{e^y-1}{1-xe^y}.$$

例 6 求曲线 $x^2+xy+y^2=4$ 在点（2， -2）处的切线方程 .

解：设 $F(x, y)=x^2+xy+y^2-4$，则有

$$\frac{dy}{dx}=-\frac{F'_x}{F'_y}=-\frac{2x+y}{x+2y},$$

所以切线斜率为

$$\left.\frac{dy}{dx}\right|_{(2,-2)}=-\frac{2\times 2-2}{2-2\times 2}=1,$$

切线方程为

$$y-(-2)=1\times(x-2),$$

即

$$y=x-4.$$

类似地，若 $\frac{\partial F}{\partial z}\neq 0$，由方程 $F(x, y, z)=0$ 确定的隐函数的偏导数 $\frac{\partial z}{\partial x}$，$\frac{\partial z}{\partial y}$ 有下面的求导公式：

$$\frac{\partial z}{\partial x}=-\frac{\frac{\partial F}{\partial x}}{\frac{\partial F}{\partial z}}-\frac{F'_x}{F'_z}\quad \frac{\partial z}{\partial y}=-\frac{\frac{\partial F}{\partial y}}{\frac{\partial F}{\partial z}}-\frac{F'_y}{F'_z}. \tag{4-7}$$

例 7　设函数 $z=f(x,\ y)$ 由方程 $x^2z^3+y^3+xyz-10=0$ 所确定，求$\frac{\partial z}{\partial x}$，$\frac{\partial z}{\partial y}$在点（1，1，1）处的值.

解　设 $F(x,\ y,\ z)=x^2z^3+y^3+xyz-10$，

$F'_x=2xz^3+yz$，$F'_y=3y^2+xz$，$F'_z=3x^2z^2+xy$，

又在点（1，1，1）处，$F'_x=3$，$F'_y=4$，$F'_z=4\neq 0$，
所以根据公式（4-7）得

$$\left.\frac{\partial z}{\partial x}\right|_{(1,1,1)}=-\left.\frac{F'_x}{F'_z}\right|_{(1,1,1)}=-\frac{3}{4}.$$

$$\left.\frac{\partial z}{\partial y}\right|_{(1,1,1)}=-\left.\frac{F'_y}{F'_z}\right|_{(1,1,1)}=-1.$$

习题 4-4

1. 求下列复合函数的导数：

（1）$z=\frac{u}{v}$，$u=x\cos y$，$v=y\cos x$，求$\frac{\partial z}{\partial x}$，$\frac{\partial z}{\partial y}$；

（2）$z=u\ln v$，$u=\frac{x}{y}$，$v=xy$，求$\frac{\partial z}{\partial x}$，$\frac{\partial z}{\partial y}$；

（3）$z=\frac{y}{x}$，$x=\mathrm{e}^t$，$y=1-2\mathrm{e}^{2t}$，求$\frac{\mathrm{d}z}{\mathrm{d}t}$；

（4）$z=u^2+v^2+s^2$，$u=3x$，$v=x^2$，$s=3x+5$，求$\frac{\mathrm{d}z}{\mathrm{d}x}$；

（5）$z=wuv$，$w=\sin(xy)$，$u=x^2-y^2$，$v=x\mathrm{e}^y$，求$\frac{\partial z}{\partial x}$，$\frac{\partial z}{\partial y}$；

（6）$z=\arcsin\frac{x}{y}$，$y=\sqrt{x^2+1}$，求$\frac{\mathrm{d}z}{\mathrm{d}x}$.

2. 下列方程确定了函数 $y=y(x)$ 或 $z=z(x,\ y)$，求它们的偏导数.

（1）$\ln\sqrt{x^2+y^2}=\arctan\frac{y}{x}$；

（2）$xy-\ln y=a$；

（3）$\frac{x^2}{a^2}+\frac{y^2}{b^2}=1$；

(4) $z^3-3xyz=a^3$;

(5) $x^2+y^2+z^2=1$;

(6) $e^{-xy}-2z+e^z=0$.

3. 设 $z=x+\varphi(xy)$，验证 $x\frac{\partial z}{\partial x}-y\frac{\partial z}{\partial y}=x$.

4. 求曲线 $x^2-xy+2y^2+x-y-1=0$，在点（0，1）处的切线方程.

4.5 偏导数的应用

与一元函数的导数类似，多元函数的偏导数在经济管理中也主要用于边际分析、弹性分析和最优化问题等，本节主要介绍偏导数在边际分析及求二元函数的极值与最值中的应用.

4.5.1 边际产量

在第2章中，我们介绍了一元函数的边际函数和弹性的概念，类似地，在二元函数中，也有边际函数和弹性的概念. 我们这里只介绍在经济学中用得较多的边际产量的概念，以此说明二元函数中“边际”一词的含义，并让大家了解一下偏导数在经济学中的应用.

在长期中，劳动量和资本量都可以发生变化，因而产量是关于劳动量和资本量的二元函数，称为**长期生产函数**，一般用 $Q=f(K,L)$ 表示，其中 Q 表示产量，L 表示劳动量，K 表示资本量，在经济学中，生产函数 $Q=f(K,L)$ 对劳动量 L 的偏导数 $f'_L(K,L)$ 称为**要素 L 的边际产量**，它表示在劳动量为 L，资本量为 K 时，保持 K 不变，当劳动量 L 再增加一个单位时产量的增加量. 类似地，$Q=f(K,L)$ 对资本量 K 的偏导数 $f'_K(K,L)$ 称为**要素 K 的边际产量**，它表示在劳动量为 L，资本量为 K 时，保持 L 不变，当资本量 K 再增加一个单位时产量的增加量.

例1 设生产函数 $Q=f(K,L)=2KL-0.5L^2-0.5K^2$，求要素 K 和 L 的边际产量，并求 $K=10$，$L=6$ 时要素 L 的边际产量，指出其经济意义.

解 由题意可得

$$f'_K(K,L)=2L-K,\ f'_L(K,L)=2K-L,$$

所以

$$f'_L(10,6)=2\times10-6=14$$

它表示 $K=10$，$L=6$ 时，保持 K 不变，再增加一个单位的劳动量，产量将增加14个单位.

4.5.2 二元函数的极值与最值

定义4.5.1 如果函数 $z=f(x, y)$ 在点 (x_0, y_0) 的某一邻域内满足 $f(x, y)<f(x_0, y_0)$（点 (x, y) 不同于点 (x_0, y_0)），那么称 $f(x_0, y_0)$ 为函数 $f(x, y)$ 的**极大值**，点 (x_0, y_0) 称为**极大值点**；如果满足 $f(x, y)>f(x_0, y_0)$（点 (x, y) 不同于点 (x_0, y_0)），那么称 $f(x_0, y_0)$ 为函数 $f(x, y)$ 的**极小值**，点 (x_0, y_0) 称为**极小值点**．极大值和极小值统称为**极值**．极大值点和极小值点统称为**极值点**．

与一元函数的极值类似，二元函数的极值有如下定理：

定理4.5.1（极值存在的必要条件） 如果函数 $z=f(x, y)$ 在点 $P_0(x_0, y_0)$ 存在偏导数，且 P_0 是极值点，那么

$$f'_x(x_0, y_0)=f'_y(x_0, y_0)=0.$$

使函数 $z=f(x, y)$ 的两个偏导数 $f'_x(x, y)$、$f'_y(x, y)$ 同时为零的点，称为**驻点**．由定理1可知，在偏导数存在的前提下，极值点必定是驻点．但要注意，驻点不一定是极值点．例如函数 $z=xy$，$(0, 0)$ 是其驻点，但可用定义验证它不是 $z=xy$ 的极值点．那么，驻点何时为极值点呢？我们有下面的判定定理：

定理4.5.2（极值存在的充分条件） 如果函数 $z=f(x, y)$ 在点 $P_0(x_0, y_0)$ 的某邻域内有一阶和二阶的连续偏导数，且 $f'_x(x_0, y_0)=f'_y(x_0, y_0)=0$ 记

$$A=f''_{xx}(x_0, y_0),\ B=f''_{xy}(x_0, y_0),\ C=f''_{yy}(x_0, y_0),$$

那么函数在驻点 (x_0, y_0) 处的极值情况如下：

(1) 当 $B^2-4AC<0$ 时取极值，且当 $A<0$ 时取极大值，$A>0$ 时取极小值；

(2) 当 $B^2-4AC>0$ 时不取极值；

(3) 当 $B^2-4AC=0$ 时可能取极值，也可能不取极值．

例2 求函数 $f(x, y)=x^3+y^3-9xy+27$ 的极值．

解 由

$$\begin{cases} f'_x(x, y)=3x^2-9y=0, \\ f'_y(x, y)=3y^2-9x=0, \end{cases}$$

得驻点 $(0, 0)$ 和 $(3, 3)$．

由 $f''_{xx}(x, y)=6x$，$f''_{xy}(x, y)=-9$，$f''_{yy}(x, y)=6y$ 得：

在点 $(0, 0)$ 处，

$A=f_{xx}(0, 0)=0$，$B=f_{xy}(0, 0)=-9$，$C=f_{yy}(0, 0)=0$，

由于 $B^2-AC=(-9)^2-0>0$，故 $(0, 0)$ 不是极值点．

在点 $(3, 3)$ 处，

$$A=f_{xx}(3,3)=18,\ B=f_{xy}(3,3)=-9,\ C=f_{yy}(3,3)=18.$$

由于 $B^2-AC=(-9)^2-18\cdot 18<0$，且 $A>0$，故（3，3）是极小值点.

函数的极小值

$$f(3,3)=3^3+3^3-9\cdot 3\cdot 3+27=0.$$

与一元函数的最值概念相似，二元函数的最值也有类似的结论：

如果二元函数 $z=f(x,y)$ 在区域 D 内偏导数存在，在此区域内**只有一个驻点**，且在此驻点取得极大（小）值，那么这个极大（小）值也就是函数在此区域内的最大（小）值.

对于实际应用问题，如果已经知道或能够判定函数在区域 D 的内部确实有最大（或最小）值；此时，如果在 D 内，函数只有一个驻点，就可以断定，该驻点处的函数值就是函数在区域 D 上的最大（或最小）值.

例 3 某工厂生产两种产品 A 与 B，出售单价分别为 10 元与 9 元，生产 x 单位的产品 A 与生产 y 单位的产品 B 的总费用是：

$$400+2x+3y+0.01(3x^2+xy+3y^2)\text{（元）}$$

求取得最大利润时，两种产品的产量各为多少?

解 设 $L(x,y)$ 表示产品 A 与 B 的产量分别为 x 与 y 单位时所获得的总利润. 因为总利润等于总收入减去总费用，所以

$$\begin{aligned}L(x,y)&=(10x+9y)-[400+2x+3y+0.01(3x^2+xy+3y^2)]\\&=8x+6y-0.01(3x^2+xy+3y^2)-400,\end{aligned}$$

由

$$L_x(x,y)=8-0.01(6x+y)=0,$$
$$L_y(x,y)=6-0.01(x+6y)=0,$$

得驻点（120，80），依实际问题知总利润一定存在最大值，而在函数的定义域 $D=\{(x,y)\,|\,x>0,\ y>0\}$ 内有唯一驻点（120，80），所以，当生产产品 A 120 件，产品 B 80 件时所得利润最大.

4.5.3 条件极值

上面给出的求二元函数 $f(x,y)$ 极值的方法中，两个自变量 x 与 y 是相互独立的，在定义域内可任意取值，不受其他条件约束，此时的极值称为**无条件极值**. 如果自变量 x 与 y 之间还要满足一定的条件 $g(x,y)=0$，这时的极值问题称为**条件极值问题**. 日常生活中遇到的极值问题基本上都是条件极值问题.

在约束条件 $g(x,y)=0$（也称**约束方程**）之下，求函数 $z=f(x,y)$（通常称为**目标函数**）的极值问题，很自然的想法是：从约束方程 $g(x,y)=0$ 中解出

y(记 $y=\varphi(x)$)，把它代入目标函数中，得到 $z=f(x, \varphi(x))$，这时 x 在定义域内可任意取值，这个一元函数 $z=f(x, \varphi(x))$ 的极值就是函数 $z=f(x, y)$ 在条件 $g(x, y)=0$ 之下的条件极值．这样就把条件极值问题转化成了无条件极值问题．但同前面所谈的隐函数求导数一样，当从方程 $g(x, y)=0$ 中解出 y 较困难甚至解不出时，这种方法就很不方便，甚至行不通．下面介绍求条件极值的一般方法——拉格朗日乘数法．

拉格朗日乘数法：求函数 $z=f(x, y)$ 在约束条件 $g(x, y)=0$ 下的极值．

第一步，以常数 λ（称为**拉格朗日乘数**）乘 $g(x, y)$，然后与 $f(x, y)$ 相加，得函数 $F(x, y)$（称为**拉格朗日函数**）．即

$$F(x, y)=f(x, y)+\lambda g(x, y).$$

第二步，求 $F(x, y)$ 的偏导数，并解方程组

$$\begin{cases} F_x(x, y)=f_x(x, y)+\lambda g_x(x, y)=0 \\ F_y(x, y)=f_y(x, y)+\lambda g_y(x, y)=0 \\ g(x, y)=0 \end{cases}$$

该方程组中有三个未知量：x，y 和 λ（待定常数），一般是设法消去 λ，解出 x 和 y，则 (x, y) 就是可能取条件极值的点．

第三步，判别所求得的点 (x, y) 是否为极值点．

第三步通常根据实际问题来判定．当某个实际问题确有极值，又只有一个可能的极值点，那么这一点就是要找的极值点（也是最值点）．

此方法可推广到自变量多于两个和条件多于一个的情况．

例 4 如果 $x+y=6$ $(x>0, y>0)$，求 $z=\frac{1}{x}+\frac{1}{y}$ 的最小值．

解 设 $F(x, y)=\frac{1}{x}+\frac{1}{y}+\lambda(x+y-6)$，

由

$$\begin{cases} F_x=-\frac{1}{x^2}+\lambda=0 \\ F_y=-\frac{1}{y^2}+\lambda=0 \\ x+y-6=0 \end{cases}$$

求得 $x=y=3$.

因为 x、y 均大于零，且当 x(或 y)$\to 0^+$ 时，$z=\frac{1}{x}+\frac{1}{y}\to+\infty$，所以，$z=\frac{1}{x}+$

$\frac{1}{y}$无最大值而应有最小值，故当 $x=y=3$ 时，$z=\frac{2}{3}$是最小值.

例5 要用铁皮做一个体积为5立方米有盖长方体水箱，怎样选取长、宽与高的尺寸，才能使用料最省？

解 设箱子的长、宽、高分别为 x、y、z，箱子的表面积为 S. 根据题意，本题是求在约束条件 $xyz=5$ 的限制下，函数 $S=2(xy+yz+zx)$ 的最小值问题.

解法1（拉格朗日乘数法）

设拉格朗日函数为

$$F(x, y, z, \lambda)=2(xy+yz+zx)+\lambda(xyz-5),$$

由

$$\begin{cases} F'_x=2(y+z)-\lambda yz=0, \\ F'_y=2(x+z)-\lambda xz=0, \\ F'_z=2(y+x)-\lambda xy=0, \\ xyz-5=0, \end{cases}$$

消去 λ，解得 $x=y=z=\sqrt[3]{5}$. 根据实际问题知，S 一定有最小值. 所以，当水箱的长、宽、高都等于$\sqrt[3]{5}$米时，所用材料最省.

解法2（转化为无条件极值法）

由于 $z=\frac{5}{xy}$，所以 $S=2(xy+yz+zx)=2\left(xy+\frac{5}{x}+\frac{5}{y}\right)$.

由$\begin{cases} \frac{\partial S}{\partial x}=2\left(y-\frac{5}{x^2}\right)=0, \\ \frac{\partial S}{\partial y}=2\left(x-\frac{5}{y^2}\right)=0, \end{cases}$

可解得 $x=\sqrt[3]{5}$，$y=\sqrt[3]{5}$.

依实际问题知，箱子的表面积一定存在最小值. 而在函数的定义域 $D=\{(x, y) \mid x>0, y>0\}$ 内有唯一的驻点 $(\sqrt[3]{5}, \sqrt[3]{5})$，所以当 $x=\sqrt[3]{5}$，$y=\sqrt[3]{5}$时，S 取最小值. 而此时 $z=\frac{5}{\sqrt[3]{5}\sqrt[3]{5}}=\sqrt[3]{5}$，这与解法1的结论相同.

习题4-5

1. 求下列函数的极值点.

(1) $z=x^2-xy+y^2-2x+y$；　　(2) $z=x^3+y^3-3xy$；

(3) $z=x^2-(y-1)^2$；　　(4) $z=4(x-y)-x^2-y^2$.

2. 求函数 $z=(x+y+2)^2$ 满足条件 $y=x^2$ 的最小值.

3. 设工厂的总成本函数 $C=C(Q_1,Q_2)=Q_1+2Q_1Q_2+3Q_2+2$，产品的价格为 $P_1=4$，$P_2=8$，求最大利润及此时的产出水平.

4. 设产量 Q 是投入 K 和 L 的函数，$Q=6K^{\frac{1}{3}}L^{\frac{1}{2}}$，其投入价格 $P_K=4$，$P_L=3$，产品的价格 $P=2$. 为使利润最大，求两种要素的投入水平、产出水平和最大利润.

5. 某公司销售两种产品，两种产品的需求量 x 与 y 是由两种产品的价格 p_1 与 p_2 确定的，需求函数分别是 $x=40-2p_1+p_2$，$y=25+p_1-p_2$，假设公司生产两种产品 x 单位与 y 单位的成本函数为 $C(x,\ y)=x^2+xy+y^2$，求利润最大时每种产品的产出水平.

6. 从斜边之长为 l 的所有直角三角形中，求有最大周长的直角三角形.

7. 某消费者消费 x 件甲商品和 y 件乙商品的效应是 $U(x,\ y)=2xy$，已知甲、乙两商品的价格分别为每件 5 元和 10 元，该消费者共有 100 元现金，求在现有的条件下，消费者获得最大效应的消费组合.

8. 设生产函数为 $Q=f(K,\ L)$，劳动的价格为 ω，资本的价格为 r，厂商用于购买这两种要素的成本是 C. 求证：厂商为了获得最大的产量，那么他选择的最优劳动投入量和资本投入量必须满足：

$$\frac{f'_K(K,\ L)}{f'_L(K,\ L)}=\frac{r}{\omega}.$$

4.6　二重积分

在第 3 章中，我们通过对数轴上某一区间的分割、求和、取极限，建立了一元函数 $y=f(x)$ 的定积分的概念. 同样地，我们也可以通过对平面上某一区域的分割、求和、取极限，建立起二元函数 $z=f(x,\ y)$ 的二重积分的概念. 本章将介绍二重积分的概念、性质及在直角坐标系下的计算方法.

4.6.1　二重积分的概念与性质

1. 二重积分的概念

定义 4.6.1　设 $z=f(x,\ y)$ 是定义在闭区域 D 上的二元函数，将 D 任意分成 n 个小区域

$$\Delta\sigma_1,\ \Delta\sigma_2,\ \cdots,\ \Delta\sigma_n.$$

在每个小区域 $\Delta\sigma_i$ 中任取一点 $(x_i,\ y_i)$，作和式

$$\sum_{i=1}^{n} f(x_i, y_i)\Delta\sigma_i$$

当各小区域的直径中的最大者 d 趋于零时，如果上面和式的极限存在，且此极限值与区域 D 的分割方法及点（x_i，y_i）的取法无关，那么称此极限值为函数在闭区域 D 上的二重积分．记作 $\iint\limits_D f(x, y)\mathrm{d}\sigma$，即

$$\iint\limits_D f(x, y)\mathrm{d}\sigma = \lim_{d\to 0}\sum_{i=1}^{n} f(x_i, y_i)\Delta\sigma_i$$

其中 $f(x, y)$ 称为被积函数，$\mathrm{d}\sigma$ 称为面积元素，x 与 y 称为积分变量，D 称为积分区域．

在直角坐标系下，常把面积元素 $\mathrm{d}\sigma$ 写成 $\mathrm{d}x\mathrm{d}y$，于是在直角坐标系下，二重积分 $\iint\limits_D f(x, y)\mathrm{d}\sigma$ 也可写成 $\iint\limits_D f(x, y)\mathrm{d}x\mathrm{d}y$ 的形式．

可以证明，闭区域 D 上的连续函数在 D 上的二重积分一定存在．

我们知道，一元函数 $y = f(x)$ 的图像，一般是平面上的一条曲线．当 $f(x)$ 是定义在区间［a，b］上的连续函数且 $f(x)\geqslant 0$ 时，$\int_a^b f(x)\mathrm{d}x$ 表示由曲线 $y = f(x)$，$x = a$，$x = b$，及 x 轴所围成的曲边梯形的面积（即定积分的几何意义）．与此类似，二元函数的图像，一般是空间中的某一曲面．当 $f(x, y)$ 是定义在平面闭区域 D 上的连续函数且 $f(x, y)\geqslant 0$ 时，$\iint\limits_D f(x, y)\mathrm{d}\sigma$ 就表示以曲面 $z = f(x, y)$ 为顶，以区域 D 为底的曲顶柱体的体积（图 4－14）．这就是**二重积分的几何意义**．

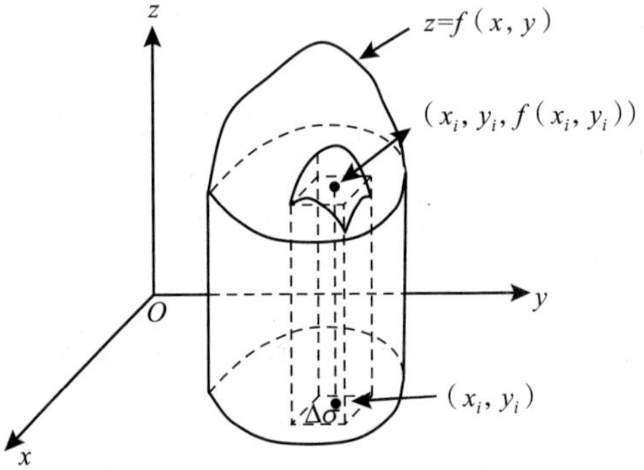

图 4－14

特别地，如果$f(x, y)=1$，且 D 的面积为 S，那么 $\iint\limits_D d\sigma=S$. 这时，二重积分可理解为以平面 $z=1$ 为顶，D 为底的平顶柱体的体积，该体积在数值上与 D 的面积相等.

如果作为曲顶的曲面方程 $z=f(x, y)\leqslant 0$ 时，以区域 D 为底的曲顶柱体倒挂在 xOy 平面的下方，这时，二重积分 $\iint\limits_D f(x, y)d\sigma$ 的值是负的，而绝对值等于该曲顶柱体的体积.

2. 二重积分的性质

比较定积分和二重积分的定义可以知道，二重积分与定积分有类似地性质，简要叙述如下：

性质 4.6.1　常数因子可提到积分号外面. 即

$$\iint\limits_D kf(x, y)d\sigma=k\iint\limits_D f(x, y)d\sigma.$$

性质 4.6.2　函数的和（差）的二重积分，等于各个函数的二重积分的和(差). 即

$$\iint\limits_D [f(x, y)\pm g(x, y)]d\sigma=\iint\limits_D f(x, y)d\sigma\pm\iint\limits_D g(x, y)d\sigma.$$

性质 4.6.3　设积分区域 D 被分割成两个区域 D_1 与 D_2，那么在 D 上的二重积分等于在 D_1，D_2 上的二重积分的和. 即

$$\iint\limits_D f(x, y)d\sigma=\iint\limits_{D_1} f(x, y)d\sigma+\iint\limits_{D_2} f(x, y)d\sigma.$$

性质 4.6.4　若在 D 上，被积函数$f(x, y)=1$，则 $\iint\limits_D d\sigma$ 等于积分区域 D 的面积 S_D. 即

$$\iint\limits_D d\sigma=S_D.$$

注：函数$f(x, y)$ 在区域 D 上的平均值计算公式为

$$\frac{1}{\sigma}\iint\limits_D f(x, y)d\sigma \tag{4-8}$$

其中 σ 表示区域 D 的面积.

4.6.2　二重积分的计算

与定积分类似，直接根据定义计算二重积分是非常困难的，下面介绍二重积

分的计算方法．为此，我们首先介绍积分区域为下面两种基本类型时二重积分的计算方法．

(1) x－型积分区域：$D=\{(x, y) \mid \varphi_1(x) \leqslant y \leqslant \varphi_2(x), a \leqslant x \leqslant b\}$.

该积分区域 D 是由连续曲线 $y=\varphi_1(x)$，$y=\varphi_2(x)$ 及两条直线 $x=a$，$x=b$ 所围成．如图 4－15 中的两个区域都属于这种类型．

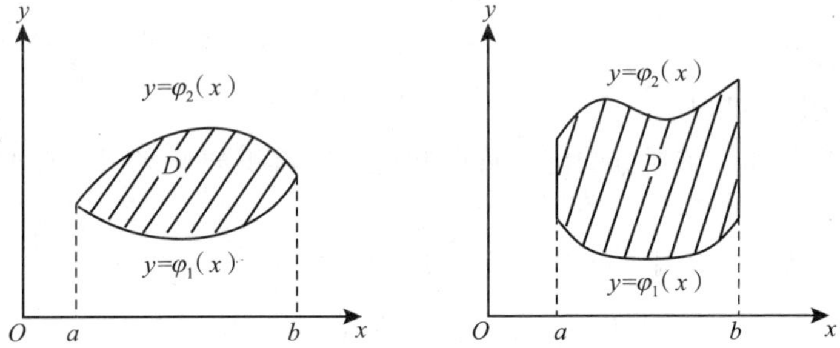

图 4－15

定理 4.6.1 设函数 $z=f(x, y)$ 在有界闭区域 D 上连续，如果区域 D 能表示为：

$$D=\{(x, y) \mid \varphi_1(x) \leqslant y \leqslant \varphi_2(x), a \leqslant x \leqslant b\}.$$

则

$$\iint_D f(x, y)\,\mathrm{d}x\mathrm{d}y=\int_a^b\left[\int_{\varphi_1(x)}^{\varphi_2(x)} f(x, y)\,\mathrm{d}y\right]\mathrm{d}x. \tag{4-9}$$

其中 $\int_a^b\left[\int_{\varphi_1(x)}^{\varphi_2(x)} f(x, y)\,\mathrm{d}y\right]\mathrm{d}x$ 称为先对 y 后对 x 的**二次积分**（或**累次积分**）．它表示先计算定积分 $\int_{\varphi_1(x)}^{\varphi_2(x)} f(x, y)\,\mathrm{d}y$，这时把 x 看成常数，y 为积分变量，设求出的结果为 $g(x)$，然后将 $g(x)$ 作为第 1 个定积分的被积函数．该定理表明，当积分区域 D 为 x－型积分区域时，二重积分可化为先对 y 后对 x 的二次积分来计算．

$\int_a^b\left[\int_{\varphi_1(x)}^{\varphi_2(x)} f(x, y)\,\mathrm{d}y\right]\mathrm{d}x$ 也可写成 $\int_a^b \mathrm{d}x\int_{\varphi_1(x)}^{\varphi_2(x)} f(x, y)\,\mathrm{d}y$ 的形式．

(2) y－型积分区域：$D=\{(x, y) \mid \psi_1(y) \leqslant x \leqslant \psi_2(y), c \leqslant y \leqslant d\}$

该积分区域 D 是由连续曲线 $x=\psi_1(y)$，$x=\psi_2(y)$ 及两条直线 $y=c$，$y=d$ 所围成．如图 4－16 中的两个区域都属于这种类型．

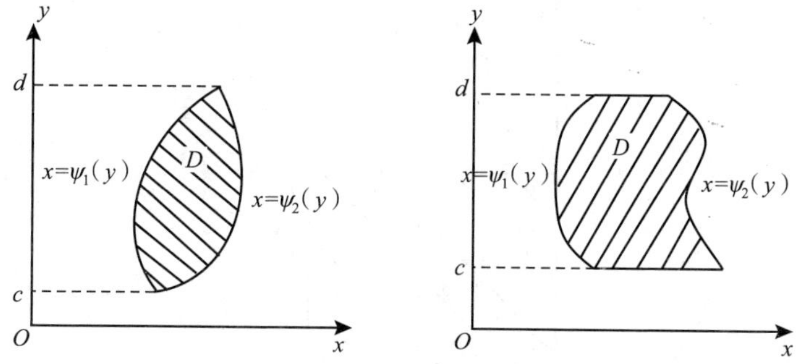

图 4 -16

定理 4.6.2　设函数 $z=f(x,y)$ 在有界闭区域 D 上连续，如果区域 D 能表示为：

$$D=\{(x,y)\mid \psi_1(y)\leqslant x\leqslant \psi_2(y),\ c\leqslant y\leqslant d\}$$

则

$$\iint\limits_D f(x,y)\,\mathrm{d}x\mathrm{d}y=\int_c^d\left[\int_{\psi_1(y)}^{\psi_2(y)} f(x,y)\,\mathrm{d}x\right]\mathrm{d}y. \tag{4-10}$$

其中 $\int_c^d\left[\int_{\psi_1(y)}^{\psi_2(y)} f(x,y)\,\mathrm{d}x\right]\mathrm{d}y$ 称为先对 x 后对 y 的二次积分，它表示先计算定积分 $\int_{\psi_1(x)}^{\psi_2(x)} f(x,y)\ \mathrm{d}x$，这时把 y 看成常数，x 为积分变量，设求出的结果为 $h(y)$，然后将 $h(y)$ 作为第 1 个定积分的被积函数．该定理表明，当积分区域 D 为 y - 型积分区域时，二重积分可化为先对 x 后对 y 的二次积分来计算．

$\int_c^d\left[\int_{\psi_1(y)}^{\psi_2(y)} f(x,y)\,\mathrm{d}x\right]\mathrm{d}y$ 又可写成 $\int_c^d \mathrm{d}y\int_{\psi_1(y)}^{\psi_2(y)} f(x,y)\,\mathrm{d}x$ 的形式．

若积分区域不是这两种类型，可以通过分割，使分割之后的每一个小区域为这两种类型之一，然后根据积分区域的可加性，就可以把二重积分计算出来．

在直角坐标系下计算二重积分，关键是对积分区域 D 用不等式表示．

例 1　计算二重积分

$$\iint\limits_D \mathrm{e}^{x+y}\,\mathrm{d}x\mathrm{d}y$$

其中积分区域 D 见图 4 -17.

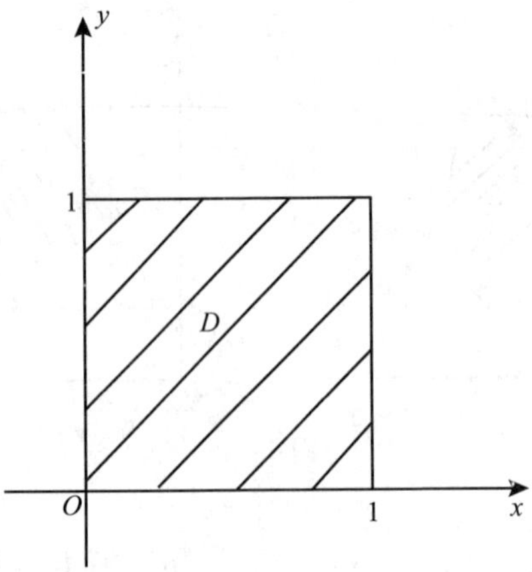

图 4－17

解 因为 $D=\{(x,\ n)\mid 0\leqslant x\leqslant 1,\ 0\leqslant n\leqslant 1\}$，所以由公式（4－9）得

$$\iint_D e^{x+y}dxdy = \int_0^1 dx\int_0^1 (e^x \cdot e^y)dy = \int_0^1 (e^x e^y)\Big|_0^1 dx$$

$$= \int_0^1 (e^x e - e^x)dx = e^x(e-1)\Big|_0^1 = (e-1)^2.$$

例 2 计算二重积分

$$\iint_D xy d\sigma$$

其中 D 为直线 $y=x$ 与抛物线 $y=x^2$ 所包围的区域（见图 4－18）.

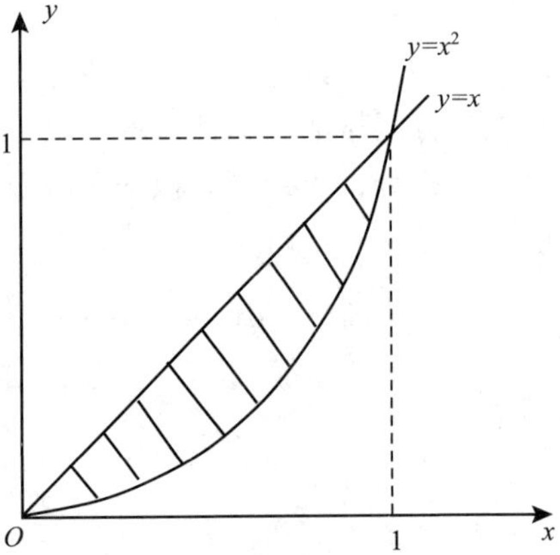

图 4－18

解法 1　联立方程组

$$\begin{cases} y = x \\ y = x^2 \end{cases}$$

得交点坐标为（0，0），（1，1）. 画出积分区域 D，如图 4－18. D 可表示为

$$D = \{(x, y) \mid 0 \leqslant x \leqslant 1, \ x^2 \leqslant y \leqslant x\}$$

于是

$$\iint_D xy\mathrm{d}\sigma = \int_0^1 \mathrm{d}x \int_{x^2}^{x} xy\mathrm{d}y = \int_0^1 \left[x \cdot \frac{y^2}{2} \right]_{x^2}^{x} \mathrm{d}x = \frac{1}{2}\int_0^1 (x^3 - x^5)\mathrm{d}x = \frac{1}{24}.$$

解法 2　D 又可表示为

$$D = \{(x, y) \mid 0 \leqslant y \leqslant 1, \ y \leqslant x \leqslant \sqrt{y}\}$$

于是

$$\iint_D xy\mathrm{d}\sigma = \int_0^1 \mathrm{d}y \int_{y}^{\sqrt{y}} xy\mathrm{d}x = \int_0^1 \left[y \cdot \frac{x^2}{2} \right]_{y}^{\sqrt{y}} \mathrm{d}y = \frac{1}{2}\int_0^1 (y^2 - y^3)\mathrm{d}y = \frac{1}{24}.$$

例 3　将二重积分 $I = \iint_D f(x, y)\mathrm{d}x\mathrm{d}y$ 按两种次序化为二次积分，其中 D 由 $y^2 = x$ 与直线 $y = x - 2$ 所围成.

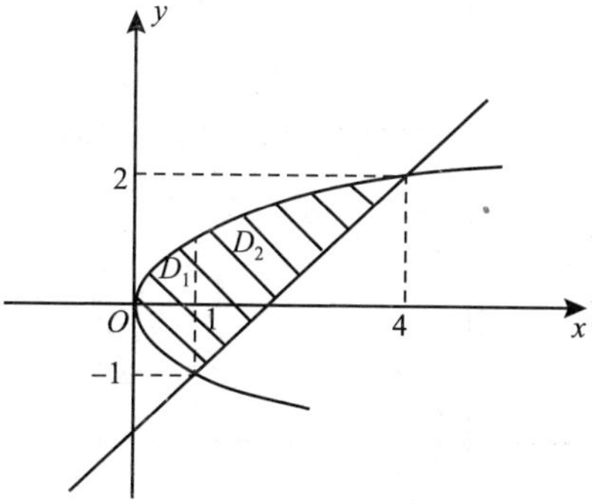

图 4－19

解　联立方程组

$$\begin{cases} y^2 = x \\ y = x - 2 \end{cases}$$

得交点坐标（1，－1），（4，2）. 画出积分区域，如图 4－19. 区域 D 可表示为

$$D = \{(x, y) \mid -1 \leqslant y \leqslant 2, \ y^2 \leqslant x \leqslant y + 2\}$$

$$\iint\limits_D f(x, y)\,\mathrm{d}x\mathrm{d}y = \int_{-1}^{2}\mathrm{d}y\int_{y^2}^{y+2} f(x, y)\,\mathrm{d}x$$

区域 D 也可以分成两个小区域 D_1 和 D_2：

$$D_1 = \{(x, y)\,|\,0\leqslant x\leqslant 1,\ -\sqrt{x}\leqslant y\leqslant\sqrt{x}\};$$

$$D_2 = \{(x, y)\,|\,1\leqslant x\leqslant 4,\ x-2\leqslant y\leqslant\sqrt{x}\}.$$

于是

$$\begin{aligned}\iint\limits_D f(x, y)\,\mathrm{d}x\mathrm{d}y &= \iint\limits_{D_1} f(x, y)\,\mathrm{d}x\mathrm{d}y + \iint\limits_{D_2} f(x, y)\,\mathrm{d}x\mathrm{d}y.\\ &= \int_0^1\mathrm{d}x\int_{-\sqrt{x}}^{\sqrt{x}} f(x, y)\,\mathrm{d}y + \int_1^4\mathrm{d}x\int_{x-2}^{\sqrt{x}} f(x, y)\,\mathrm{d}y\end{aligned}$$

若本题中 $f(x, y)$ 为具体的表达式，例如 $f(x, y) = xy$，一般情况下，计算该区域上的二重积分利用第一种积分次序比第二种简单.

例 4 计算 $\iint\limits_D \mathrm{e}^{-y^2}\mathrm{d}x\mathrm{d}y$，其中 D 是以 $O(0, 0)$，$A(1, 1)$，$B(0, 1)$ 为顶点的三角形.

解 画出积分区域，见图 4－20.

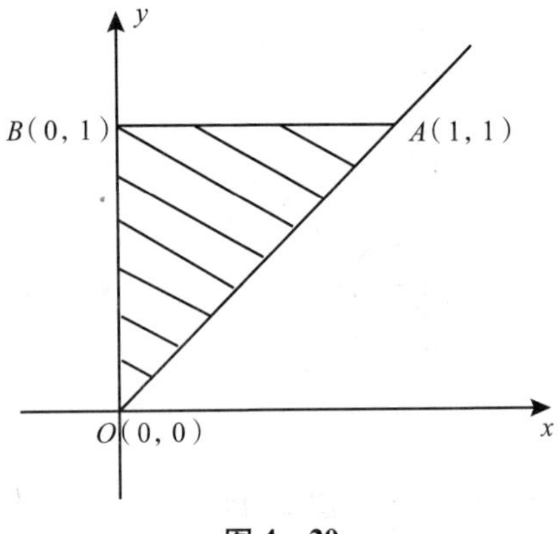

图 4－20

若先对 y、后对 x 积分，则将区域 D 表示为：

$$D = \{(x, y)\,|\,0\leqslant x\leqslant 1,\ x\leqslant y\leqslant 1\}$$

$$\iint\limits_D \mathrm{e}^{-y^2}\,\mathrm{d}x\mathrm{d}y = \int_0^1\mathrm{d}x\int_x^1 \mathrm{e}^{-y^2}\,\mathrm{d}y.$$

此时，积分 $\int_x^1 \mathrm{e}^{-y^2}\mathrm{d}y$ 的被积函数的原函数不能用初等函数表示，所以 $\int_x^1 \mathrm{e}^{-y^2}\mathrm{d}y$ 求

不出来，计算无法进行下去.

若交换积分次序，先对 x 积分，后对 y 积分，将区域 D 表示为：

$$D=\{(x,\ y)\mid 0\leqslant y\leqslant 1,\ 0\leqslant x\leqslant y\}$$

则

$$\iint_D e^{-y^2}dxdy=\int_0^1 dy\int_0^y e^{-y^2}dx=\int_0^1 e^{-y^2}\cdot x\Big|_0^y dy$$

$$=\int_0^1 e^{-y^2}ydy=-\frac{1}{2}e^{-y^2}\Big|_0^1=\frac{1}{2}-\frac{1}{2e}.$$

由例 3、例 4 可以看出，计算二重积分时，积分次序的选择会影响积分的难易程度，甚至在某个次序下解不下去，因此应恰当选择积分次序，当一种次序下积分有困难或无法积分时，可考虑改变积分次序.

例 5　求由平面 $z=0$，$x+y+z=3$ 及柱面 $x^2+y^2=1$ 所围成的立体的体积.

解　由图 4－21 知，所求的立体体积是以 xy 平面上的圆域

$$D=\{(x,\ y)\mid -1\leqslant x\leqslant 1,\ -\sqrt{1-x^2}\leqslant y\leqslant\sqrt{1-x^2}\}$$

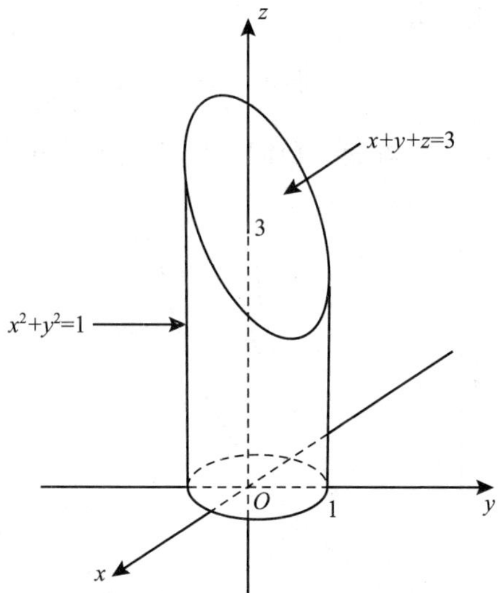

图 4－21

为底，以平面 $z=3-x-y$ 一部分为顶的柱体体积. 记所求体积为 V，由二重积分的几何意义知：

$$
\begin{aligned}
V &= \iint_D (3-x-y)\,dxdy \\
&= \int_{-1}^{1} dx \int_{-\sqrt{1-x^2}}^{\sqrt{1-x^2}} (3-x-y)\,dy \\
&= \int_{-1}^{1} \left(3y - xy - \frac{y^2}{2}\right)\Big|_{-\sqrt{1-x^2}}^{\sqrt{1-x^2}} dx \\
&= \int_{-1}^{1} (6\sqrt{1-x^2} - 2x\sqrt{1-x^2})\,dx \\
&= \int_{-1}^{1} 6\sqrt{1-x^2}\,dx - 0 \\
&= 12\int_{0}^{1} \sqrt{1-x^2}\,dx \\
&= 3\pi.
\end{aligned}
$$

在第 3 章，我们讨论了积分区间为无穷区间的无穷限广义积分的计算问题，类似地，在二重积分中，我们也会遇到积分区域无界的情况，称为广义二重积分，计算广义二重积分，也是通过化为累次积分来计算.

例 6 计算广义二重积分

$$\iint_D x e^{-y^2} d\sigma$$

其中 D 是由 $y=4x^2$ 与 $y=9x^2$ 在第一象限围成的无界区域，见图 4-22.

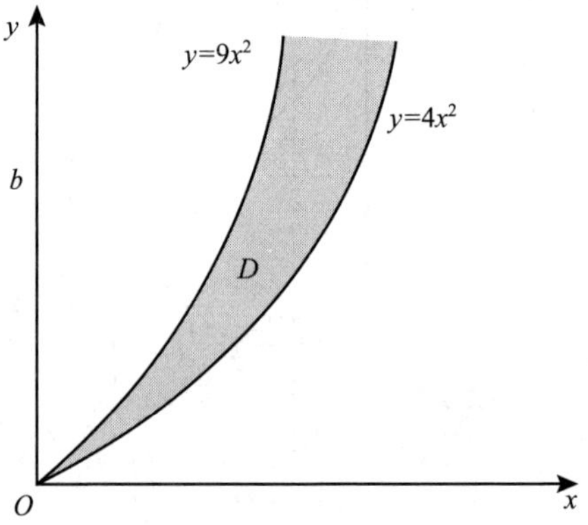

图 4-22

解 区域 D 可表示为

$$\left\{(x,\ y)\mid 0\leqslant y\leqslant +\infty,\ \frac{\sqrt{y}}{3}\leqslant x\leqslant\frac{\sqrt{y}}{2}\right\},$$

$$\begin{aligned}\iint_D x\mathrm{e}^{-y^2}\mathrm{d}\sigma &= \int_0^{+\infty}\mathrm{e}^{-y^2}\mathrm{d}y\int_{\frac{\sqrt{y}}{3}}^{\frac{\sqrt{y}}{2}}x\mathrm{d}x = \frac{1}{2}\int_0^{+\infty}\mathrm{e}^{-y^2}\left(\frac{y}{4}-\frac{y}{9}\right)\mathrm{d}y\\ &= \frac{5}{72}\int_0^{+\infty}y\mathrm{e}^{-y^2}\mathrm{d}y = -\frac{5}{144}\int_0^{+\infty}\mathrm{e}^{-y^2}\mathrm{d}(-y^2)\\ &= -\frac{5}{144}\mathrm{e}^{-y^2}\Big|_0^{+\infty} = \frac{5}{144}.\end{aligned}$$

习题 4 – 6

1. 设 $D=\{(x,\ y)\mid x^2+y^2\leqslant 1\}$，则 $\iint\limits_D 2\mathrm{d}\sigma=$ ______.

2. 将二重积分 $\iint\limits_D f(x,\ y)\mathrm{d}x\mathrm{d}y$，按两种次序化为二次积分，积分区域 D 为图 4 – 23 中的阴影部分.

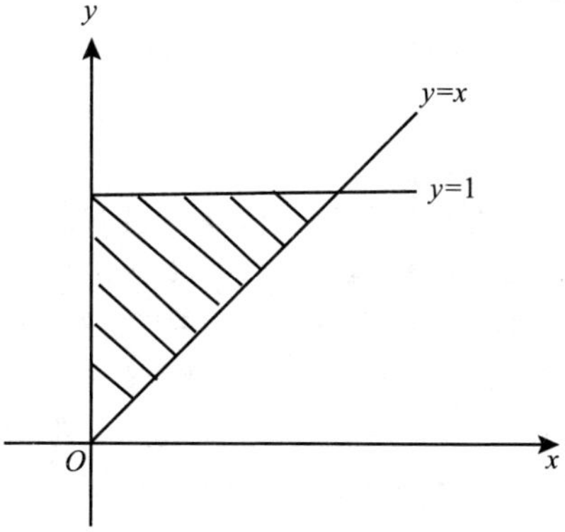

图 4 – 23

3. 若积分区域 $D=\{(x,\ y)\mid a\leqslant x\leqslant b,\ c\leqslant y\leqslant d\}$，且 $f(x,\ y)=f_1(x)\cdot f_2(y)$，试证

$$\iint_D f(x,\ y)\mathrm{d}x\mathrm{d}y=\int_a^b f_1(x)\mathrm{d}x\cdot\int_c^d f_2(y)\mathrm{d}y.$$

4. 计算下列二重积分.

(1) $\iint\limits_D (x^2+y^2)\mathrm{d}\sigma$，其中 D 是矩形：$|x|\leqslant 1$，$|y|\leqslant 1$；

(2) $\iint\limits_D x\mathrm{e}^{xy}\mathrm{d}\sigma$，其中 D：$0\leqslant x\leqslant 1$，$-1\leqslant y\leqslant 0$；

(3) $\iint\limits_D (x^2+y)\mathrm{d}\sigma$，其中 D 是由曲线 $y=x^2$ 和 $x=y^2$ 所围成的平面区域；

(4) $\iint\limits_D \mathrm{e}^{y^2}\mathrm{d}\sigma$，其中 D 是由直线 $y=x$，$y=1$，$x=0$ 所围成的平面区域；

(5) $\iint\limits_D xy\mathrm{d}\sigma$，其中 D 是由抛物线 $y^2=2x$ 和直线 $y=4-x$ 所围成的平面区域.

5. 计算下列广义二重积分.

(1) $\iint\limits_D f(x,y)\mathrm{d}\sigma$，其中 $f(x,y)=\begin{cases}4xy, & 0\leqslant x\leqslant 1,\ 0\leqslant y\leqslant 1\\ 0, & \text{其余区域}\end{cases}$，$D$ 为整个 xy 面；

(2) $\iint\limits_D x\mathrm{e}^{-y}\mathrm{d}\sigma$，其中 $D=\{(x,y)\mid x\geqslant 0,\ y\geqslant x^2\}$.

6. 某公司的生产函数的表达式为 $P(x,y)=35x^{0.75}y^{0.25}$，其中 x 表示劳动投入量，y 表示资本投入量，设 $16\leqslant x\leqslant 18$，$0.5\leqslant y\leqslant 1$，求平均产量.

本章小结

1. 多元函数偏导数和全微分分别是一元函数导数和微分概念的延伸，偏导数表示在其他变量不变的条件下，因变量对某一自变量的变化率，全微分则表示各自变量有一个微小改变时函数值的近似改变量，它们在解决实际问题中，有着广泛的应用.

2. 理解偏导数的含义，掌握复合函数和隐函数的偏导数的计算公式，是计算偏导数的关键.

3. 二元函数的极值只能在偏导数不存在的点和驻点处取得，但反过来偏导数不存在的点和驻点不一定是极值点，利用极值存在的充分条件可判断驻点是否为极值点；拉格朗日乘数法是求条件极值的一般方法.

4. 将二重积分化为二次积分是计算二重积分的基本方法，恰当的选择积分次序对于某些二重积分的计算是非常关键的.

自测题 4

1. 填空题.

(1) 点（3，-2，1）关于 y 轴的对称点为______；

(2) 点（2，-1，0）与点（1，1，-2）之间的距离为______；

(3) 若 $f(x,y)=\dfrac{2xy}{x^2+y^2}$，则 $f(-2,1)=$______；

（4）函数$f(x, y)=\sqrt{x^2+y^2-1}+\sqrt{4-x^2-y^2}$的定义域为______；

（5）$\lim\limits_{\substack{x\to 0\\ y\to 0}}\dfrac{3-\sqrt{9+xy}}{xy}=$______；

（6）若$f(x, y)=x^2+y^2$，则$f'_x(1, 1)=$______；

（7）若$z=3x-2y$，则$\mathrm{d}z=$______；

（8）若$z=x^2y$，则$\dfrac{\partial^2 z}{\partial x^2}=$______；

（9）如果函数$z=f(x, y)$在点$P_0(x_0, y_0)$处可微，且P_0是极值点，那么$f'_x(x_0, y_0)=$______，$f'_y(x_0, y_0)=$______；

（10）如果闭区域D的面积等于8，在D上$f(x, y)\equiv 3$，那么$\iint\limits_D f(x, y)\mathrm{d}\sigma=$______.

2. 选择题.

（1）点（1，1，1）关于原点的对称点为（　　）；

A. （1，1，−1）　　B. （−1，−1，−1）

C. （−1，1，−1）　　D. （−1，−1，1）

（2）方程$z=x^2+y^2$的图像为（　　）；

A. 平面　　B. 球面　　C. 柱面　　D. 以上都不对

（3）如果$x+y+z=1$，那么$\dfrac{\partial z}{\partial x}\cdot\dfrac{\partial x}{\partial y}\cdot\dfrac{\partial y}{\partial z}=$（　　）；

A. 1　　B. 0　　C. $\dfrac{1}{3}$　　D. −1

（4）如果$z=f(x, y)$在$P_0(x_0, y_0)$处存在偏导数，那么它在该点（　　）；

A. 可微　　B. 连续　　C. 有极值　　D. 以上都不对

（5）设$f(x, y)$在由直线$y=x$，$x=1$及x轴所围成的平面闭区域D上连续，则$\iint\limits_D f(x, y)\mathrm{d}\sigma$等于（　　）.

A. $\int_0^1\mathrm{d}x\int_0^1 f(x, y)\mathrm{d}y$　　B. $\int_0^1\mathrm{d}y\int_0^1 f(x, y)\mathrm{d}x$

C. $\int_0^1\mathrm{d}x\int_0^y f(x, y)\mathrm{d}y$　　D. 以上均不对

3. 求下列偏导数.

（1）设$z=xy\ln(x+y)$，求$\dfrac{\partial z}{\partial x}$，$\dfrac{\partial z}{\partial y}$；

（2）设$z=x^2y\mathrm{e}^y$，求$\left.\dfrac{\partial^2 z}{\partial x\partial y}\right|_{(1,0)}$；

（3）设$z=\arctan(u+v)$，$u=x^2+y^2$，$v=xy$，求$\dfrac{\partial z}{\partial x}$，$\dfrac{\partial z}{\partial y}$.

4. 设函数$z=f(x, y)$由方程$xyz=\mathrm{e}^z$确定，求$\dfrac{\partial z}{\partial x}$，$\dfrac{\partial z}{\partial y}$.

5. 求函数$f(x, y)=y^3-x^2+6x-12y+5$的极值.

6. 计算二重积分$\iint\limits_D x\sqrt{y}\mathrm{d}\sigma$，其中$D$是由抛物线$y=\sqrt{x}$和$y=x^2$所围成的区域.

7. 假设某厂生产A、B两种产品，产量分别为x、y时的利润为$L(x, y)=6x-x^2+16y-4y^2-2$元，已知生产这两种产品时每件产品耗费原料2000克，现有原料12000克，问两种产品各生产多少时利润最大?

总自测题

1. 填空题.

(1) 若函数$f(x+1)=x^2+2x+5$，则$f(x)=$______；

(2) 若函数$f(x)=\begin{cases} x\sin\dfrac{1}{x}+k, & x\neq 0, \\ 2, & x=0. \end{cases}$在$x=0$处连续，则$k=$______；

(3) $\lim\limits_{x\to\infty}\left(\dfrac{1+x}{x}\right)^{3x}=$______；

(4) 曲线$f(x)=x^2-x+3$在点A处的切线斜率为1，则A点坐标为______；

(5) $\mathrm{d}(x\sin x)=$______；

(6) 已知$y=x^3+ax+b$，则$y^{(4)}=$______；

(7) 某商品的需求函数为$Q=3-\dfrac{P}{3}$，则$P=6$时的需求价格弹性为______；

(8) $y=\mathrm{e}^{-2x}$的一个原函数为______；

(9) $\int_1^{\mathrm{e}}\ln x\mathrm{d}x=$______；

(10) 若$f(x,y)=x^3y^2$，则$f'_x(1,2)=$______；

2. 选择题.

(1) 若已知$f(x)$在$(0,+\infty)$内严格单调增加，则下面关系正确的是(　　)；

A. $f(3)<f(2)$　　B. $f(3)<f(1)$

C. $f(2)<f(1)$　　D. $f(1)<f(4)$

(2) 下列命中不正确的是(　　)；

A. 两个无穷小量的和仍为无穷小量

B. 两个无穷小量的差仍为无穷小量

C. 两个无穷小量的积仍为无穷小量

D. 两个无穷小量的商仍为无穷小量

(3) $\lim\limits_{x\to\infty}x\sin\dfrac{2}{x}=$(　　)；

A. 0　　B. 1　　C. 2　　D. $\frac{1}{2}$

(4) $\lim_{x\to a}f(x)=A$ 是函数 $f(x)$ 在点 $x=a$ 连续的（　　）条件；

A. 充分　　B. 必要

C. 充要　　D. 既不充分也不必要

(5) 若 $f'(a)$ 存在，则 $\lim_{h\to 0}\frac{f(a-h)-f(a)}{h}=$（　　）；

A. $f'(a)$　　B. $-f'(a)$

C. $f'(0)$　　D. $-f'(0)$

(6) 设函数 $f(x)$ 可导，且 $f'(x_0)=0$，则 x_0 一定是函数的（　　）；

A. 极大值点　　B. 极小值点　　C. 驻点　　D. 拐点

(7) 曲线 $f(x)=x^3+2x^2+3x+4$ 的拐点个数为（　　）；

A. 0　　B. 1　　C. 2　　D. 3

(8) $\int\frac{1}{x^4}\mathrm{d}x=$（　　）；

A. $-\frac{1}{3x^3}+c$　　B. $-\frac{3}{x^3}+c$　　C. $-\frac{1}{5x^5}+c$　　D. $-\frac{5}{x^5}+c$

(9) 若 $f'(x)$ 存在且连续，则 $\left(\int\mathrm{d}\,f(x)\right)'=$（　　）；

A. $f'(x)+c$　　B. $f'(x)$　　C. $f(x)$　　D. $f(x)+c$.

(10) 设函数 $z=xe^y$，则 $\mathrm{d}z\big|_{(2,1)}=$（　　）；

A. $e\mathrm{d}x+2e\mathrm{d}y$　　B. $2e\mathrm{d}x+e\mathrm{d}y$　　C. $e\mathrm{d}x+e\mathrm{d}y$　　D. $2e\mathrm{d}x+2e\mathrm{d}y$

3. 计算题.

(1) 求极限 $\lim_{x\to 1}\frac{x^2-4x+3}{x^2+5x-6}$；

(2) 求极限 $\lim_{x\to 0}\frac{\sqrt{1+x}-\sqrt{1-x}}{x}$；

(3) 已知函数 $y=\ln\sqrt{1-2x}$，求 $\frac{\mathrm{d}y}{\mathrm{d}x}$；

(4) 求不定积分 $\int x\sin x^2\mathrm{d}x$；

(5) 计算定积分 $\int_0^{\frac{\pi}{2}}x\cos x\mathrm{d}x$；

(6) 已知二元函数 $z=(x+1)\ln(y+1)$，求全微分 $\mathrm{d}z$；

（7）计算二重积分 $\iint\limits_{D}(\sqrt{x}-2y)\,\mathrm{d}x\mathrm{d}y$，其中 D 是由 $y=x^2$ 和 $y=\sqrt{x}$ 围成的平面区域.

4. 应用题.

（1）已知某商品的总收益函数为 $R=24Q-2Q^2$，总成本函数为 $C=Q^2+5$，问当产量为多少时总利润最大?

（2）设 D 是由曲线 $y=x^2$，$x=1$ 和 x 轴所围成的平面图形.

①求平面图形 D 的面积;

②求由 D 绕 x 轴一周所得的旋转体体积.

5. 证明题.

已知 $r=\sqrt{x^2+y^2+z^2}$，试证 $x\frac{\partial r}{\partial x}+y\frac{\partial r}{\partial y}+z\frac{\partial r}{\partial z}=r.$

附录

常用公式

一、常用初等代数公式

1. 一元二次方程 $ax^2+bx+c=0$ 的求根公式.

$x_{1,2}=\dfrac{-b\pm\sqrt{b^2-4ac}}{2a}$，$(\Delta=b^2-4ac>0)$.

2. 一元二次不等式 $ax^2+bx+c>0$ 与 $ax^2+bx+c<0(a>0)$ 的解集.

$\Delta=b^2-4ac$	$ax^2+bx+c>0$ $(a>0)$ 的解集	$ax^2+bx+c<0$ $(a>0)$ 的解集
$\Delta>0$ 有两相异实数根 x_1，$x_2(x_1<x)$	$\{x\mid x<x_1$ 或 $x>x_2\}$ （在两根之外）	$\{x\mid x_1<x<x_2\}$ （在两根之间）

3. 对数的运算性质

(1) 若 $a^y=x$，则 $y=\log_a x$；　(2) $\log_a a=1$，$\log_a 1=0$，$\ln e=1$，$\ln 1=0$；

(3) $\log_a(xy)=\log_a x+\log_a y$；　(4) $\log_a^{\frac{x}{y}}=\log_a x-\log_a y$；

(5) $\log_a x^b=b\log_a x$；　(6) $a^{\log_a x}=x$，$e^{\ln x}=x$.

4. 指数的运算性质

(1) $a^m\cdot a^n=a^{m+n}$；　(2) $\dfrac{a^m}{a^n}=a^{m-n}$；　(3) $(a\cdot b)^m=a^m\cdot b^m$；

(4) $(a^m)^n=a^{m\cdot n}$；　(5) $\left(\dfrac{a}{b}\right)^m=\dfrac{a^m}{b^m}$；

5. 常用二项展开及分解公式

(1) $(a+b)^2=a^2+2ab+b^2$；　(2) $(a-b)^2=a^2-2ab+b^2$；

(3) $(a+b)^3=a^3+3a^2b+3ab^2+b^3$；　(4) $(a-b)^3=a^3-3a^2b+3ab^2-b^3$；

(5) $a^2-b^2=(a+b)(a-b)$　　(6) $a^3-b^3=(a-b)(a^2+ab+b^2)$

(7) $a^3+b^3=(a+b)(a^2-ab+b^2)$

(8) $a^n-b^n=(a-b)(a^{n-1}+a^{n-2}b+a^{n-3}b^2+\cdots+b^{n-1})$

(9) $(a+b)^n=C_n^0a^n+C_n^1a^{n-1}b+C_n^2a^{n-2}b^2+\cdots+C_n^ka^{n-k}b^k+\cdots+b^n$.

其中组合数 $C_n^m=\dfrac{n(n-1)(n-2)\cdots(n-m+1)}{m!}$，$C_n^0=1$，$C_n^n=1$.

6. 常用数列求和公式

(1) 首项为 a_1，公差为 d 的等差数列前 n 项的和为

$$s_n=a_1+(a_1+d)+(a_1+2d)+\cdots+[a_1+(n-1)d]$$
$$=\frac{a_1+a_n}{2}\cdot n=a_1n+\frac{n(n-1)d}{2}.$$

(2) 首项为 a_1，公比为 q 的等比数列的前 n 项的和为

$$s_n=a_1+a_1q+a_1q^2+\cdots+a_1q^{n-1}=\frac{a_1(1-q^n)}{1-q}.\ (q\neq1)$$

二、常用基本三角公式

1. 平方关系

$$\sin^2x+\cos^2x=1;\ 1+\tan^2x=\sec^2x;\ 1+\cot^2x=\csc^2x.$$

2. 倒数关系

$$\cot x=\frac{1}{\tan x};\ \sec x=\frac{1}{\cos x};\ \csc x=\frac{1}{\sin x}.$$

3. 商数关系

$$\tan x=\frac{\sin x}{\cos x};\ \cot x=\frac{\cos x}{\sin x}.$$

4. 倍角公式

$$\sin2x=2\sin x\cos x;$$
$$\cos2x=\cos^2x-\sin^2x=1-2\sin^2x=2\cos^2x-1;$$
$$\tan2x=\frac{2\tan x}{1-\tan^2x}.$$

5. 半角公式

$$\sin^2\frac{x}{2}=\frac{1-\cos x}{2};\ \cos^2\frac{x}{2}=\frac{1+\cos x}{2};\ \tan\frac{x}{2}=\frac{1-\cos x}{\sin x}=\frac{\sin x}{1+\cos x}=\pm\sqrt{\frac{1-\cos x}{1+\cos x}}.$$

6. 两角和与差的正弦、余弦、正切公式

$$\sin(x\pm y)=\sin x\cos y\pm\cos x\sin y;\ \cos(x\pm y)=\cos x\cos y\mp\sin x\sin y;$$

$$\tan(x \pm y) = \frac{\tan x \pm \tan y}{1 \mp \tan x \tan y}.$$

7. 和差化积公式

$$\sin x + \sin y = 2\sin\frac{x+y}{2}\cos\frac{x-y}{2};\quad \sin x - \sin y = 2\cos\frac{x+y}{2}\sin\frac{x-y}{2};$$

$$\cos x + \cos y = 2\cos\frac{x+y}{2}\cos\frac{x-y}{2};\quad \cos x - \cos y = -2\sin\frac{x+y}{2}\sin\frac{x-y}{2}$$

8. 积化和差公式

$$\sin x\cos y = \frac{1}{2}[\sin(x+y) + \sin(x-y)];\quad \cos x\sin y = \frac{1}{2}[\sin(x+y) - \sin(x-y)];$$

$$\cos x\cos y = \frac{1}{2}[\cos(x+y) + \cos(x-y)];\quad \sin x\sin y = -\frac{1}{2}[\cos(x+y) - \cos(x-y)].$$

习题与自测题参考答案

第1章

习题1-1

1. (1) $\in$； (2) $\subset$； (3) $\in$； (4) $\supset$； (5) $\in$； (6) $\notin$.

2. (1) $\{3\}$；$\{-1, 0, 3, 5, 7, 8\}$；

(2) $\{7, 8\}$；$\{-1, 0, 5\}$；$\{-1, 0, 5, 7, 8\}$.

3. $\{x \mid 0<x<2\}$，$\{x \mid x<5$ 或 $x>7\}$.

4. (1) 奇； (2) 偶； (3) 偶； (4) 非奇非偶.

5. (1) $y=(x+1)^3-1$； (2) $y=e^{x-1}-2$； (3) $y=\frac{\lg x-3}{2}$；

(4) $y=-\sqrt{x}$.

6. $f(x)=\frac{1}{4}x^2+x+4$，$f(-x)=\frac{1}{4}x^2-x+4$.

7. $S=\frac{200000\times 0.0042\times(1+0.0042)^{240}}{(1+0.0042)^m-1}$.

8. 1324.33 元.

习题1-2

1. (1) $x\geqslant 0$； (2) $x>-2$； (3) $x\geqslant -2$，$x\neq \pm 1$； (4) $x>1$；

(5) $x\leqslant 2$； (6) R.

2. (1) $y=\sin^2 x$； (2) $y=\sin 2x^2$； (3) $y=e^{2x+3}$；

(4) $y=\arctan(a^2+x^2)$.

3. 1，3，1.

4. $$y=\begin{cases} 0, & 1000\leqslant x\leqslant 1600 \\ 0.05(x-1600), & 1600<x\leqslant 2100 \\ 25+0.1(x-2100), & 2100<x\leqslant 3600 \\ 175+0.15(x-3600), & 3600<x\leqslant 6600 \end{cases}$$

甲不用缴税；乙应缴所得税 10 元；丙应缴所得税 65 元；丁应缴所得税

535 元.

习题 1－3

1. $C(Q)=2000+15Q\quad R(Q)=20Q$.

2. $L(x)=\begin{cases}125x-200, & x\leqslant 700\\ 112x+8900, & x>700\end{cases}$.

3. 30，140.

4. 100.

习题 1－4

1. （1）0； （2）2； （3）不存在； （4）1.

2. 不存在.

3. 不存在.

4. $+\infty$.

5. 0.

习题 1－5

1. （1）0； （2）0； （3）0； （4）0.

2. C.

3. $\frac{1}{x^4}=o\left(\frac{1}{x^3+x^2}\right)$（$x\to\infty$）.

习题 1－6

1. （1）28； （2）2； （3）$\frac{1}{2}$； （4）∞； （5）$\frac{3}{2}$； （6）$2x$；

（7）0； （8）$\frac{1}{2}$.

2. （1）8； （2）$\frac{3}{2}$； （3）$\frac{1}{4}$； （4）2^{15}； （5）$\frac{4}{3}$； （6）-1；

（7）0； （8）0.

3. $\lim\limits_{x\to 0}f(x)=1$，$\lim\limits_{x\to 2}f(x)$ 不存在，$\lim\limits_{x\to+\infty}f(x)=1$.

4. 3.

习题 1－7

1. （1）$\frac{2}{3}$； （2）$\frac{1}{4}$； （3）∞； （4）2； （5）0； （6）$\frac{1}{2}$.

2. （1）e^{-6}； （2）e^{-6}； （3）e^{-1}； （4）e^{-2}； （5）e^2； （6）e^{-1}.

3. （1）64275； （2）60465； （3）60675.

习题 1－8

1. A.

2. 在 $x=0$ 处间断，$x=1$ 处连续.

3. $k=2$.

4. $k=\frac{1}{6}$.

5. (1) -2，1；　(2) 0.

6. (1) $\frac{2}{5}$；　(2) 0.

7. 连续区间为 $(-\infty,-3)$，$(-3,2)$，$(2,+\infty)$；极限分别为 $\frac{1}{2}$，∞，$-\frac{8}{5}$，∞.

自测题 1

1. (1) $x<0$；　(2) 7；　(3) x^2+1；　(4) 2；　(5) e^{-3}；　(6) $x=2$.

2. (1) A；　(2) A；　(3) B；　(4) B；　(5) D；　(6) A；　(7) D；　(8) D.

3. (1) ×；　(2) ×；　(3) ×；　(4) ×；　(5) √.

4. (1) $-\frac{1}{2}$；　(2) $\frac{1}{2}$；　(3) 0；　(4) 0；　(5) $\frac{2}{5}$；　(6) e^{-3}；　(7) 0；　(8) x.

5. $x\to 0$ 时 $f(x)$ 的极限不存在，$x\to 1$ 时 $f(x)$ 的极限存在，且 $\lim\limits_{x\to 1}f(x)=2$.

6. (1) $L(x)=-x^2+8x-7$；(2) 4.

第 2 章

习题 2－1

1. $10x+y+5=0$，$x-10y+51=0$.　2. 3，3.　3. 4.

4. 连续但不可导.　5. 连续但不可导.　6. 16.

习题 2－2

1. (1) A；　(2) C；　(3) B；　(4) C；　(5) A.

2. (1) $y'=5x^4-6x$；　(2) $y'=-\frac{20}{x^6}-\frac{28}{x^5}+\frac{2}{x^2}$；

(3) $y'=\frac{3}{4}x^{-\frac{1}{4}}-\frac{4}{3}x^{-\frac{7}{3}}$；　(4) $y'=2\sec^2x+\sec x\tan x$；

(5) $y' = \cos 2x$;

(6) $y' = 2x\arctan x + \dfrac{x^2}{1+x^2}$;

(7) $y' = 28x + 38$;

(8) $y' = e^x x^2 (3\ln x + x\ln x + 1)$;

(9) $y' = -\dfrac{1}{1+\sin x}$;

(10) $y' = \dfrac{2}{(1+x)^2}$;

(11) $y' = -\dfrac{2x+1}{(x^2+x+1)^2}$;

(12) $y' = e^x\left(\dfrac{1}{x^2} - \dfrac{2}{x^3}\right) + \log_3 x$.

3. (1) $\left.\dfrac{dy}{dx}\right|_{x=0} = 1$; $\left.\dfrac{dy}{dx}\right|_{x=\frac{\pi}{2}} = -1$;

(2) $\left.\dfrac{dr}{d\theta}\right|_{\theta=\frac{\pi}{4}} = \dfrac{\sqrt{2}}{4}\left(1+\dfrac{\pi}{2}\right)$.

(3) $y'(0) = 1$; (4) $f'(1) = 3$; (5) $y'(2) = \dfrac{2}{25}$.

4. (1) 物体的速度 $v(t) = v_0 - gt$;

(2) 该物体达到最高点的时刻 $t = \dfrac{v_0}{g}$;

(3) 该物体上升的最高度 $s = \dfrac{v_0^2}{2g}$.

5. 切线方程：$2x - y + 2 = 0$；法线方程：$x + 2y - 9 = 0$.

6. (1) $y' = 2\sin(3-2x)$;

(2) $y' = nx^{n-1}\cos x^n$;

(3) $y' = n\sin^{n-1}x\cos x$;

(4) $y' = n\cos nx$;

(5) $y' = \sec x$;

(6) $y' = \csc x$;

(7) $y' = -\dfrac{2}{\sqrt{1-4x^2}}$;

(8) $y = \tan x$;

(9) $y' = -\dfrac{e^x}{1+e^{2x}}$;

(10) $y' = \dfrac{2^x\ln 2}{1+2^{2x}}$;

(11) $y' = \dfrac{e^x}{(1+e^x)\ln 10}$;

(12) $y' = -2xe^{-x^2}$;

(13) $y' = \dfrac{x}{(1-x^2)\sqrt{1-x^2}}$;

(14) $y' = \dfrac{1}{a^2+x^2}$;

(15) $y' = \cos x\cos\sin x$;

(16) $y' = \dfrac{1}{\sqrt{a^2-x^2}}$.

7. (1) $y' = e^x(\sin 3x + 3\cos 3x)$;

(2) $y' = 6\sec^2 3x \cdot \tan x$;

(3) $y' = \dfrac{1}{x^2-a^2}$;

(4) $y' = \dfrac{1}{\sqrt{x^2+a^2}}$;

(5) $y' = \dfrac{1}{2\sqrt{x}\,(1+x)}e^{\arctan\sqrt{x}}$;

(6) $y' = \dfrac{3}{\sqrt{4-x^2}}\left(\arcsin\dfrac{x}{2}\right)^2$;

(7) $y' = x^{\sin x}\left(\cos x\ln x + \dfrac{\sin x}{x}\right)$;　　(8) $y' = 2x^{2x}(\ln x + 1)$;

(9) $y' = -\dfrac{2}{1-x^2}$;

(10) $y' = \dfrac{\sqrt{(x-1)(x-2)}}{\sqrt[3]{(x-3)(x-4)}}\left[\dfrac{2x-3}{2(x-1)(x-2)} - \dfrac{2x-7}{3(x-3)(x-4)}\right]$;

8. $f'(x) = -\dfrac{2}{x^3} - 1$; $f'(4) = -\dfrac{33}{33}$.

9. $y' = e^{f(x)}[f'(x)f(e^x) + e^x f'(e^x)]$;

10. 连续且可导.

11. $y' = \begin{cases} -\cos x, & x<0 \\ \cos x, & x>0 \end{cases}$

习题 2-3

1. (1) $y'' = -\dfrac{1}{(1+x)^2}$;　　(2) $y'' = 2e^t\cos t$;

(3) $y'' = e^{\cos x}(\sin^2 x - \cos x)$;　　(4) $y'' = -\sin x$;

(5) $y'' = 2\sec^2 x \cdot \tan x$;　　(6) $y'' = e^x\left(\dfrac{1}{x} - \dfrac{2}{x^2} + \dfrac{2}{x^3}\right)$;

(7) $y'' = -\dfrac{1}{(1-x^2)\sqrt{1-x^2}}$;　　(8) $y'' = \dfrac{6x^2-2}{(1-x^2)^2}$.

2. $f'''(-8) = 0$;

3. $y^{(n)} = 2a$.

4. 略.

5. 略.

6. (1) $y^{(n)} = 2^n e^{2x}$;　　(2) $y^{(n)} = n!$.

习题 2-4

1. (1) 3;　　(2) $3x + C$;　　(3) $2x$;

(4) $x^2 + C$;　　(5) $x^2 - x + C$;　　(6) $e^x + C$;

(7) $\sin t + C$;　　(8) $\arctan x + C$;　　(9) $\cos x + C$;

(10) $\tan x + C$.

2. $\Delta x = 1$ 时，$\Delta y = 18$，$dy = 11$，$|\Delta y - dy| = 7$;

$\Delta x = 0.1$ 时，$\Delta y = 1.161$，$dy = 1.1$，$|\Delta y - dy| = 0.061$;

$\Delta x = 0.01$，$\Delta y = 0.110601$，$dy = 0.11$，$|\Delta y - dy| = 0.000601$.

3. (1) $dy=\left(-\frac{1}{x^2}+\frac{1}{\sqrt{x}}\right)dx$； (2) $dy=-2x\sin x^2dx$；

(3) $dy=\frac{1}{2\sqrt{x}\sqrt{1-x}}dx$； (4) $dy=\frac{\cos x-\sin x}{\cos x+\sin x}dx$；

(5) $dy=-e^{-x}(\cos3x+3\sin3x)\ dx$； (6) $dy=(\sin2x+2x\cos2x)dx$.

习题2-5

1. (1) 1； (2) 2； (3) $\cos a$； (4) $-\frac{3}{5}$； (5) 1；

(6) $\frac{1}{2}$； (7) 2； (8) $\frac{1}{2}$ (9) 1； (10) $\frac{\ln a}{3}$.

2. (1) 0； (2) 0； (3) $+\infty$； (4) 2.

3. (1) 1； (2) $\frac{1}{2}$； (3) 1.

4. 1，1.

习题2-6

1. (1) 0； (2) 0，ln2； (3) $(0,+\infty)$，0，小； (4) 小； (5) 2.

2. (1) A； (2) C； (3) C； (4) C； (5) A； (6) C.

3. (1) 在$(-\infty,0)$与$(2,+\infty)$内单调增加.

(2) 在$(-2,+\infty)$内单调增加.

4. (1) 单调增加区间$(-\infty,-1)$，$(3,+\infty)$，单调减少区间$(-1,3)$；

(2) 单调增加区间$(-\infty,0)$，$(1,+\infty)$，单调减少区间$(0,1)$；

(3) 单调增加区间$(0,+\infty)$；

(4) 单调增加区间$\left(\frac{1}{2},+\infty\right)$，单调减少区间$\left(0,\frac{1}{2}\right)$.

5. (1) 极大值$f(-1)=17$，极小值$f(3)=-47$；

(2) 极小值$f(0)=0$；

(3) 极大值$f(2)=4e^{-2}$，极小值$f(0)=0$；

(4) 极大值$f(2)=1$.

6. (1) 最大值$f(3)=11$，最小值$f(2)=-14$；

(2) 最大值$f\left(\frac{\pi}{4}\right)=\sqrt{2}$，最小值$f\left(\frac{5\pi}{4}\right)=-\sqrt{2}$；

(3) 最大值$f(9)=\frac{3}{2}$，最小值$f(1)=-\frac{1}{2}$.

习题 2－7

1.（1）$(0, 1)$；（2）$(0, 2)$；

（3）$(0, e^{\frac{3}{2}})$，$(e^{\frac{3}{2}}, +\infty)$，$\left(e^{\frac{3}{2}}, \frac{3}{2}e^{-\frac{3}{2}}\right)$；（4）$(-\infty, +\infty)$.

2.（1）C；（2）A；（3）B；（4）B；（5）C；（6）C；（7）B；（8）A.

3.（1）凸区间为 $(1, +\infty)$；凹区间为 $(0, 1)$；拐点为 $(1, -1)$；

（2）凹区间为 $(-\infty, +\infty)$；无拐点；

（3）凸区间为 $(-\infty, 0)$；凹区间为 $(0, +\infty)$；拐点为 $(0, -2)$；

（4）凸区间为 $(-\infty, -1)$ 与 $(0, 1)$；凹区间为 $(-1, 0)$ 与 $(1, +\infty)$；拐点为 $(0, 0)$.

4.（1）单调减少区间为 $(-\infty, 0)$ 与 $\left(0, \frac{1}{\sqrt[3]{2}}\right)$，单调增加区间为 $\left(\frac{1}{\sqrt[3]{2}}, +\infty\right)$，极小值为 $f\left(\frac{1}{\sqrt[3]{2}}\right)=\frac{3}{2}\sqrt[3]{2}$，凹区间为 $(-\infty, -1)$ 与 $(0, +\infty)$，凸区间为 $(-1, 0)$，拐点为 $(-1, 0)$.

（2）单调增加区间为 $(-2, 0)$，单调减少区间为 $(-\infty, -2)$ 与 $(0, +\infty)$，极小值为 $f(-2)=-3$，凸区间为 $(-\infty, -3)$，凹区间为 $(-3, 0)\cup(0, +\infty)$，拐点为 $\left(-3, -2\frac{8}{9}\right)$.

习题 2－8

1. D.

2. B.

3. -1.

4.（1）$\overline{C}(100)=22$；（2）$C'(100)=9.5$.

5.（1）边际需求函数 $Q'(P)=-1600\left(\frac{1}{2}\right)^{P}\ln 2$；

（2）需求弹性函数 $E_P=-P\ln 2$.

6. 边际成本为 $C'(x)=5$；边际收益为 $R'(x)=10-0.02x$；边际利润为 $L'(x)=5-0.02x$.

7. 边际收入函数为 $R'(x)=26-4x-12x^2$；边际成本函数为 $C'(x)=8+2x$；$x=1$（万件）时利润最大，最大利润为 11（万元）.

8. $x=10\text{cm}$，$y=15\text{cm}$.

9.（1）16；（2）20；（3）10.

自测题2

1. (1) B; (2) C; (3) B; (4) C; (5) B; (6) C; (7) A; (8) A; (9) A; (10) D.

2. (1) $\arctan x$; (2) 9; (3) $y=2x-2$;

(4) $y''=2\arctan x+\dfrac{2x}{1+x^2}$; (5) $\dfrac{1}{x}$.

3. (1) $15\sqrt{(2x-3)^{13}}$; (2) $\dfrac{1}{2\sqrt{x-x^2}\arcsin\sqrt{x}}$;

(3) $e+1$; (4) $x^{\cos x}\left(-\sin x\ln x+\dfrac{\cos x}{x}\right)$;

(5) $(4x^3\sin x+x^4\cos x)\,dx$; (6) 0;

(7) 0; (8) $-\dfrac{1}{2}$.

4. (1) 单调递增区间为 $(-\infty, 0)\cup(2, +\infty)$，单调递减区间为 $(0, 2)$；极大值为 $f(0)=-1$；极小值为 $f(2)=-5$；凹为区间 $(1, +\infty)$，凸为区间 $(-\infty, 1)$；拐点坐标为 $(1, -3)$.

(2) ①$x=30$，最低平均单位成本为$\dfrac{38}{3}$；②$x=45$，总利润最大，最大利润是800元.

第3章

习题3-1

1. (1) ≤; (2) ≤; (3) ≤; (4) =.

2. (1) π; (2) $\dfrac{1}{2}$; (3) 0.

习题3-2

1. (1) x; (2) $\dfrac{1}{4}x^4+\dfrac{1}{2}x^2$; (3) $\dfrac{1}{2}x^2+\sin x$; (4) $e^x+\ln|x|$.

2. (1) 0; (2) $\dfrac{8}{3}$; (3) e^2-e; (4) 1; (5) $13\dfrac{1}{3}$;

(6) $\dfrac{7}{3}+\ln 2$; (7) $\ln 2-2$; (8) $1-\dfrac{\pi}{4}$; (9) $e^{\frac{\pi}{2}}-2$; (10) $\dfrac{8}{3}$.

3. $x=0$.

习题 3－3

1. （1）$x-\frac{1}{2}x^4+C$；（2）$\frac{2}{5}x^{\frac{5}{2}}+C$；

（3）$\frac{1}{\ln 3}3^x+\frac{1}{3}x^3+C$；（4）$-\frac{1}{x}+\arctan x+C$；

（5）$\frac{2}{3}x^{\frac{3}{2}}-\frac{3}{2}x^{\frac{2}{3}}+C$；（6）$\frac{1}{3}x^3-x+\arctan x+C$；

（7）$2x-\frac{5\cdot 2^x}{3^x(\ln 2-\ln 3)}+C$；（8）$\frac{2}{7}x^{\frac{7}{2}}-\frac{10}{3}x^{\frac{3}{2}}+C$；

（9）$\ln|x|-\frac{1}{x}+e^x+C$.

2. （1）$\tan x-x+C$；（2）$\frac{1}{2}x+\frac{\sin x}{2}+C$；

（3）$\frac{1}{2}\tan x-\frac{1}{2}x+C$；（4）$\tan x+\cot x+C$.

3. $s=t^4+3\sin t+2t+5$.

习题 3－4

1. （1）C；（2）B；（3）C；（4）D

2. （1）$\frac{1}{3}\ln|3x-2|+C$；（2）$\ln|x^2-x+5|+C$；

（3）$-\frac{1}{2}\cos(2x+1)+C$；（4）$-2\sqrt{1-x}+C$；

（5）$\arcsin\frac{x}{3}+C$；（6）$-\cos x+\frac{1}{3}\cos^3 x+C$；

（7）$-e^{-\frac{1}{x}}+C$；（8）$-\frac{2}{9}(1-x^3)^{\frac{3}{2}}+C$；

（9）$\frac{1}{3}\ln^3 x+C$；（10）$\frac{1}{3}(3+2e^x)^{\frac{3}{2}}+C$；

（11）$x-\ln|1-e^x|+C$；（12）$-\frac{1}{2}e^{-t^2}+C$；

（13）$\ln\left|\frac{x-2}{x-1}\right|+C$；（14）$-\frac{1}{x+2}+C$.

3. （1）$\frac{1}{3}x^3\ln x-\frac{1}{9}x^3+C$；（2）$-xe^{-x}-e^{-x}+C$；

（3）$\frac{1}{2}x^2\arctan x-\frac{x}{2}+\frac{1}{2}\arctan x+C$；（4）$-x\cos x+\sin x+C$；

(5) $\frac{1}{2}x^2\ln(1+x)-\frac{1}{4}x^2-\frac{1}{2}x-\frac{1}{2}\ln(1+x)+C$;

(6) $x\tan x-\ln|\cos x|+C$;　(7) xe^x+C;

(8) $(x+1)\arctan\sqrt{x}-\sqrt{x}+C$;　(9) $x\arcsin x+(1-x^2)^{\frac{1}{2}}+C$;

(10) $\frac{1}{3}(x^3-1)e^{x^3}+C$;

4. (1) $\frac{\pi^2}{32}$;　(2) $\frac{1}{2}\ln 3$;　(3) $\frac{\pi}{4}+\frac{1}{2}$;　(4) $\ln\frac{4}{3}$;

(5) $\frac{\pi}{2}-1$;　(6) $\frac{1}{4}(e^2+1)$

习题3－5

1. (1) A;　(2) C;　(3) C;　(4) D;　(5) B.

2. (1) $\frac{3}{2}\ln\frac{5}{2}$;　(2) π;　(3) $4-2\arctan 2$;　(4) $1-\frac{\pi}{4}$;

(5) $\frac{22}{3}$;　(6) $\frac{4+4\sqrt{2}}{15}$.

3. (1) π;　(2) $\ln 2-2+\frac{\pi}{2}$;　(3) $\frac{4\sqrt{2}}{3}\ln 2-\frac{4}{9}(2\sqrt{2}-1)$;

(4) $e-2$;　(5) $\frac{\pi}{4}-\frac{1}{2}$;　(6) $2\left(1-\frac{1}{e}\right)$.

习题3－6

1. (1) 发散　(2) $\frac{1}{3}$　(3) $\frac{1}{2}$　(4) 发散　(5) 发散

(6) 发散　(7) $-\frac{1}{4}$　(8) $\frac{1}{2}$

2. (1) $\frac{16}{5}$;　(2) 5040;　(3) 3;　(4) $\frac{3}{8}$.

3. 1.

习题3－7

1. $\frac{9}{2}$;　2. $\pi-1$;　3. 18;　4. $\frac{3}{2}-\ln 2$;　5. $\frac{32}{3}$;　6. e;　7. 2π;

8. $\frac{2}{3}\pi$;　9. $\frac{\pi}{2}$, $\frac{\pi}{5}$.

习题3－8

1. (1) 9875,　(2) 18500;

2. （1）55，　（2）105；

3. （1）$C(x)=x+2x^2+3$；　（2）当 $x=1.5$ 时，最大利润 3.75 千元；

4. （1）$R(x)=100x-\frac{x^2}{40}$，　（2）$R(100)=9750$，　（3）=92.5（元/件）.

5. 96.73 万元；

6. 分期付款合算（分期付款的所有现值之和为 289.1 万元）

7. 基尼系数为 0.33，收入相对合理.

8. $\frac{328}{9}$

自测题 3

1. （1）C；　（2）C；　（3）D；　（4）C；　（5）B；　（6）D；
（7）C；　（8）D；　（9）B；　（10）A..

2. （1）$\frac{1}{3}x^3-\tan x+C$；　（2）$\ln|f(x)|+C$；　（3）1；
（4）0；　（5）$y=\frac{1}{3}x^3+\frac{5}{3}$.

3. （1）$\frac{2^x}{\ln 2}+\frac{2}{5}x^{\frac{5}{2}}+C$；　（2）$\arcsin\ln x+C$；　（3）$\ln\left|\frac{x-2}{x}\right|+C$；
（4）$\frac{1}{2}(\arctan x)^2+C$；　（5）$\frac{1}{2}\ln 7$；　（6）6；
（7）$1-\frac{2}{e}$；　（8）$\frac{1}{2}$.

4. 1.

5. $\frac{128\pi}{7}$，$\frac{64\pi}{5}$.

6. （1）$C(Q)=\frac{1}{4}Q^2+3Q+8$；
（2）16，120.

第 4 章

习题 4－1

1. （1）$O(0, 0, 0)$，$P(2, 0, 0)$，$Q(0, 1, 0)$，$R(0, 0, 3)$，
$L(2, 1, 0)$，$N(2, 0, 3)$，$K(0, 1, 3)$；
（2）$\sqrt{14}$.

2. $M(x, y, z)$ 关于 xOy、xOz、yOz 平面的对称点分别是：

$(x, y, -z)$，$(x, -y, z)$，$(-x, y, z)$.

$M(x, y, z)$ 关于 x、y、z 轴、原点 O 的对称点分别是：

$(x, -y, -z)$，$(-x, y, -z)$，$(-x, -y, z)$，$(-x, -y, -z)$.

3. $a=1$ 或 $a=-3$.

4. 略.

5. 略.

6. （1）平面；　（2）球面；　（3）柱面.

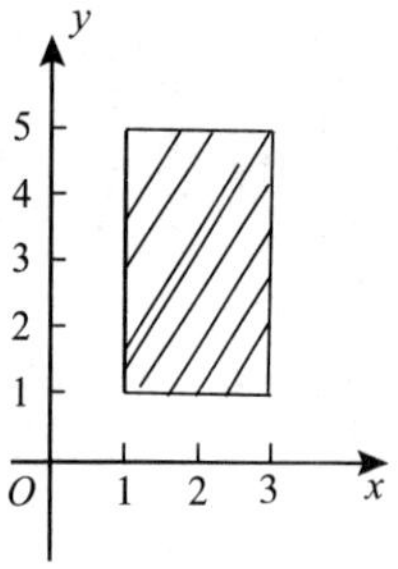

（1）

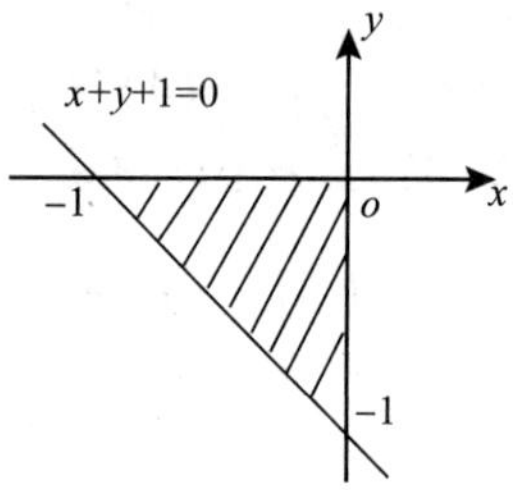

（2）

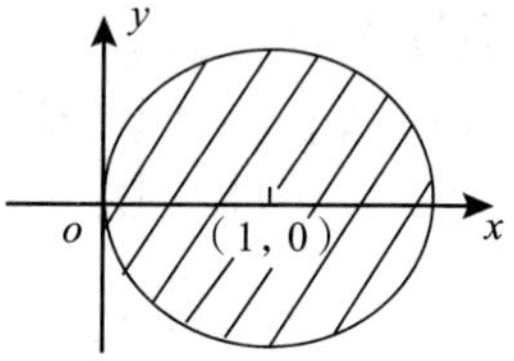

（3）

习题 4－2

1. （1）$\frac{\pi}{6}$；　（2）2；　（3）$\frac{2x}{x^2-y^2}$；　（4）xy.

2. （1）$\{(x, y) \mid y \neq \pm x\}$；　（2）$\{(x, y) \mid 9 \leqslant x^2+y^2 \leqslant 25\}$；

（3）$\{(x, y) \mid x>0, y>0, x+y \leqslant 1\}$；　（4）$\{(x, y) \mid y<x^2\}$；

（5）$\{(x, y) \mid x \geqslant 0, 0 \leqslant y \leqslant x^2\}$.

习题 4－3

1. （1）×；　（2）√；　（3）×；　（4）√；　（5）×.

2. （1）e，1；　（2）-3，9；　（3）0，0；　（4）1.　（5）$\frac{1}{2}$.

3. （1）$-y\sin x$，$\cos x$；　（2）$y+\frac{1}{y}$，$x-\frac{x}{y^2}$；

（3）$3x^2y^3-y^3$，$3x^3y^2-3xy^2$；　（4）$-\frac{y}{x^2+y^2}$，$\frac{x}{x^2+y^2}$；

（5）$\frac{\sqrt{y}}{2\sqrt{x}}$，$\frac{\sqrt{x}}{2\sqrt{y}}$；　（6）$\ln\frac{y}{x}-1$，$\frac{x}{y}$；

(7) $\frac{1}{x+\ln y}$, $\frac{1}{y(x+\ln y)}$;　　(8) $\frac{y}{x^2}\cdot\ln3\cdot\left(\frac{1}{3}\right)^{\frac{y}{x}}$, $-\frac{1}{x}\cdot\ln3\cdot\left(\frac{1}{3}\right)^{\frac{y}{x}}$;

(9) $\sin2(x+y)-\sin2x$, $\sin2(x+y)-\sin2y$;

(10) $-\frac{y}{x^2}-\frac{1}{z}$, $\frac{1}{x}-\frac{z}{y^2}$, $\frac{1}{y}+\frac{x}{z^2}$.

4. (1) $12x^2-8y^2$, $12y^2-8x^2$, $-16xy$;

(2) $\frac{e^{x+y}}{(e^x+e^y)^2}$, $\frac{e^{x+y}}{(e^x+e^y)^2}$, $-\frac{e^{x+y}}{(e^x+e^y)^2}$;

(3) $2a^2\cos2(ax+by)$, $2b^2\cos2(ax+by)$, $2ab\cos2(ax+by)$.

5. (1) $dz|_{(1,2)}=-2dx+10dy$;

(2) $dz=\frac{-y}{x^2+y^2}dx+\frac{x}{x^2+y^2}dy$;

(3) $du=(3x^2-3yz)dx+(3y^2-3zx)dy+(3z^2-3yx)dz$.

6. 0.0714; 0.075.

7. $e^{xyz}(1+3xyz+x^2y^2z^2)$.

习题4－4

1. (1) $\frac{\cos y(\cos x+x\sin x)}{y\cos^2x}$, $\frac{-x\cos x(y\sin y+\cos y)}{y^2\cos^2x}$;

(2) $\frac{1}{y}[\ln(xy)+1]$, $\frac{x}{y^2}[1-\ln(xy)]$;

(3) $-(2e^t+e^{-t})$;

(4) $4x^3+36x+30$.

(5) $(x^3y-xy^3)e^y\cos(xy)+(3x^2-y^2)e^y\sin(xy)$,
$(x^4-x^2y^2)e^y\cos(xy)+(x^3-2xy-xy^2)e^y\sin(xy)$;

(6) $\frac{1}{1+x^2}$.

2. (1) $\frac{x+y}{x-y}$;　　(4) $\frac{yz}{z^2-xy}$, $\frac{xz}{z^2-xy}$;

(2) $\frac{y^2}{1-xy}$;　　(5) $-\frac{x}{z}$, $-\frac{y}{z}$;

(3) $-\frac{b^2x}{a^2y}$;　　(6) $\frac{ye^{-xy}}{e^z-2}$, $\frac{xe^{-xy}}{e^z-2}$.

3. 略.

4. $y=1$.

习题 4 - 5

1. （1）（1，0）是极小值点；（2）（1，1）是极小值点；
（3）没有极值点；（4）（2，-2）是极大值点.

2. $\frac{49}{16}$.

3. $Q_1 = Q_2 = 1$，最大利润为 4.

4. $K = 8$，$L = 16$，$Q = 48$，最大利润为 16.

5. $x = 8$，$y = 11$.

6. 直角边长为$\frac{l}{\sqrt{2}}$.

7. $x = 10$，$y = 5$.

8. 略.

习题 4 - 6

1. 2π

2. $\int_0^1 dx\int_x^1 f(x, y)dx$ 或 $\int_0^1 dy\int_0^y f(x, y)dx$；

3. 略.

4. （1）$\frac{8}{3}$；（2）$\frac{1}{e}$；（3）$\frac{33}{140}$；（4）$\frac{1}{2}(e-1)$. 提示：先对 x、后对 y 积分；（5）-90.

5. （1）1；（2）$\frac{1}{2}$.

6. 271.69.

自测题 4

1. （1）$(-3, -2, -1)$；（2）3；（3）$-\frac{4}{5}$；
（4）$\{(x, y) | 1 \leqslant x^2 + y^2 \leqslant 2^2\}$；（5）$-\frac{1}{6}$；（6）2；
（7）$3dx - 2dy$；（8）$2y$；（9）0，0；（10）24.

2. （1）B；（2）D；（3）D；（4）D；（5）C.

3. （1）$y\ln(x+y) + \frac{xy}{x+y}$，$x\ln(x+y) + \frac{xy}{x+y}$；
（2）2；
（3）$\frac{2x+y}{1+(x^2+xy+y^2)^2}$，$\frac{2y+x}{1+(x^2+xy+y^2)^2}$.

4. $\dfrac{z}{x(z-1)}$，$\dfrac{z}{y(z-1)}$.

5. 极大值 $f(3,\ -2)=30$.

6. $\dfrac{6}{55}$.

7. $x=3.8$，$y=2.2$..

总自测题参考答案

1. （1）x^2+4；　（2）2；　（3）e^3；　（4）（1，3）；

（5）$(\sin x+x\cos x)dx$；　（6）0；　（7）-2；　（8）$-\frac{1}{2}e^{-2x}$；

（9）1；　（10）12.

2. （1）D；　（2）D；　（3）C；　（4）B；　（5）B；　（6）C；

（7）B；　（8）A；　（9）B；　（10）A.

3. （1）$-\frac{2}{7}$；　（2）1；　（3）$\frac{1}{2x-1}$；　（4）$-\frac{1}{2}\cos x^2+c$；

（5）$\frac{\pi}{2}-1$；　（6）$\ln(y+1)dx+\frac{x+1}{y+1}dy$；　（7）$-\frac{3}{35}$.

4. （1）4；　（2）$\frac{1}{3}$；$\frac{1}{5}\pi$.

5. （略）.

参考书目

1. 刘贵基:《微积分》，经济科学出版社 2013 年版。

2. 刘蒲凰:《微积分》，经济科学出版社 2003 年版。

3. 同济大学数学教研室:《高等数学》（第四版），高等教育出版社 1999 年版。

4. 吴赣昌:《微积分》，中国人民大学出版社 2006 年版。

5. 李林曙:《微积分》，中国人民大学出版社 2006 年版。

6. 张金清:《微积分》，高等教育出版社 2002 年版。

7. 何泳贤:《微积分》，中国经济出版社 1998 年版。

8. 韩建新:《微积分》，经济科学出版社 2007 年版。